KB016741

야외생물학자의
우리 땅 생명 이야기

〈일러두기〉

1. 이 책에 실린 사진들은 대부분 글쓴이의 것이며 일부는 다른 분들로부터 제공받은 것입니다. 사진 사용을 허락해 주신 윤석준 교수님, 김현태 선생님, 정진문 선생님, 블로거 니고데 님에게 감사드립니다. 저작권자는 각 사진 아래에 명시되어 있습니다.

2. 몇몇 사진들은 위키백과 등 공유가 가능한 웹사이트에서 가져왔습니다. 추후 저작권자가 확인되는 사진에 대해서는 적절한 승인 절차를 거칠 예정입니다.

야외생물학자의 우리 땅 생명 이야기

초판 1쇄 펴냄 2015년 12월 28일
    3쇄 펴냄 2018년 9월 3일

지은이 장이권
펴낸이 고영은 박미숙

펴낸곳 뜨인돌출판(주) | 출판등록 1994.10.11.(제406-251002011000185호)
주소 10881 경기도 파주시 회동길 337-9
홈페이지 www.ddstone.com | 블로그 blog.naver.com/ddstone1994
페이스북 www.facebook.com/ddstone1994
대표전화 02-337-5252 | 팩스 031-947-5868

ISBN 978-89-5807-595-0 03470
CIP2015035453

* 이 책은 한국출판문화산업진흥원의 '2015 우수출판콘텐츠 제작지원사업' 당선작입니다.

야외생물학자의

우리 땅 생명 이야기

글 장이권

뜨인돌

제1장　　|겨울의 생명들|

제2장　　|봄의 생명들|

우리는 타고난 동물행동학자

지난 20여 년간 밀린 일기를 쓰는 기분이었다.

처음 시작할 때 이 책의 의도는 우리나라에 살고 있는 동물들의 치열한 생존과 우아한 삶을 소개하는 것이었다. 그동안 내가 직접 연구해 왔거나 나에게 아주 익숙한 동물들 위주로 소재를 정했다. 특히 우리 주위에 가까이 살고 있는 동물들의 삶을 담으려고 노력하였다. 동물행동학 소개뿐 아니라 동물행동을 연구할 때 연구자가 겪는 고민과 연구의 과정도 글 속에 포함시켰다.

그런데 글을 써 내려가는 동안 내용이 점점 확대되면서, 내가 전혀 예상하지 못했던 길을 걷게 되었다.

우리는 동물들과 오랜 기간 동안 같이 살아왔다. 그 동물들은 우리 문화 곳곳에 전래 동화, 소설, 동요, 가요, 문학 등의 형태로 깊이 스며 있다. 이 책에 실린 말 안 듣는 청개구리, 흥부전, 까치 까치 설날은 어저께고요, 도요새의 비밀, 귀뚜라미의 노래 등이 대표적인 사례다. 동물행동학자인 나는 우리 문화에 투영된 동물들의 행동이 실제와 부합하는지 몹시 궁금했다.

물론 개중에는 안 맞는 내용도 더러 있다. 이를테면 부모 말을 잘 듣지 않는 아이를 흔히 청개구리라 하는데, 청개구리 부모와 후손은 자연에서 함께 살지 않는다. 그렇지만 내가 내린 결론은 우리 조상들이 동물행동에 조예가 매우 깊었다는 것이다. 옛사람들은 아주 예리한 관찰력을 지니고 있었고, 주변 동물들의 행동을 삶의 지혜로 활용하였다. 처음에는 터무니없다고 생각된 동물행동 묘사들 중에서 나중에 나름 의미가 있다고 재해석하게 된 경우도 적지 않았다.

우리 문화에 배어 있는 동물행동에 대한 연구와 해석을 몇몇 동물로 한정할 수밖에 없어서 무척 아쉬웠다. 다른 기회에 이 길을 좀 더 걸어보고 싶다.

동물의 행동을 연구하면서, 그리고 동물에 관심을 갖고 있는 많은 분들을 만나면서 나는 늘 궁금했다. 왜 우리는 동물에 이끌릴까? 이 책을 쓰는 동안 나를 가장 헤매게 만든 질문이기도 하다. 돌이켜 보면, 현생인류가 지구에서 생활했던 거의 대부분의 시간 동안 동물에 대한 이해는 인간의 생존이 달린 문제였다.

프랑스의 쇼베 동굴Chauvet Cave에는 지금으로부터 3만2천 년 전에 크로마뇽인이 그린 벽화가 있다. 수백 개가 넘는 동물 그림들 중 가장 유명한 벽화는 네 마리의 말이다. 언뜻 보면 네 마리의 말이 모두 비슷해 보인다. 그러나 왼쪽에서 두 번째 말을 보면 귀가 머리에 납작 붙어 있다. 이것은 말이 공격적일 때 하는 행동이다. 이에 비해 왼쪽에서 세 번째 말은 귀가 쫑긋 서 있다. 이것은 말이 조용히 주의를 기울일 때 하는 행동이다. 이 벽화는 구석기인들이 말의 행동을 정확하게 이해하고 그 특징을 묘사할 수 있는 능력이 있었음을 우리에게 보여 준다.

프랑스 쇼베 동굴에 남아 있는 3만2천 년 전의 벽화. 네 마리의 말이 모두 비슷해 보이지만 자세히 보면 귀가 조금씩 다르다. 구석기인들이 말의 행동을 정확히 이해하고 있었음을 보여 준다. ⓒ 위키피디아

    비슷한 예가 우리나라에도 있다. 울산에 있는 반구대 암각화는 신석기 말에서 청동기시대에 이르는 선사시대 사람들의 생활 모습과 그들이 사냥하는 동물들을 묘사한 바위그림이다. 너비 10미터, 높이 3미터의 절벽 암반에 2백여 점이 빼곡히 자리 잡고 있는데, 그중엔 동해에 자주 출현하는 여러 종의 고래와 돌고래도 있다. 각각의 특징들이 정확히 묘사되어 있어 지금 봐도 종 구별을 쉽게 할 수 있을 정도다. 고래의 다양한 행동 또한 잘 표현되어 있다. 숨을 쉬느라 내뿜는 수증기, 등에 작살이 꽂힌 고래, 심지어 등에 새끼를 업은 고래의 모습도 보인다.

    고래는 우리와 같은 포유류이므로 태어나는 순간부터 호흡을 해야 한다. 숨도 쉬어야 하고 엄마를 따라 유영도 해야 하는데, 방금 태어난 새

울산 반구대 암각화에 그려진 고래들. 지금 봐도 종 구분이 가능할 만큼 특징 묘사가 정확하고, 고래의 다양한 행동들 또한 잘 표현되어 있다. ① 새끼를 등에 태운 어미 ② 작살 박힌 고래 ③ 귀신고래 ④ 긴수염고래 ⑤ 혹등고래 ⓒ 위키피디아

끼 고래에게는 어느 것 하나 만만한 일이 아니다. 이때 어미 고래가 새끼를 등에 태우거나 기댈 수 있도록 도와준다. 새끼는 어미 등에 기대어 숨도 쉬고 휴식도 취할 수 있다. 바로 그 모습이 까마득한 선사시대의 암각화에 새겨져 있는 것이다. 이것만 봐도 옛사람들의 동물행동에 대한 지식이 상당했음을 미루어 알 수 있다.

고대 인류가 동물과 동물행동에 관심을 가진 이유는 무엇보다도 의식주의 상당 부분을 동물에 의존했기 때문이다. 그러나 지금은 더 이상 동물을 사냥해서 의식주를 해결하지 않는다. 오늘날 대부분의 사람들은 동물에 대한 이해가 없어도 살아가는 데 전혀 지장이 없다.

그럼에도 불구하고 우리는 왜 동물에 관심이 많을까? 이 질문엔 쉽게 대답하기 어렵다. 그렇지만 현재 이에 대한 연구가 활발하게 진행되고 있고, 지금까지의 연구 결과에서 몇 가지 힌트를 얻을 수 있다.

　신경과학자들의 연구에 의하면 동물들의 모습은 종류에 상관없이 우리 두뇌의 '생존 회로'에 강한 자극을 가한다. 생존 회로는 두뇌의 가장 기초적인 기능을 담당하는 부위에 위치하며 생존에 반드시 필요한 방어, 생식, 우리 몸의 에너지와 영양 상태를 관리한다. 동물에 대한 정보는 생존 회로에서 다른 어떤 정보보다도 중요하게 취급되고 있다. 게다가 인지 실험 결과에 따르면, 우리는 다른 어떤 물체의 움직임보다 사람이나 동물의 움직임을 민감하게 포착한다.

　이 모든 결과들은 인간이 동물들의 움직임을 잘 인지하고 반응하도록 설계되어 있음을 보여 준다. 다시 말해, 우리는 모두 타고난 동물행동학자인 셈이다.

　앞의 연구 결과는 우리가 위협적인 동물, 이용할 수 있는 동물, 상관없는 동물을 잘 구별하고 반응할 수 있음을 보여 주지만 인간과 동물의 특별한 관계를 설명해 주지는 못한다. 우리는 동물들을 마치 자식처럼 보살펴 주기도 하고, 동물들과 강한 유대 관계를 형성할 수도 있다. 이런 특별한 관계는 동물들이 현생인류의 진화에 결정적인 작용을 하면서 형성된 것으로 보인다.

　이전의 인류와 달리 현생인류는 도구를 사용하고 언어나 춤 같은 상징적인 행동을 구사하면서 자연에 대한 문화적 적응을 진전시켰다. 그때 현생인류의 정신세계는 동물들로 꽉 차 있었던 것 같다. 쇼베 동굴의 벽화나 반구대 암각화에서 보듯, 현생인류가 남긴 유적들의 내용을 보면 동물과 관련된 것들이 압도적으로 많다.

　인간과 동물의 특별한 관계는 일부 동물들이 인간의 생활 속으로 들어오면서부터 시작되었고, 서로간의 사회적 상호작용을 거치면서 극대화되었다. 동물들은 단순히 회피나 착취의 대상이 아니라 인간과 같이 살면서 오늘날의 우리를 만든 존재다. 지구라는 자연생태계에서 지금껏 함께 살아왔고 앞으로도 함께 살아갈 동반자인 것이다. 바로 그게 우리가 동물에게 관심이 많은 이유라고 나는 생각한다.

이 책의 시작은 동물행동에 대한 소개였지만, 책을 마무리 지으면서 나는 동물에 대한 이해가 곧 인간에 대한 이해라고 확신하게 되었다. 석박사과정을 하는 동안 나는 나방의 초음파 통신을 연구했다. 종합 구두시험을 치를 때 교수님 한 분이 나방의 의사소통 연구가 어떻게 인간 사회에 기여할 수 있냐고 물었는데, 제대로 대답을 못하고 넘어갔다. 그 전까지 한번도 그런 생각을 해 보지 못했고 그 이후로도 마찬가지였다. 이 책을 쓰기 전까지는 그랬다.

동물행동학 연구의 기원은 크게 두 갈래다. 하나는 자연에서 동물의 행동을 연구하는 행동학ethology이고, 다른 하나는 실험실에서의 학습 연구에 집중한 비교심리학comparative psychology이다. 그중 비교심리학은 사람의 심리를 이해하기 위해 동물과의 비교, 연구에 집중하였다. 즉, 동물행동에 대한 연구는 처음 출발부터 인간에 대한 이해를 목적으로 했다. 동물행동학의 이 같은 역사적 배경은 잘 알고 있었지만 그 의미가 가까이 다가오지는 않았었다.

인간이라는 틀 안에서만 살펴보면 우리 스스로가 어떤 존재인지 잘 모른다. 동물들과 우리를 같이 놓고 비교해 볼 때 비로소 인간의 독특한 점과 다른 동물과의 유사점을 정확히 알 수 있다. 인간에 대한 이해는 현대사회를 살아가는 우리에게 매우 중요하다. 현대사회는 인간이 좋아하고 행복해하는 사회 및 환경조건에서 많이 벗어나 있다. 동물행동학 연구를 바탕으로 한 인간 이해는 현대사회의 문제점을 짚어 주고, 아울러 바람직한 해결방향까지도 제시해 준다.

책을 쓰는 동안 나는 동물행동에 관한 지식이 어떻게 인간에 대한 이해와 관련을 맺는지 줄곧 고민했다. 본문 중 '너무나 다른 우리, 여와 남', '새들은 왜 일부일처제가 흔할까?', '사람은 시각포식자이다', '잘 노는 아이가 사회에 잘 적응한다', '귀여움은 아기의 최고 생존전략', '요리하는 인류, 호모 코쿠엔스'는 나의 그런 고민이 담긴 주제들이다.

이 책은 많은 분들의 도움이 없었으면 불가능했다. 먼저 최재천 교수님께 감사드리고 싶다. 진정으로 동물을 사랑하고 배움을 좋아하시는 분이다. 인생의 선생님으로서, 그리고 마음 맞는 동료로서 곁에 계셔 준 것을 커다란 행운으로 생각한다.

열심히 연구해 준 대학원생들에게도 감사의 마음을 전한다. 녹음기 설치하러 높은 나무를 오르내리던 강재연, 최고의 베트남 쌀국수와 스프링 롤을 요리하는 화, 운전을 너무 빨리 해 옆자리의 나를 불안하게 한 김동윤, 청개구리 노래를 들려줘 수원청개구리의 새로운 경쟁자가 된 김미연, 펭귄을 쫓아 남극에 가고 싶은 김준영, 우리 실험실의 작곡가이자 가수인 김에나, 수원청개구리 올챙이의 엄마 김예은, 한여름에 땀을 뻘뻘 흘리며 매미 탈피각을 채집했던 김태은, 인도네시아 비숲의 타잔 김산하 박사님, 우리나라 생태계를 처음 가르쳐 준 여행 친구 김태원 박사님, 모 대가리귀뚜라미 싸움의 대가 김호경, 수원청개구리탐사대를 처음 이끌었던 3대 개구리 언니 노경아, 작고 가냘파 보이지만 전국을 돌며 청개구리 녹음을 끄떡없이 해낸 2대 개구리 언니 박소연, 한국과 청개구리를 사랑하는 멋쟁이 아마일 볼체, 우리 실험실의 왕언니 안선영 선생님, 헷갈리는 여러 종의 귀뚜라미 노래를 말끔히 정리해 준 안재하, 혼돈과 복잡함에서 재미를 찾는 안현경, 전형적인 곤충소년 오승윤, 1년 동안의 개구리 노래 녹음을 들은 유은화, 아침 일찍 출근하면 교정에서 사진을 찍고 계시는 윤석준 선생님, 까치엄마 이상임 박사님, 새소리 최고의 전문가 이선주, 늘 진지하고 똑 부러진 이윤숙, 추운 겨울에 높은 나무에 올라가 까치 둥지를 측정했던 이준용 박사님, 야구 선수 이윤정, 손재주가 많은 이현나, 탈피각의 주인공을 알기 위해 땅속에서 올라오는 매미를 기다렸던 이형윤, 한번 들으면 잊을 수 없는 목소리의 이현지, 남방큰돌고래를 쫓아 제주도를 매일 빙빙 도는 장수진, 구능 할리문에 가든 피그미족과 지내든 곧바로 현지인이 되는 장하늘, 고양이를 너무 사랑해 생업을 그만둔 전진경 선생님, 항상 즐거운 꿈을 구는 제비소녀 정다미, 우리 실험실에서 이화여대 명예 졸업장을 받은 남학생 최누리, 청개구리 연구를 처음 시작하였으며 1대 개구리 언니인 함은혜……. 모두에게 감사드린다.

이화여대 밖에서도 많은 분들이 도움을 주셨다. 우리의 연구를 생생하게 전달해 주시는 김기범 기자님, 어린이들을 사랑하고 나도 같은 회사에서 일한다는 느낌을 갖게 하는 김원섭·고선아·윤신영 편집장님, 나비효과를 퍼뜨리고 다니시는 김이재 교수님, 청개구리 연구를 처음 시작할 때 많이 도와주시고 사진도 제공해 주신 김현태 선생님, 지구사랑탐사대 현장 탐사로 전국을 같이 순례한 박웅서·김은영 기자님, 수원청개구리탐사대를 처음 조직한 변지민 기자님, 처음 이화여대에서 실험실을 준비할 때 큰 힘이 되어 준 이시우 박사님, 지구사랑탐사대의 든든한 후원자 장경애 본부장님, 세상을 조금씩 바꾸고 있는 하지원 대표님, 약해 보이지만 남방큰돌고래를 위해서는 절대 물러서지 않는 황현진 대표님, 마지막으로 지구사랑탐사대에 참여하여 활동해 주신 모든 분들께 감사드린다.

이 책은 또한 가족의 사랑과 배려가 없이는 불가능했다. 어두운 숲 속을 헤매며 귀뚜라미를 잡고, 세상일을 늘 긍정적으로 바라보게 하고, 모든 것이 불확실할 때도 항상 믿고 따라 준 아내에게 감사드린다. 딸내미의 성장을 지켜보면서 나는 너무나도 많은 것을 배우고 있다. 나를 진정한 동물행동학자로 만든 이는 다름 아닌 딸내미였다. 그리고 부모님께 감사드린다. 내가 무슨 일을 하건 나를 믿고 지지해 주신 그분들이 계시기에 내가 행복하게 이 길을 걷고 있다.

마지막으로, 동물들이 건강하게 살아가는 곳이 곧 우리가 살고 싶은 곳이라고 강조하고 싶다. 우리 인류는 자연생태계와 떨어져서 혼자 살아갈 수 있는 존재가 아니다. 정상적으로 작동하는 자연생태계는 동물들이 치열하지만 우아한 삶을 살아가는 곳이고, 우리 역시 그 안에서만 인간답게 살아갈 수 있다.

지난 수만 년간 인간과 동물이 맺어 온 특별한 관계가 앞으로도 영원히 지속되기를 희망한다.

2015년 늦가을에
장이권

제1장

겨울의
생명들

© 위키피디아

까치 까치 설날은 어저께고요

까치 까치 설날은 어저께고요
우리 우리 설날은 오늘이래요.
곱고 고운 댕기도 내가 들이고
새로 사 온 신발도 내가 신어요.
- 윤극영 작사·작곡 〈설날〉

설날 무렵이면 흔히 들을 수 있는 동요다. 그런데 왜 까치의 설날은 어제일까? 몇 가지 설이 있지만 딱히 고개가 끄덕여지진 않는다. 분명한 건, 예나 지금이나 까치는 우리와 가장 친숙한 새라는 사실이다.

날개를 펼치면 검은 바탕에 하얀 배가 뚜렷이 드러나는 까치는 절대 다른 새와 혼동되지 않는 개성 있는 외모를 갖고 있다. 고층 아파트가 빽빽한 서울에서건 인가가 드문 한적한 시골에서건 어디서나 쉽게 만날 수 있는 한반도의 대표 조류! 서울시의 25개 구 중 10곳과 경기도의 31개 시·군 중 8곳의 상징새가 바로 까치다. 까치성산, 까치고개, 까치산

까치의 설날은 왜 우리 설날보다 하루 전일까? © 최창용

등 녀석의 이름이 들어간 지명 또한 수두룩하다.

까치 못지않게 친숙했던 참새, 제비, 뱁새(붉은머리오목눈이) 등은 오늘날 우리 주위에서 찾기가 점점 어려워지고 있다. 현대사회에서 유독 까치가 잘 살아가는 데에는 뭔가 남다른 비결이 있는 게 분명하다.

설날 즈음에 짓는 큼직한 둥지

까치와 설날을 연결시켜 주는 가장 중요한 요소는 번식 시기다. 대부분의 새들은 초목이 싹트고 곤충들이 활동을 시작하는 3, 4월이 되어야 비로소 둥지를 짓고 알을 낳는다. 그러나 까치는 그보다 훨씬 이른 1, 2월에 일찌감치 번식활동을 시작한다. 그것도 아주 높은 나무 위에, 엄청

높은 나무 위 까치 둥지. 설 즈음은 새잎
이 돋기 전이어서 까치의 둥지가 확연하
게 눈에 띈다. © 홍연우

큰 둥지를 짓는다. 설날 즈음의 까치는 건축자재로 쓰일 나뭇가지를 물
어 나르느라 눈코 뜰 새 없이 바쁘다.

아직 새잎이 돋지 않아 가지만 앙상하게 드러나 있는 나무 꼭대기에
둥지를 짓는 모습을 옛사람들이 놓쳤을 리 없다. 온 가족이 모인 설날
아침, 집짓기에 여념이 없는 부지런한 까치를 올려다보며 조상님들 또한
새해의 다짐을 되새기지 않았을까? 거기에 더하여, 한자로 까치를 의미
하는 '작鵲'과 어제를 의미하는 '작昨'의 우리말 음이 같아 자연스럽게 까
치의 설날은 어제가 되지 않았을까?

둥지는 방어력이 거의 없는 새끼와 아직 깨어나지 않은 알들을 오랫동
안 담고 있다. 그래서 대부분의 새들은 포식자 방어를 위해 은밀한 곳에
둥지를 짓는다. 비둘기는 도심에서 아주 흔한 새지만 비둘기의 둥지를 찾
기란 쉽지 않다. 흔히 '뱁새'로 불리는 붉은머리오목눈이는 키 작은 관목

이나 초본 덤불 속에 주로 둥지를 트는데, 주변에 은신처가 많이 있는 장소를 집터로 선택한다. 참새는 처마 밑이나 건물 틈새에 둥지를 짓기 때문에 사람들 눈에 좀처럼 띄지 않는다.

그렇다면 까치는 대체 어떤 생각으로 눈에 확 띄는 초대형 둥지를 잎사귀도 없는 겨울나무 꼭대기에 보란 듯이 짓는 것일까?

높이는 육상동물에 대한 최고의 방어

둥지를 은밀한 곳에 지어 포식자를 피하는 여느 새들과 달리 까치는 '높이'를 이용해서 천적들을 방어한다. 까치 둥지는 워낙 높은 곳에 있어서 동네 개구쟁이들이 쉽게 건드릴 수 없다. 새들을 위협하는 네발짐승들 역시 마찬가지다. 고양이나 삵 같은 고양잇과 소형 동물들은 나무 타기의 명수들이지만 까치 둥지가 있는 꼭대기까지 올라가긴 어렵다. 높이는 대부분의 육상동물들을 피할 수 있는 최선의 방어 수단이다.

그렇다면 공중으로부터의 위험은 어떨까? 둥지가 높은 곳에 있으면 아무래도 강한 햇빛, 눈과 비, 바람 같은 기상 요인들에 취약할 수 있다. 또 잠재적 포식자나 다른 새들의 공격에 무방비로 노출되기 쉽다. 하지만 까치는 이런 문제들에 대해서도 탁월한 방어책을 가지고 있다.

새의 둥지는 대부분 위쪽이 열린 접시 모양이다. 그러나 까치의 둥지는 지붕으로 덮여 있어서 마치 내부가 비어 있는 공처럼 생겼다. 윗부분 역시 아랫부분과 마찬가지로 나뭇가지를 엮어서 짓는다. 둥지의 무게는 4.6~12kg으로 조류의 둥지치고는 매우 무거운 편에 속한다. 천장이 있는 튼튼한 둥지는 어지간한 악천후엔 끄떡도 하지 않는다. 사람이 올라가서 해체하려 해도 상당히 어려울 정도로 견고한 까치의 둥지는 새끼들에겐 모든 위험이 차단된 안전한 요새와도 같다.

지붕이 있는 까치의 둥지. 내부 둥지에 알이 있고 바로 옆에 어미가 있다. © 이현나

태풍에도 끄떡없는 까치의 둥지

까치는 둥지를 크게, 무겁게, 튼튼하게, 안정적으로 짓는다. 우선 원줄기에서 뻗어 나온 굵은 가지 위에 둥지 자리를 정한다. 최대한 높은 곳을 선호하지만, 나무가 바람에 크게 흔들리면 구조적으로 취약한 둥지는 무너질 수 있다. 그래서 까치는 둥지의 무게를 충분히 감당할 수 있는 큰 나무를 선택한다.

까치는 둥지를 지을 때 분업을 한다. 수컷이 둥지에 쓰일 재료를 물어 오고, 암컷이 재료를 엮어서 둥지를 쌓아 간다. 일단 나뭇가지를 이용하여 둥지의 기본 골격을 만든다. 특별히 선호하는 나무가 따로 있는 건 아니고 근처에 있는 다양한 나뭇가지들을 이용하는데, 둥지 하나를 만드는

데 무려 8백여 개의 나뭇가지가 필요하다.

골격을 완성한 뒤엔 내부 둥지를 만드는데 주재료는 진흙, 지푸라기, 깃털, 솜털 등이다. 먼저 진흙을 이용하여 오목한 접시 형태를 만든다. 진흙은 인류가 사용한 최초의 건축 재료이며 오늘날에도 약 15억 명의 사람들이 흙집에서 살고 있다. 까치는 진흙에 지푸라기를 섞는데, 이럴 경우 구조물이 훨씬 강해진다. 진흙은 물에 젖으면 팽창하는 성질이 있어서 방수성이 뛰어나다. 우리나라의 전통 건축물이나 어도비adobe(점토) 벽돌을 이용한 외국의 건축물에도 흔히 진흙을 외벽에 둘러 습기가 내부로 침투하지 않게 한다. 진흙으로 만든 내부 둥지의 바닥에는 깃털이나 솜털을 깔아서 보온 효과를 높인다.

이렇듯 크고 튼튼하고 정교한 둥지를 만들기 때문에 까치의 건축 기간은 다른 어떤 조류보다도 길다. 무려 한 달 반에 걸쳐 정성스럽게 둥지를 짓는다.

잘 만들어진 까치의 둥지는 바람이 강해지는 겨울에 진가를 발휘한다. 겨울이 되면 한반도엔 혹독한 바람이 몰아친다. 시베리아기단의 영향을 받은 차갑고 건조한 북서풍은 우리나라 겨울 기후의 가장 큰 특징이기도 하다.

2004년도에 서울대학교 캠퍼스에 있는 까치의 둥지들을 대상으로 연구한 결과, 까치는 둥지의 모양을 ―마치 비행기 날개처럼― 바람이 불어오는 방향에 대해 유선형으로 만든다. 바람의 영향을 최소화할 수 있는 가장 안정적인 방식이다. 그래서 강한 북서풍이 불어도 까치의 새끼는 안전한 둥지 안에서 별 탈 없이 자랄 수 있다. 이런 튼튼함은 다른 계절에도 마찬가지여서, 초대형 태풍 매미가 전국을 휩쓸었던 2003년도에 사람이 지은 건축물들은 엄청난 피해를 입었지만 대부분의 까치 둥지들은 끄떡없이 그 바람을 이겨 냈다.

까치의 둥지는 지붕이 덮인 공 모양이기 때문에 출입구가 필요하다.

서울대 캠퍼스에서 실시한 까치의 번식생태 연구.
높은 곳에 있는 둥지에 접근하기 위해 크레인을 이
용한다(왼쪽). 오른쪽은 경북 안동의 까치구멍집.
ⓒ 최창용, 위키피디아

둥지 한쪽에 조그만 구멍을 만들어 출입구로 사용하는데 어른 까치가
겨우 들락거릴 정도의 크기다. 이른바 까치구멍이다.

　비슷한 생김새를 지닌 우리나라의 전통 가옥이 있다. 태백산맥 줄기를
따라 함경도에서 안동 지역까지 동해안 산간지역에 분포하는 '까치구멍
집'이다. 지붕의 용마루 양쪽 끝에 구멍을 뚫어 놓았는데, 집 밖에서 보
면 까치구멍과 흡사하다. 까치구멍집은 안방, 건넌방, 부엌, 대청, 외양간
등이 모두 한 지붕 밑에 있다. 그러니까 용마루의 구멍은 출입구가 아니
고, 화덕 연기나 이런저런 냄새들이 쉽게 배출되도록 만든 일종의 환기
장치다.

까치는 새들의 깡패

　둥지와 더불어 까치의 인상적인 특징은 색과 무늬다. 검은 바탕에 배와
날개 끝이 흰색이어서, 날개를 펼치면 흑백 무늬가 뚜렷하게 드러난다.

미국 롱비치대학의 스탠코위치T. stankowich 교수에 따르면 뚜렷한 대조가 있는 흑백 무늬는 흉포함을 알리는 '대담색bold coloration'이다. 그와 동료들은 188종의 육상 식육 포유류를 비교·분석한 결과 흑백 무늬를 지닌 동물은 몸이 땅딸막하고, 유독한 화합물을 분비하며, 노출된 환경에서 살고 있다고 결론을 내렸다.

동물들이 화려한 색과 뚜렷한 무늬를 자랑하는 경우는 대개 '경고색 alarming coloration'에 해당된다. 경고색은 독이나 독침, 지독한 냄새를 가진 동물이 자기가 먹이로서의 가치가 없음을 잠재적인 포식자에게 알려 주는 신호다. 그런데 대담색을 가진 동물은 경고색을 지닌 동물과 한 가지 큰 차이점이 있다. 노출된 환경에서 맹렬하게 자신을 방어한다는 점이 바로 그것이다.

대담색을 지닌 대표적인 동물은 스컹크, 벌꿀오소리, 미국오소리 등이다. 스컹크의 흑백 무늬는 달려드는 포식자에게 지독한 냄새를 뿌릴 수 있음을 경고하면서, 동시에 격렬하게 싸울 수 있음을 과시하는 대담색이기도 하다.

왜 하필 대담색을 진화시켰을까? 대담색이 가져오는 이익은 도대체 무엇인가? 스탠코위치 교수의 연구에 따르면 대담색은 경쟁자나 포식자에게 제 흉포함을 알린다. 대담색을 지닌 동물은 자신을 잘 방어할 수 있고, 포식자가 나타나도 쉽게 물러서지 않고 싸운다. 또한 이 동물들은 포식자에게 노출된 새로운 서식지에 들어가서 자원을 이용하는 능력이나, 새로운 포식자가 자주 출현하는 서식지에서 생존할 수 있는 능력이 뛰어나다고 한다.

식육 포유류를 대상으로 한 이 연구의 결과를 까치에게 그대로 적용하기는 어렵다. 그렇지만 우리가 알고 있는 까치의 행동은 이 연구 내용과 크게 다르지 않아 보인다. 까치는 독이나 냄새를 가지고 있지 않으므로 흑백 무늬를 경고색으로 보긴 어렵다. 그러나 흑백 무늬를 이용하여

까치와 같은 흑백 무늬(왼쪽)는 흉포함을 알리는 대담색으로 알려져 있다. 대담색을 띤 대표적 동물로는 사납기로 소문난 미국오소리(오른쪽)가 있다. © 최창용, 장이권

포식자나 경쟁자에게 자신이 흉포하다는 신호를 보낼 가능성은 충분하다. 범고래도 까치와 비슷하게 검은 바탕에 흰 무늬가 있고, 아주 흉포한 동물이다. 까치와 범고래의 흑백 무늬가 과연 대담색으로 작용하는지 자세한 연구가 필요하다.

까치가 새로운 서식지를 개척하는 능력은 이미 제주도에서 입증되었다. 불과 20여 년 전만 해도 제주도에는 까치가 없었다. 까치가 없는 곳은 대한민국 같지 않다고 여겼는지 1989년에 어느 기업이 제주도에 까치 몇십 마리를 방사했는데, 그 결과는 현지에 가면 쉽게 알 수 있다. 이제 인가가 있는 곳이면 제주 어디에서든 까치와 쉽게 마주친다.

까치가 제주도에 정착하는 과정은 우호적이지 않았다. 정착 과정에서 제주도에 서식하는 다른 조류나 파충류의 알을 무수히 먹어 치웠고, 농작물이나 시설물에도 많은 피해를 주고 있다. 까치는 이제 제주도 생태계를 뒤흔드는 대표적인 주범이 됐다.

까치의 흉포함은 소문이 자자하다. 녀석의 등쌀 때문에 작고 힘없는 조류들은 죽거나 쫓겨날 수밖에 없다. 청둥오리, 비둘기, 다람쥐, 청설모

처럼 어느 정도 덩치가 있는 동물들 역시 까치의 공격 대상이다.

까치는 상위 포식자에게도 전혀 겁이 없다. 고양이나 새매 같은 무서운 포식자에게도 사납게 달려든다. 그러다가 자칫 죽임을 당할 수도 있지만, 상위 포식자들 또한 까치의 용맹함이 두려워 함부로 접근하지 못한다. 싸움 실력으로 보나 담력으로 보나, 까치는 충분히 '새들의 깡패'라고 불릴 만하다.

이런 특성들은 까치를 생태계의 우수한 경쟁자로 만든다. 요사이 까치들이 도심에서 유독 번성하고 있는 건 안전한 둥지 덕분이기도 하고 경쟁자나 포식자들이 줄어든 덕분이기도 하지만, 녀석들의 거친 성깔 또한 단단히 한몫하고 있는 것 같다.

너무나 다른 우리,
여와 남

우리 실험실의 구성원들은 대부분 여자이기 때문에 남자인 내가 이해 못할 상황이 종종 벌어진다. 가장 충격적인 순간은 여학생들이 화장실에 갈 때 늘 여럿이 동행하는 것을 목격할 때이다. 굳이 화장실에 갈 필요가 없는데도 같이 가는 것 같다. 가끔은 손도 잡고 간다. 화장실에 가는데 왜 손까지 잡고 가야 하는 걸까?

날씨가 쌀쌀해지면 여학생들은 모두 따뜻한 무릎담요나 손난로를 하나씩 끼고 산다. 하지만 나에게는 아주 적당한 기온이다. 여자들의 중심 부위 체온은 남자보다 $0.3°C$ 높지만 손과 같은 피부의 온도는 $1.5°C$ 정도 낮다. 그래서 남자보다 추위를 쉽게 탄다. 남녀의 차이에 나름 관심이 많아서 관련 서적도 많이 읽고 이론적으로도 잘 알고 있지만, 내 눈앞에서 이런 일이 벌어질 때마다 매번 적응이 안 되는 건 마찬가지다.

남자와 여자의 차이를 '성차性差'라고 한다. 사람의 성차는 생식기뿐만 아니라 행동, 더 나아가 생각하는 방식이나 언어에까지 미친다. 그래서 우리는 과연 서로가 같은 종에 속해 있는지 매일 의심하면서 살아가고 있다.

대체 여성과 남성은 왜 서로 다르게 생겼고 서로 다르게 행동할까?

성性선택 찰스 다윈의 독창적 아이디어

어떤 동물이건 암컷과 수컷은 생김새나 행동에서 뚜렷한 차이가 난다. 이러한 차이는 특히 번식과 관련이 있을 때 더욱 두드러진다.

수컷 매미들은 한여름이면 시끄럽게 합창을 해서 사람들의 밤잠을 방해한다. 반면 암컷 매미는 발성기관이 아예 없다. 암컷 물장군은 수컷의 등에 알을 낳고 어디론가 사라지지만 수컷은 그 알이 부화할 때까지 정성스럽게 양육한다. 번식기의 원앙 수컷은 화려한 깃털과 멋진 댕기를 뽐내지만 암컷은 민망스러울 정도로 볼품이 없다.

성차에 대한 진화론적인 설명은 찰스 다윈에서 비롯되었다. 그는 1871년에 『인간의 유래와 성선택The Descent of Man, and Selection in Relation to Sex』을 출간하여 성선택의 기본 토대를 닦았다.

찰스 다윈의 가장 유명한 책은 단연 1859년에 출간된 『종의 기원On the Origin of Species』이다. 학술적으로도 그렇고 사회적 파장으로도 그렇다. 그러나 '진화'라는 개념은 다윈 이전부터 이미 알려져 있었다. 심지어 그의 할아버지인 에라스무스 다윈도 진화론을 주장했다. 『종의 기원』의 주된 내용인 '자연선택에 의한 진화'는 찰스 다윈의 독자적 연구가 아니라 알프레드 월리스와의 공동 작업이었다는 게 정설이다.

이와 달리 『인간의 유래와 성선택』에 나오는 이론은 다윈이 처음으로 주장하였다. 지금까지도 성선택 개념은 그가 150년 전에 제시했던 큰 틀을 벗어나지 못하고 있다. 그런 의미에서 성선택은 찰스 다윈의 가장 독창적인 아이디어로 여겨진다.

『종의 기원』을 발표한 뒤 찰스 다윈은 사회 각계각층에서 쏟아지는 엄청난 비판을 감수해야 했다. 인류의 기원을 둘러싼 종교계의 비판은 비록 험악하긴 했어도 다윈을 흔들지는 못했다. 정작 그를 괴롭힌 비판은 따로 있었다. 그의 자연선택 이론으로는 사슴의 뿔, 사자의 갈기, 공작의 깃털과 같은 형질들을 제대로 설명할 수 없었던 것이다.

자연선택에 의한 진화란 생존에 도움이 되는 형질을 지닌 개체는 번성하고 그렇지 못한 개체는 도태된다는 것을 의미한다. 그런데 사슴의 뿔은 크고 거추장스러워서 생존에 도움이 되기는커녕 포식자에게 쫓길 때 방해만 될 뿐이다. 수컷 사자의 멋진 갈기는 백수의 제왕임을 과시하기엔 제격이지만 멀리서도 먹잇감들의 눈에 쉽게 띈다. 그래서 수사자는 위엄은 있어도 사냥 능력은 암사자보다 훨씬 떨어진다.

수컷 공작은 길고 큰 꼬리를 활짝 펼치고 흔들면서 암컷을 유인한다. 암컷에게는 물론이고 우리 인간들이 보기에도 더없이 매력적인 프러포즈다. 그런데 화려한 깃털은 짝짓기에는 도움이 되지만 포식자의 눈에 쉽게 띈다는 치명적인 단점이 있다. 깃털의 무게 때문에 도망을 다니기도 쉽지 않다. 게다가 정교한 깃털을 만들고 유지하는 데 굉장히 많은 에너지가 소모된다.

이 같은 공작의 꼬리를 자연선택에 의한 진화의 결과로 보기는 어려웠다. 그래서였을까? 다윈은 공작의 깃털을 볼 때마다 역겹다며 눈살을 찌푸렸다고 한다.

성선택은 이렇듯 자연선택 이론으로는 설명되지 않는 형질들 때문에 고심하던 다윈이 궁여지책으로 들고 나온 아이디어다. 이 이론은 특정 개체가 왜 다른 개체보다 짝을 찾고 번식을 하는 데 더 유리한지를 설명해 준다.

크고 화려한 공작의 깃털과 사슴의 뿔은 생존에는 불리하지만 그 대신 짝짓기의 성공률을 높여 준다. 만일 공작의 깃털이 작거나 은폐색이

암컷 공작의 깃털은 칙칙하지만 수컷의 깃털은 화려하다. 자연선택 이론으로 설명되지 않는 공작 깃털의 성차를 설명하기 위해 찰스 다윈은 성선택을 제안했다. ⓒ 장이권

면 포식자로부터의 위험은 훨씬 줄어들 것이다. 그러나 이런 수컷은 암컷의 선택을 받지 못하기 때문에 생식의 측면에서 보면 죽은 공작이나 다름없다. 설령 포식자에게 공격당할 위험이 높아지더라도 암컷과의 짝짓기 기회를 늘리는 게 번식에 더 유리하다.

성선택과 관련하여 다윈은 '수컷끼리의 경쟁'과 '암컷의 선택'이라는 두 개의 커다란 틀을 제시했다. 나아가, 새로운 종을 탄생시키는 종 분화에도 성선택이 중요한 역할을 할 것이라고 예측했다.

다윈의 이런 주장들은 이후 수많은 증거들과 함께 모두 사실로 드러났다. 『종의 기원』에 대한 비판을 극복하는 과정에서 탄생한 성선택 이론은 생물의 역사에 대한 인류의 이해를 한 단계 끌어올렸고, 성선택은 오늘날 가장 중요한 진화의 한 과정으로 여겨지고 있다.

성선택의 시작

성선택이란 무엇인가? 간단하게 말하면 '한 개체가 배우자를 잘 확보해서 다른 개체들보다 번식성공도를 높이는 과정'이라고 할 수 있다.

암수 구분이 없던 원시생물들이 두 개의 성으로 분리되면서, 암컷과 수컷은 서로 다른 번식 전략을 구사하기 시작했다. 수컷은 가능한 한 많은 생식세포, 즉 정자를 생산하여 암컷의 생식세포를 수정시킬 확률을 높였다. 반면 암컷은 후손의 조기 발육에 필요한 여러 영양물질들을 제공하여 난자의 생존 확률을 높였다. 정자는 대량생산으로 인해 크기가 작아졌고, 난자는 영양물질 때문에 엄청 커졌다.

이렇게 서로 상이한 정자와 난자의 전략은 둘 다 매우 성공적이다. 그러다 보니 굳이 다른 전략을 펼칠 필요가 없다. 다시 말해, 생물의 세계에 제3의 성이 없고 대부분 양성만 존재하는 이유는 정자와 난자의 전략이 매우 성공적이기 때문이다.

암컷과 수컷은 그 기원에서부터 서로 다른 전략을 취했기 때문에 정자와 난자는 서로 정반대의 특징을 갖는다. 난자는 우리 몸에서 가장 큰 세포여서 육안으로도 관찰이 가능하다. 난자는 또한 개수가 한정되어 있다. 한 여자의 몸에서 평생 동안 배란되는 난자는 4~5백 개 남짓이다. 이와 반대로 정자는 우리 몸에서 가장 작은 세포다. 정상적인 성인 남자는 하루에도 정자를 수백만 개씩 생산할 수 있다.

여자는 체내의 난자를 모두 사용하면 폐경기에 이르고 더 이상의 생

배우자가 필요치 않으면, 즉 하나의 성性만 존재하면 성선택이 없을까? 이론적으로는 그렇다. 성선택은 두 개의 성이 존재하는 동물·식물·곰팡이에서 주로 일어나고, 한 개의 성만 존재하는 박테리아 같은 생명체들에서는 성선택이 극히 드물다. 성선택은 성의 진화, 즉 성이 하나밖에 없는 집단에서 성이 두 개인 집단으로의 진화와 관련이 있다. 그러나 이것은 진화생물학에서도 가장 어려운 문제에 속하고, 아직도 정확한 이유를 잘 모르고 있다. 그러므로 이 책에서는 성의 진화에 대한 내용은 생략하고 '성선택의 시작'만 다루기로 한다.

식은 불가능하다. 반면 남자는 나이를 먹어도 —생산량이 줄고 활동성이 약해지긴 하지만— 정자 생산이 가능하다. 여자가 평생 가질 수 있는 자손의 수는 난모세포의 수로 제한된다. 이에 비해 남자가 평생 가질 수 있는 자손의 수는 이론적으로 제한이 없어 보인다.

난자와 정자 생산에 드는 비용을 직접적으로 비교한 흥미로운 연구가 있다. 암컷이 기본 대사활동을 유지하는 데 필요한 에너지의 약 세 배가량을 난자 생성에 바치는 반면, 수컷은 기본 대사활동에 필요한 에너지의 1천분의 1을 정자 생산에 이용할 뿐이다. 이렇듯 암컷이 수컷보다 생식세포 생산에 훨씬 많은 비용을 치르며, 모든 성선택의 시작은 바로 여기에서 비롯된다.

수요와 공급의 법칙, 작동성비

암컷과 수컷의 생식세포 차이는 성차의 시작인 동시에 성선택의 시작이다. 그렇지만 이것은 어디까지나 시작일 뿐이다. 성선택은 생식세포 준비, 짝짓기와 교미, 자손의 생산 및 양육에 이르기까지 번식과 관련된 일련의 과정에서 언제든 일어날 수 있다.

성선택의 방법과 방향은 경제의 '수요와 공급의 법칙'을 떠올리면 이해하기 쉽다. 생식은 암컷과 수컷이 짝짓기를 통해 자손이라는 공동의 목적을 달성하는 수단이다. 즉, 암컷과 수컷이 공동으로 투자하여 자손이란 궁극적인 이익을 얻는다.

그런데 암컷과 수컷은 서로 비슷하게 투자할 수도 있고 어느 한쪽이 더 많이 투자할 수도 있다. 이때 자손에 더 많이 투자한 쪽이 배우자를 선택할 수 있고, 그렇지 않은 쪽에서는 경쟁이 벌어진다. 자손에 대한 투자가 구체적으로 뭘 의미하는지, 가장 일반적인 짝짓기 과정을 통해 알아보기로 한다.

봄부터 초여름까지 우리나라 농촌을 대표하는 소리는 청개구리의 노래다. 어딜 가도, 심지어 도심 한복판에 있는 논에서도 청개구리 소리를 들을 수 있다. 번식기인 4월 중순부터 8월 초까지는 매일 밤 녀석들의 합창을 자장가처럼 들어야 한다.

청개구리의 노래는 짝을 찾기 위한 수컷의 구애 행동이며 암컷에게 보내는 일종의 신호다("나 준비 다 됐어요!"). 수컷들은 번식 기간 동안 거의 매일 짝짓기가 가능한데, 그건 자손에 대한 투자가 상대적으로 낮기 때문이다. 즉, 정자의 생산이 쉽기 때문이다. 반면 청개구리 암컷의 경우 번식이 가능한 날은 4개월 중 겨우 하루나 이틀 정도다. 암컷이 번식을 하려면 몇 달 동안 먹이를 충분히 먹어 난소에서 알을 성숙시켜야 한다. 개구리의 알에는 올챙이가 되어 스스로 먹이활동을 하기 전까지 필요한 영양물질들이 함유되어 있다.

청개구리는 4월 초에 출현하여 10월쯤까지 활동하고 동면에 들어간다. 암컷은 이 기간 내내 먹이활동을 해야만 이듬해에 알을 낳을 수 있다. 이렇듯 자손에 대한 투자가 높기 때문에, 암컷은 번식을 할 수 있는 기간이 매우 제한된다.

자손에 대한 투자의 차이는 짝짓기가 가능한 암컷과 수컷의 수에 큰 차이를 가져온다. 청개구리 수컷은 어젯밤에 짝짓기를 했더라도 곧바로 정자를 생산하여 오늘 밤에 다시 짝짓기를 할 수 있다. 이에 비해 어젯밤에 짝짓기를 한 암컷이 다시 짝짓기를 하려면 어쩌면 내년까지 기다려야 할지도 모른다. 즉, 짝짓기가 가능한 수컷의 수는 많은데 비해 암컷의 수는 매우 적다.

짝짓기가 가능한 암컷과 수컷의 비율을 '작동성비'라고 한다. 어떤 생물종의 개체군의 성비가 1:1이라 할지라도 작동성비는 1:1에서 크게 벗어

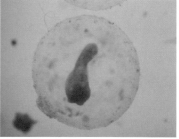

청개구리의 알(왼쪽)과 발육 중인 수원청개구리의 알(오른쪽). 청개구리의 알은 아주 커서
육안으로 쉽게 관찰할 수 있다. 산란할 수 있는 암컷은 이런 알을 몇백 개씩 가지고 있다.
© 김현태, Amaël Borzée

나는 경우가 많다. 청개구리의 경우에는 작동성비가 수컷 쪽으로 엄청
치우친다. 2014년 파주에서 수행한 야외 조사에 따르면 번식기 12주 동
안 논에서 활동하는 암컷과 수컷의 비율은 1:9였다.

포접 하는 암컷을 기준으로 하면 작동성비는 1:22까지 올라간다. 매
일 밤 암컷 청개구리 한 마리당 22마리의 수컷이 서로 경쟁을 하고 있는
셈이다.

자손에 대한 투자의 차이가 성선택의 방향과 방법을 결정한다

우리는 경제학자는 아니지만 '수요와 공급의 법칙'을 대부분 이해한다.
다른 조건들이 일정하다면, 시장에서는 수요와 공급이 일치하는 상태에
서 가격이 결정된다. 수요가 공급을 초과하여 상품이 부족하면 수요자

암수가 몸을 포개어 서로의 생식기를 가까이 하고 암컷이 알을 낳으면 수컷이 정액을 뿌리는 행위.
개구리, 두꺼비 등 양서류에서 볼 수 있다.

들의 경쟁으로 가격이 오르기 시작한다. 비싼 가격 때문에 수요가 감소하여 초과수요량이 사라질 때까지 가격 상승이 계속된다. 반대로 공급이 수요를 초과하여 상품이 남아돌면 공급자들의 경쟁으로 가격이 내려간다. 수요가 늘어나고 초과공급량이 사라질 때까지 가격 하락이 계속된다.

작동성비 또한 '수요와 공급의 법칙'과 마찬가지로 경쟁의 주체를 알려준다. 작동성비가 수컷으로 치우쳐 있다면, 즉 짝짓기를 원하는 수컷은 많은데 짝짓기가 가능한 암컷의 수가 적다면 수컷들은 한정된 암컷을 두고 경쟁을 한다. 그러면 빗발치는 수요 덕분에 몸값이 귀해진 암컷은 제구미에 맞는 수컷을 선택할 수 있다.

작농성비가 암컷으로 치우쳐 있다면, 즉 짝짓기를 원하는 암컷은 많은데 짝짓기가 가능한 수컷의 수가 적다면 반대로 암컷들이 한정된 수컷을 두고 경쟁을 한다. 이 경우엔 수컷이 맘에 드는 암컷을 선택할 수 있다. 작동성비의 차이는 이렇듯 성선택의 방향(암컷 또는 수컷)과 방법(선택 또는 경쟁)을 결정하는 핵심 요인이 된다.

청개구리 암컷은 상대적으로 비싼 알을 준비하느라 4월부터 10월 말 동면하기 전까지 거의 대부분의 시간 동안 먹이활동에 전념하기 때문에 번식활동에 참여하는 기간은 1년에 하루 이틀 정도다. 이에 비해 수컷은 상대적으로 싼 정자를 매일 생산할 수 있어서 거의 매일 짝짓기가 가능하다. 즉, 교미 가능한 암컷보다 수컷이 훨씬 많으므로 작동성비가 수컷으로 치우친다. 그래서 수컷은 서로 경쟁하고 암컷은 선택한다.

다른 방식으로 성선택이 일어나는 경우도 있다. 물방개와 더불어 어린이들이 가장 좋아하는 수서곤충은 물장군이다. '장군'이라는 이름에서 드러나듯이, 물장군은 우리나라 수서곤충들 중에서 가장 크다. 그래서 작은 개구리, 가재, 뱀 등을 사냥할 수 있다. 요즘엔 흔히 볼 수 없어

등에서 알을 부화시키는 물자라 수컷. 암컷이 지닌 알 개수에 비해 수컷의 등은 면적이 제한되어 있다. 그래서 물자라의 성선택은 암컷이 경쟁하고 수컷이 선택하는 방식으로 일어난다. ⓒ 김현태

서 환경부 지정 멸종위기종 2급으로 분류되어 있다. 크고 힘이 세서 습지에서는 당할 자가 없는 포식자지만, 한편으로는 남다른 부성애를 자랑하는 따뜻한 면모의 소유자이기도 하다.

곤충의 알은 노리는 포식자들이 많다. 영양은 풍부한데 방어 능력은 전혀 없기 때문에 눈에 띄기만 하면 쉽게 잡아먹힌다. 또 곤충의 알이 부화하려면 특정한 온도와 습도가 필요한데, 이런 조건이 맞지 않으면 영영 부화하지 않을 수도 있다. 그래서 암컷은 알을 낳을 장소를 최대한 신중하게 선택한다.

물장군 암컷이 선택한 산란 장소는 수컷의 등이다. 수컷은 알이 필요로 하는 온도와 습도 조건을 맞추기 위해 자유롭게 이동할 수 있다. 게다가 습지에서 물장군을 위협할 수 있는 포식자는 그리 흔하지 않다. 그

러므로 암컷은 수컷 등에 알을 낳음으로써 알의 부화율을 크게 높일 수 있다.

물장군 수컷은 등에 알을 지고 다니며 부화할 때까지 양육을 담당한다. 이 양육행동은 자손에 대한 큰 투자이다. 수컷은 양육행동을 하는 동안 다른 암컷과 짝짓기를 하지 않는다. 짝짓기를 해 봤자 알을 낳을 수 있는 등이 이미 만원이기 때문에, 새로운 짝짓기는 수컷에게 아무런 의미가 없다.

수컷의 등은 면적이 제한되어 있는데 반해 암컷이 지니고 있는 알은 그보다 훨씬 많다. 또 수컷이 일단 짝짓기를 하고 나면 양육행동에 많은 시간이 소요되기 때문에 짝짓기를 원하는 암컷은 등이 비어 있는 수컷을 찾아다녀야 한다. 청개구리와 달리 물장군의 경우엔 수컷이 양육에 쏟는 투자가 암컷이 알을 생산하는 투자보다 높다. 따라서 작동성비가 암컷으로 치우쳐 암컷끼리 서로 경쟁하고, 수컷은 암컷을 선택한다. 반증을 통하여 성선택 이론을 증명한 경우이다.

인간의 성선택

『화성에서 온 남자, 금성에서 온 여자』나 『말을 듣지 않는 남자, 지도를 읽지 못하는 여자』 등은 세계적인 베스트셀러이며 한국에서도 큰 인기를 끌었던 책이다. 이런 책들을 읽어 보면 남녀의 차이가 전 세계의 모든 문화권에서 나타나는 인류의 보편적인 현상임을 알 수 있다.

성性에 대한 남녀의 인식 차이는 러셀 클락과 엘레인 하트필드의 연구 (1989)에서 여실히 드러난다. 이 연구의 무대는 대학교 강의실이다. 서로 모르는 남학생들과 여학생들이 같은 과목을 수강하게 된다. 함께 수업을 듣기 때문에 서로의 존재를 알긴 하지만 아직 정식으로 인사를 나누지는 않았다.

이때 남학생 실험자가 여학생들에게 접근하여 아래와 같은 질문을 던진다. 마찬가지로 여학생 실험자는 남학생들에게 접근하여 똑같은 질문을 던진다. 실험자는 남녀 모두 매력적인 사람들이다.

질문	동의한 여학생	동의한 남학생
오늘 우리 데이트하러 나갈래?	56%	50%
오늘 내 집에 올 수 있니?	6%	69%
오늘 우리 같이 잘 수 있을까?	0%	75%

성에 대한 남녀의 차이를 잘 보여 준 클락과 하트필드의 연구. 매력적인 이성이 단순한 만남을 제안했을 때에는 남학생과 여학생의 반응이 비슷하다. 그러나 노골적인 섹스를 요청했을 때는 남녀의 반응에 큰 차이가 있다.

가볍게 데이트를 요청할 때는 남녀 모두 비슷한 반응을 보인다. 처음 만났는데 집으로 초대를 받았을 경우 여학생은 아주 소수만 긍정적으로 대답했지만 남학생은 3분의 2 이상이 긍정적인 반응을 보였다. 상대에게 노골적인 섹스를 요청했을 경우, 여학생은 한 명도 동의하지 않았지만 남학생은 무려 75%가 좋다고 대답했다. 거절한 남학생들도 섹스를 거부할 수밖에 없는 변명을 늘어놓았다. 예를 들면 "난 이미 결혼을 해서 곤란해" 등등. 반면 여학생들은 "미쳤니?" "내 눈앞에서 꺼져" 같은 식으로 강한 거부감을 보였다.

왜 이렇게 남녀가 다른 반응을 보일까? 여자는 임신을 하고 남자는 안 하기 때문인가? 집안에서 또는 학교에서 이렇게 교육을 받기 때문인가? 아니면 수천만 년의 생명의 역사를 거슬러 올라가, DNA의 미세한 구조 속에 자리 잡은 생명체의 본질에서 차이가 있는 것일까?

포유류는 암컷이 수컷에 비해 자손에 투자하는 비중이 다른 어떤 분류군보다도 높다. 포유류 암컷은 난자의 생산, 임신, 육아 및 유년기의 양육에 많은 시간과 에너지를 투자한다. 이에 비해 포유류 수컷은 자손에 투자하는 비중이 낮고 암컷보다 훨씬 번식의 기회가 많다. 그러므로 포유류 암컷은 선택을 통한 짝짓기 전략을 구사하고, 수컷은 단기간에 많은 수의 암컷과 짝짓기를 시도하는 경향이 있다.

인간 또한 포유류이기 때문에 이와 같은 포유류 성선택의 틀을 크게 벗어나지 않는다. 그러나 인간의 경우엔 성선택을 결정하는 중요한 변수가 몇 개 더 있다.

첫째, 사람은 여자와 남자가 만나서 사회관계 및 성관계를 유지하는 방식과 기간이 아주 다양하다. 단 하룻밤만 만나는 경우도 있고, 결혼해서 수십 년간 관계를 지속하는 경우도 있다. 장기적인 사회관계(결혼)를 유지하면서도 남녀 모두 배우자 외의 다른 이와 성관계를 갖기도 한다. 그래서 사람의 짝짓기 전략은 단기와 장기로 나눠서 고려하는 것이 바람직하다. 하지만 단기와 장기를 나누는 기준은 아직 분명하지 않다.

둘째, 여느 포유류와 달리 인간 남자는 자손을 위해 상당한 시간과 에너지를 투자할 수 있고, 실제로도 많이 그렇게 한다. 남자가 자손을 위해 여자 못지않은 투자를 하기 때문에 사람의 짝짓기 체계는 대부분 일부일처제이다.

셋째, 남자가 자손을 위해서 장기적으로 많은 투자를 하기 때문에 여자뿐 아니라 남자도 배우자를 선택한다. 남자가 자손에 대한 기여도가 높을수록 까다롭게 여자를 선택한다고 예측할 수 있다.

인간의 성선택은 큰 틀에서 보면 대부분의 다른 포유류와 마찬가지로 '여자—선택'과 '남자—경쟁'으로 특징지어진다. 그러면서도 경우에 따라 여자와 남자 모두 선택과 경쟁이 가능하다. 이런 변수 때문에 사람의 짝짓기는 다른 어떤 동물보다도 복잡하며 흥미롭다.

　인간의 단기 짝짓기 전략은 일반적인 포유류의 성선택과 비슷하다. 만약 인간의 사회관계와 성관계가 단기간에만 이뤄진다면 남자는 임신, 출산 및 양육의 책임에서 자유롭다. 어떤 남자가 많은 여자들과 단기간의 성관계를 가졌다면 그만큼 많은 자손을 기대할 수 있을 것이다. 이와 달리 여자는 많은 남자들과 단기간의 성관계를 갖는다 하더라도 낳을 수 있는 자손의 수가 한정되어 있다.

　그러므로 남자의 단기 짝짓기 전략은 번식성공도의 극대화에 초점이 맞춰진다. 예를 들면, 낯선 이성과 처음 만나서 성관계까지 가는 것에 대한 남자의 '기대 기간'은 여자가 기대하는 기간보다 훨씬 짧다. 낯선 이와의 성관계에 대한 거부감 또한 여자보다 훨씬 덜하다. 단기적인 만남에서 남자는 자신이 평소 생각하던 배우자의 기준에 훨씬 못 미치는 여자와도 성관계를 갖는다. 이와 같은 남자의 단기 짝짓기 전략은 클락과 하트필드의 연구 결과와도 일맥상통한다.

　남자에 비해 여자의 단기 짝짓기 전략은 이해하기 어렵고, 현재 활발하게 연구가 진행 중이다. 처음엔 임신, 출산 및 양육에 대한 부담 때문에 여자들은 단기적인 성관계에 관심이 없으리라고 생각했다. 그렇지만 남자가 어떤 여자와 단기간의 사회관계 및 성관계를 가질 경우, 상대방 여자에게도 이 관계는 단기적이다. 다시 말해, 여자가 단기간의 성관계에 관심이 없다면 남자의 단기간 성관계도 일어나기 힘들다.

　최근 연구 결과에 의하면 여자는 물질적인 이익을 얻거나 배우자를 바꿀 의향이 있을 때 단기간의 성관계를 시도할 수 있다. 또 여자가 단기간의 성관계에서 고르는 상대는 우수한 유전자를 지닌, 다시 말해 매력적인 남자일 확률이 높다. 하지만 이런 분석은 아직 완결적이지 않으며 해석을 둘러싼 논쟁의 여지 또한 다분하다. 여자의 단기 짝짓기 전략에 대한 총체적인 이해를 위해서는 보다 구체적이고 섬세한 연구들이 필요하다.

단기간의 짝짓기가 종종 일어난다고는 해도, 인간의 심리 체계에 더 깊은 영향을 끼치는 것은 장기 짝짓기 전략이다. 장기 짝짓기 전략에서는 여자와 남자 모두 임신, 출산 및 양육의 책임을 고려하게 된다. 장기 짝짓기 전략을 이해하는 열쇠는 생식 과정에서 발생하는 어려움을 극복할 수 있는 해결책을 찾는 일이다.

여자가 생식 과정에서 겪을 수 있는 어려움은 비용(시간과 에너지)이 많이 들거나, 의무적인 양육행동을 혼자 떠안거나, 자신과 아이를 스스로 방어해야 하거나, 건강한 자손을 얻어야 하는 일 등이다. 이를 해결하기 위해 여자는 양육에 필요한 자원을 제공할 수 있는 짝을 확보하는 방향으로 짝짓기 전략을 구사한다.

구체적으로 여자는 재정 전망이 좋거나, 사회적 지위가 높거나, 야심만만하고 근면하거나, 건강한 연상의 남자를 배우자로 선호하는데 이는 곧 자원을 안정적으로 장기간 가져올 수 있는 남자를 의미한다. 야심과 근면성은 성공적인 생애의 가장 중요한 지표들 중 하나다. 또 여자는 신체적으로 강건한 남자를 선호한다. 이를테면 자신보다 키가 큰 남자에 대한 선호도가 모든 문화권에서 공통적으로 나타난다.

그런데 양육에 필요한 자원을 확보할 수 있는 남자라 하더라도 그 자원이 내가 아닌 다른 여자에게 분산될 가능성이 있다. 이럴 경우 여자와 그녀의 자손은 남자가 소유한 자원의 혜택을 충분히 누리기 어렵다. 이에 대한 여자의 진화적 해결책은 '사랑'이다.

사랑은 헌신이다. 여자에게 사랑이란 배우자가 자원을 자기와 자손에게 안정적으로 제공하는 헌신을 뜻한다. 즉, 장기 짝짓기 전략의 차원에서 볼 때 여자는 자원을 지속적으로 확보할 수 있고 그것을 여자와 자

남녀의 장기 짝짓기 전략은 서로 다르다. 여자는 자원을 지속적으로 확보할 수 있고 그것을 아끼지 않는 배우자를 선호한다. 남자는 젊고 아름다우며 남자에게 성적으로 충실한 배우자를 선호한다.
ⓒ 장이권

손을 위해 아끼지 않는(사랑하는) 배우자를 선호한다.

남자가 생식을 할 때 발생할 수 있는 어려움은 생식 가치가 높은 배우자를 찾는 일과 친자 여부의 불확실성이다. 생식 가치가 높은 배우자란 오랜 기간 동안 건강한 자손을 낳을 수 있는 여자다. 흔히 우리가 예쁘다고 여기는 여자의 특징들(도톰한 입술, 큰 가슴, 'S라인'의 몸매 등)은 모두 여자의 생식력과 밀접한 관련이 있다. 대부분의 남자들이 젊은 여자를 선호하는 것 역시 생식 가치가 높은 배우자를 원하기 때문이다.

남자가 겪는 또 하나의 어려움은 친자 확인이다. 포유류는 난자와 정자의 수정이 암컷의 질 안에서 일어난다. 그러므로 수컷은 배우자가 낳은 자손이 자신의 유전적인 자손인지 여부를 확실히 알 수 없다. 이것을 '부성 불확실성'이라 한다. 남자의 짝짓기 전략은 생식이 가능한 짝을 확보하고 자손에 대해 부성 확실성을 보장받는 방향으로 진행된다.

부성 불확실성에 대한 남자의 진화적인 해결책은 다양한 '짝 지키기 전략'(제4장 '쌍잠자리' 편 참조)의 구사와 사랑이다. 사랑은 헌신이다. 남자에게 사랑이란 배우자가 자신에게 성적으로 충실하며 자신의 유전적인 자손을 낳는 헌신을 의미한다.

사랑은 이렇듯 남녀 모두 장기 짝짓기 전략에서 배우자에게 기대하는 중요한 특성이다. 인간에게 사랑은 더없이 고귀하고 아름다운 단어이지만, 그 내면을 진화의 현미경으로 들여다보면 재미있게도 여자와 남자 사이엔 확연한 차이가 있다.

협력과 이해 충돌이 공존하는 성선택

자손에게 투자를 많이 하는 성은 번식 기회가 제한되고 투자를 적게 하는 성은 번식 기회가 많다. 특정 시점에서 번식에 참여하는 암컷과 수컷의 비율은 작동성비의 차이로 나타난다. 번식 기회가 많은 성은 서로 경쟁하고, 번식 기회가 제한된 성은 선택을 할 수 있다. 바로 이게 성선택 이론의 핵심이다.

흥미로운 건, 이 이론에서 암컷과 수컷의 구별이 없다는 점이다. 어느 성이건 자손에게 투자를 많이 하면 번식의 기회가 제한되고, 대신 배우자 선택권을 갖는다. 자손에게 투자를 상대적으로 적게 하면 번식의 기회가 많아지지만 치열한 경쟁을 피할 수 없다.

일반적으로 암컷이 수컷보다 자손에게 많은 투자를 한다. 이럴 경우 암컷은 선택하고 수컷은 경쟁한다. 그러나 수컷이 상대적으로 투자를 더 많이 하는 생물종도 있다. 이때는 수컷이 배우자를 선택하고 암컷들은 서로 경쟁한다.

성의 진화 이후 암컷과 수컷은 서로 협력하여 자손이라는 공동의 이익을 달성해 왔다. 그래서 동물의 짝짓기는 으레 화목한 과정으로 묘사되곤 했다.

그러나 이 생각은 이제 더 이상 맞지 않다. 짝짓기엔 암컷과 수컷의 협력이 필수적이지만 그 과정이 반드시 화목한 것만은 아니다. 암컷은 일차적으로 자신의 이익을 위해서 노력하고 수컷 또한 마찬가지다. 어떨 때는 짝을 희생시키면서까지 자신의 이익을 최대화하려고 한다. 현대 생물학에서는 짝짓기에 협력과 이해 충돌conflict of interest이 동시에 존재한다고 본다.

지금까지 남녀의 성차를 성선택 이론을 중심으로 살펴봤지만 이것만으로 여자들의 세계를 속속들이 이해할 수는 없다. 이건 단지 그녀들의 머나먼 별(금성!)을 바라보는 작은 망원경일 뿐이다. 앞으로도 나는 연구실 여학생들의 말과 행동을 종종 의아해하는 귀머거리 화성인으로 살아야 할 것 같다.

새들은 왜
일부일처제가 흔할까?

우리나라에 살고 있는 가장 멋있고 우아한 동물을 선택하라고 하면 나는 단연 두루미를 꼽겠다. 어른 목까지 올라오는 훤칠한 키, 기다란 목, 그리고 쭉 뻗은 다리를 자랑하는 두루미는 다른 새들이 쉽게 넘볼 수 없는 자태를 지녔다. 흔히 '학鶴'으로 불리는 두루미는 십장생의 하나 이며 한민족의 고전과 설화에 자주 등장한다.

두루미는 봄에 시베리아 같은 고위도 지역에서 번식하고 10월 말쯤 우리나라나 일본으로 이주해서 겨울을 난다. 연하장에 단골로 등장하는 하얀 두루미 외에 푸르스름한 회색빛을 띤 재두루미, 순천만에서 주로 월동하는 흑두루미 등 여러 종들이 시베리아의 혹한을 피해 한반도로 내려온다.

몇 년 전 이 멋있는 새를 보러 강원도 철원에 갔다. 1월이어서 온 대지에 새하얀 눈이 쌓여 있었다. 새벽이면 기온이 영하 20℃ 가까이 내려갔다. 철원은 우리나라에서도 가장 추운 곳이라는데, 전혀 틀린 말이 아니었다.

눈 쌓인 논을 걷고 있는 재두루미 가족. 앞의 두 마리가 부모고 뒤의 두 마리는 새끼다. 두루미과 새들은 평생 일부일처제를 유지한다고 알려져 있다. © Amaël Borzée

민통선 안쪽으로 들어가니 수확이 끝난 논 곳곳에서 두루미를 쉽게 볼 수 있었다. 두루미가 눈에 띠면 차를 멈추고 살금살금 내려서(워낙 예민해서 조금만 인기척을 느껴도 멀리 날아가 버린다) 녀석들을 관찰한다. 어떤 논엔 4마리, 근처의 다른 논에는 3마리, 조금 떨어진 곳에 또 2마리……. 일정한 간격을 두고 몇 마리씩 모여서 낙곡을 먹고 있었다. 가끔씩 열댓 마리가 같이 모여 있기도 하지만 대부분은 2~4마리다.

눈이 쌓인 논에 같이 있는 두루미 무리를 잘 살펴보면 크기는 비슷하지만 외모에 살짝 차이가 있다. 앞에 가는 두 마리는 뒷머리가 하얗지만 뒤에 가는 한두 마리는 뒷머리가 황토색이다. 앞의 두 마리는 부모고 뒤에 따르는 녀석들은 새끼다. 우리나라로 이주해 온 그해 봄에 시베리아에서 태어나 아직 독립하지 못한 채 부모를 따라 내려온 것이다.

두루미 새끼들은 봄에 태어나서 이듬해까지 부모 곁에 머무르다가 독립한다. 논에서 2~4마리 단위로 움직이는 무리는 가족이고, 열댓 마리씩 몰려다니는 무리들은 독립한 뒤 아직 제 가족을 이루지 못한 '미혼남녀'들이다. 짝을 맺은 두루미 암수는 새끼를 낳은 뒤에 양육을 함께하는데, 한 번 짝을 맺으면 평생 지속되는 경우가 많다.

일부일처제는 조류에서 특히 흔하다. 조류는 전 세계적으로 9천7백여 종이 있는데 그중 약 90%가 번식기 때 일부일처제를 유지한다. 그렇지만 번식이 끝나면 대부분 헤어지며 다음 번식기 때는 새로운 짝을 찾는다. 두루미처럼 평생 동안 일부일처제를 유지하는 경우는 매우 드물다.

일부일처제는 수컷이 일부다처제를 포기할 때 가능하다

왜 어떤 종은 일부일처제이고 또 어떤 종은 일부다처제나 일처다부제를 유지할까? 새들의 세계에선 왜 일부일처제가 흔할까? 앞글에서 살펴본 바와 같이 자손에 대한 투자의 차이는 작동성비의 차이로 나타나고, 작동성비의 불균형은 성선택의 방향과 방법을 결정한다. 자손에 대한 투자의 차이는 짝짓기 체계에도 큰 영향을 끼친다.

일반적으로 암컷은 크고 한정된 개수의 난자를 생산하고, 양육도 책임지는 경우가 많다. 자손에 대한 투자가 상대적으로 많으므로 성선택에서 주로 선택하는 위치에 선다. 암컷은 제가 지닌 알의 수효보다 더 많은 자손을 가질 수 없다. 그리고 수컷 한 마리의 정자만 있으면 암컷이 갖고 있는 모든 알들을 수정시킬 수 있다. 즉, 암컷은 한 마리의 수컷만 있으면 성공적인 번식이 가능하다. 그러므로 암컷에겐 일부일처제가 자연스럽다.

자손에 대한 투자가 상대적으로 적은 수컷은 성선택에서 주로 경쟁을 한다. 경쟁에서 우세할수록 여러 암컷과 번식이 가능하다. 수컷의 번식 성공도는 체내에 갖고 있는 정자의 양이 아니라 접근 가능한 암컷의 수

에 의해 결정된다. 다시 말해, 많은 암컷들과 접촉할수록 수컷의 번식성
공도가 올라간다. 그러므로 수컷에게 유리한 짝짓기 체계는 일부다처제
이다.

야생의 현실은 이런 추론과 정확히 일치한다. 야생에서 가장 흔한 짝
짓기 체계는 수컷 일부다처제/암컷 일부일처제다. 일부일처제가 가능하
려면 수컷이 번식성공도가 높은 일부다처제를 포기하고 오직 한 마리의
암컷만을 파트너로 삼아야 한다. 그러므로 일부일처제는 암컷보다는 수
컷의 입장에서 바라보고 이해할 필요가 있다.

일부일처제를 이해하는 가장 빠른 길은 일부일처제가 일부다처제보
다 수컷에게 유리한 점, 또는 수컷이 일부일처제를 유지할 수밖에 없는
조건을 찾는 것이다.

수컷 양육 일부일처제

'수컷 양육 일부일처제male assistance monogamy' 가설은 자손의
양육에 수컷의 기여가 반드시 필요하며 그렇지 않으면 자식들을 제대로
키워 내기 어렵다고 가정한다. 일부다처제에서는 수컷이 여러 암컷과 짝
짓기를 해서 많은 자손들을 얻을 수 있다. 수컷은 양육에 전혀 기여하지
않으므로 암컷은 홀로 새끼들을 길러야 한다. 만약 혼자만의 양육이 힘
에 부치면 새끼들은 온전하게 어른으로 자랄 수 없다. 그러면 수컷이 아
무리 많은 자손을 얻더라도 성공적인 번식으로 귀결되기는 어렵다.

일부일처제에서는 수컷이 여러 암컷을 찾는 노력을 포기하고 한 마리
의 암컷과 관계를 유지한다. 수컷은 짝을 찾는 데 들이는 시간과 노력을
새끼들의 양육에 온전히 투자할 수 있다. 즉, 수컷이 일부일처제를 유지
하면 비록 자손의 수는 적지만 성공적으로 키워 낼 가능성은 훨씬 높아

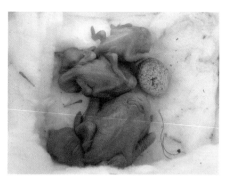

까치는 기온이 아직 쌀쌀한 3~4월에 포란한다. 성공적인 부화와 양육을 위해서는 수컷의 도움이 반드시 필요하다(수컷 양육 일부일처제). 사진 속 알과 새끼는 번식생태 연구를 위해 잠시 둥지에서 꺼냈으며, 측정 후엔 둥지로 다시 넣어 준다. © 장이권

진다. 수컷 양육 일부일처제 가설에 따르면 수컷은 일부다처제보다 일부일처제를 통해 더욱 성공적인 번식이 가능하다.

수컷 양육 일부일처제는 조류의 일부일처제에 대한 설명으로 가장 적합하다. 새들의 알은 둥지에서 상당한 시간 동안 품어야만 부화한다. 까치의 경우 알을 낳고 품어서 부화시키는 데 무려 20~22일이 걸린다. 이때는 3~4월이어서 밤에는 기온이 영하를 오르내릴 수도 있다. 이 기간 동안 암컷은 둥지에서 알을 품고 수컷은 암컷에게 먹이를 제공한다. 수컷이 지속적으로 먹이를 날라 주면 암컷은 둥지 밖으로 나갈 필요가 없다. 높은 온도에서 안정적인 포란이 유지되기 때문에 부화 성공도가 높아지고, 그만큼 건강한 새끼들이 태어난다.

만약 수컷이 다른 암컷을 찾느라 바빠서 포란 중인 암컷에게 먹이를 충분히 공급하지 않으면 어떻게 될까? 암컷은 부득이 둥지를 자주 비울 수밖에 없고, 적정한 온도가 유지되지 않으므로 당연히 부화 성공도가 떨어진다. 즉, 수컷은 양육에 참여하지 않을 때보다 적극적으로 참여할 때 더욱 건강한 자손을 기대할 수 있다.

짝 지키기 일부일처제

일부일처제가 나타날 수 있는 또 다른 조건은 수컷이 한 마리의 암컷 외에 다른 암컷들에게 접근하기 어려운 경우이다. 가령 짝짓기가 가능한 수컷에 비해 암컷의 수가 절대적으로 부족하면 수컷은 여러 암컷을 찾는 것이 불가능하다. 암컷의 밀도가 낮은 경우 역시 마찬가지다. 암컷 개체들 간의 거리가 너무 멀리 떨어져 있어서 수컷이 한 번에 두 마리 이상의 암컷과 번식을 시도하기 어렵다.

이런 조건에서 수컷이 짝짓기 가능한 암컷을 발견하면 그 옆에 가까이 머물면서 '짝 지키기mate guarding'를 시도하게 된다. 다른 암컷을 찾을 확률이 아주 낮으므로, 수컷은 그 암컷과의 번식을 성공시키는 일에 최대한의 노력을 기울인다. 이것이 '짝 지키기 일부일처제mate guarding monogamy'이다.

포유류 중에서 일부일처제를 유지하는 종은 약 9% 정도다. 인간이 속한 영장류는 비율이 조금 더 높긴 하지만 그래도 30%를 넘지 못한다. 그런데 그 소수의 포유류들은 짝 지키기 일부일처제의 경향을 따른다는 흥미로운 연구 결과가 있다(Lukas and Clutton-Brock 2013).

일부일처제 포유류들은 대부분 서로 멀리 떨어져서 생활한다는 공통점을 갖는다. 이 종들은 주로 고기나 과일 같은 양질의 먹이를 먹는데, 이 먹이들은 대개 한곳에 밀집되어 있지 않고 드문드문 분포한다. 그러므로 좁은 영역에 많은 개체들이 서식할 수 없고, 먹이를 찾아 넓게 흩어질 수밖에 없다. 이런 조건에서는 수컷이 동시에 여러 암컷을 지키기 어려우므로, 한 번 암컷을 찾으면 더 이상의 곁눈질 없이 곧바로 짝 지키기에 몰두한다.

위 연구에서 수컷의 양육행동은 일부일처제를 지키는 종들 중 절반 정도에서만 나타났다. 연구자들은 이를 토대로, 포유류에서는 먼저 일부일처제가 진화했고 나중에 수컷의 양육행동이 진화되었다고 주장한다.

암컷 강요 일부일처제

일부일처제가 암컷의 노력에 의해 유지된다는 연구 결과도 있다. 개미나 벌 같은 사회성 곤충을 제외하면 곤충들의 양육행동은 매우 드물다. 새끼가 부화한 뒤에도 양육행동을 하는 경우는 더더욱 드물다. 양육행동이 있는 경우엔 대개 암컷이 그것을 담당한다.

그런데 암컷과 수컷이 공동으로 양육행동을 하고, 심지어 부화 이후에도 극진한 양육행동을 하는 곤충이 있다. 이 곤충은 새나 쥐 같은 작은 척추동물의 사체를 땅에 묻어 유충의 먹이로 삼기 때문에 '송장벌레'라 불린다.

미국송장벌레는 더듬이가 잘 발달되어 있어서 죽은 동물의 냄새를 멀리서도 맡을 수 있다. 사체에 도달했을 때 다른 경쟁자가 있으면 암컷은 암컷끼리, 수컷은 수컷끼리 서로 싸운다. 그래서 최종적으로 남는 암컷과 수컷이 짝짓기를 한다. 만약 수컷 혼자 사체를 발견하면 짝이 나타날 때까지 기다린다. 수컷은 배 끝부분에서 페로몬을 방출하여 짝을 유인한다.

송장벌레 암수가 사체를 확보하면 일단 그것을 재빨리 땅속에 묻어야 경쟁자를 피할 수 있다. 그런 다음 사체에서 털을 제거하고 둘둘 말아 공처럼 만든다. 송장벌레가 활동하는 더운 여름에는 사체가 급속하게 부패하기 쉽다. 그러면 유충이 알에서 부화해도 사체를 먹이로 삼을 수 없게 된다. 이를 방지하기 위해 부모 송장벌레는 곰팡이의 활동을 억제하는 항균물질을 털을 벗긴 사체에 정성스럽게 바른다. 사체를 땅속에 완전히 매장하여 처리하는 데까지는 대략 8시간 정도 걸린다. 모든 준비

새끼들의 먹이가 될 사체 처리가 끝나면 미국송장벌레 암컷은 사체에 알을 낳는다. 이때 수컷은 다른 암컷을 유인하기 위해 페로몬을 발산하기도 하는데, 암컷은 이런 수컷의 행동을 저지한다(암컷 강요 일부일처제). © 위키피디아

가 끝나면 짝짓기가 진행되고, 암컷은 사체에 알을 낳는다.

송장벌레의 양육행동은 알이 부화하여 유충이 된 뒤에도 지속된다. 새끼들은 배가 고프면 부모의 큰 턱을 두들겨 구걸행동을 한다. 그러면 송장벌레 부모는 사체를 먹어 소화시킨 다음 토해 내어 새끼들에게 먹인다. 이렇게 액체로 만든 먹이는 새끼들의 발육을 촉진시키고 몸속에 항균물질을 전달한다고 알려져 있다.

송장벌레 수컷은 간혹 다른 마음을 먹기도 한다. 수컷의 입장에서는 현재의 짝 이외에 새로운 암컷을 유인하여 짝짓기를 하면 더 많은 자손을 낳을 수 있다. 그래서 암컷과 짝짓기를 한 이후에 다시 페로몬을 발산하기도 한다.

그러나 새로운 암컷이 오면 수컷의 양육행동은 분산되고, 나중에 양쪽 암컷들이 낳은 이복형제들끼리 경쟁을 해야 한다. 그러므로 수컷이 새로운 암컷을 유인하는 것은 현재의 배우자에게는 결코 유익한 일이 아니다. 수컷이 페로몬을 발산하면 '조강지처'인 암컷은 즉시 수컷에게 달려들어 내동댕이치고 물어뜯는다. 다른 암컷을 찾지 못하도록 수컷에게 일부일처제를 강요하는 것이다.

이렇게 암컷이 적극적으로 수컷의 짝을 찾는 행동을 저지함으로써 유지되는 일부일처제를 '암컷 강요 일부일처제'라고 부른다.

인류 번영의 바탕은 일부일처제?

일부일처제를 유지하는 가장 특이한 동물은 단연 인간이다. 인간의 짝짓기 체계는 복잡할 뿐만 아니라 때로는 혼란스럽기까지 하다. 인간 사회엔 남녀가 오랜 기간 동안 짝을 유지하는 '결혼'이라는 문화가 존재한다. 결혼은 일부일처제를 바탕으로 하며, 어떤 지역 어떤 사회에서나 공통적으로 나타나는 보편적인 짝짓기 방식이다.

그러나 이혼, 재혼, 짝외 교미(일명 '바람피우기' 또는 외도), 짝 버리기 등 일부일처제를 약화시키는 현상 또한 어느 사회에서나 만연하다. 드물긴 하지만 일부다처제나 일처다부제를 허용하는 사회도 있다. 그러니까, 인간의 일부일처제는 아주 불완전하거나 난잡한 일부일처제이다.

그럼에도 불구하고 인간은 '실질적으로' 일부일처제를 유지한다고 볼 수 있다. 어느 사회든 결혼에는 강한 법적·도덕적 책임이 뒤따르고, 일부다처제가 허용되는 사회라 하더라도 대다수의 결혼은 일부일처제이기 때문이다.

일부일처제가 드문 포유류 중에서도 인간의 일부일처제는 특히 예외적이다. 인간의 일부일처제를 설명하는 가장 중요한 가설은 수컷 양육 일부일처제지만 그렇다고 다른 가설들이 기각된 건 아니다. 최근에는 "인류 진화의 비밀 무기는 일부일처제"라는 흥미로운 주장이 등장하기도 했다.

일부다처제에서는 소수의 우세한 수컷들이 암컷들을 독차지한다. 대부분의 수컷들은 짝짓기를 위해 많은 투자를 함에도 불구하고 기회 자체가 많지 않다. 일부다처제는 암컷이 출산 후 양육을 대부분 혼자서 감당할 때만 가능한 시스템이다. 곤충이나 조류보다 양육에 오랜 시간이 걸리는 포유류 암컷들에게는 매우 버거운 짝짓기 체계라고 할 수 있다.

인류의 진화 과정에서 나타난 일부일처제는 이런 문제들을 한꺼번에 해결해 주는 탁월한 수단이었다. 일부일처제를 유지할 경우 대부분의 수컷이 짝을 찾을 수 있다. 뿐만 아니라 짝을 찾는 데 들이던 시간과 에너지를 양육으로 돌릴 수 있다. 인간의 아이를 양육하려면 장기간에 걸친 엄청난 노력이 필요하다. 배우자가 그중 일부를 담당한다면 자식을 온전한 어른으로 길러 내야 하는 암컷 입장에서도 양육이 훨씬 수월하다.

일부일처제는 사회관계망social network 발달에도 크게 기여했다. 대부분의 영장류 사회에서는 암컷과 그 새끼들이 사회 구성의 기본 단위이기 때문에 암컷을 통해서만 사회관계망을 형성할 수 있다. 그러나 인간은 어머니뿐 아니라 아버지를 통해서도 사회관계망 확장이 가능하다. 덕분에 인간들은 그 어떤 동물사회보다도 복잡한 사회관계망을 형성할 수 있게 되었다. 잘 발달된 사회관계망은 그 집단의 생존 능력, 이를테면 먹이를 확보하거나 외부 위협에 대처하는 능력을 획기적으로 강화시켜 준다.

포유류들 사이에서는 별로 인기 없는 짝짓기 체계지만, 일부일처제는 인류의 진화 과정에서 우리만의 독특한 생활 방식을 만들고 정착시키는 데 결정적으로 기여했다. 인류 진화의 비밀 무기라는 표현이 결코 과장이 아니라는 얘기다.

일부일처제는 인류의 독특한 생활 방식에 결정적으로 기여했다. 대부분의 남자들이 배우자를 찾을 수 있고 여자 또한 양육 부담을 줄일 수 있다. 또 부모 양쪽의 사회관계망을 통해 생태적인 문제들을 해결할 수 있다. ⓒ 장이권

| 제2장 |

봄의
생명들

© 윤석준

경칩개구리

개구리가 겨울잠에서 깨어난다는 경칩은 2월 말에서 3월 초순 사이에 찾아온다. 이 시기는 아직 추위가 한창인 때이다. 밤에는 기온이 영하로 떨어지고 산 곳곳에는 아직 눈이 쌓여 있다. 한겨울을 방불케 하는 꽃샘추위가 닥치기도 한다. 이런 날씨에 정말 개구리가 동면에서 깨어날까? 깨어나더라도 혹시 얼어 죽지 않을까? 엄동설한에 개구리가 깨어난다는 사실에 대해 많은 사람들이 의아해한다.

우리나라에 서식하는 여러 종류의 개구리들 중 경칩 즈음에 동면에서 깨어나는 개구리는 북방산개구리, 계곡산개구리, 한국산개구리 등이다. 그래서 나는 이 녀석들을 한데 뭉뚱그려 '경칩개구리'라 부른다.

경칩이 포함된 24절기는 원래 중국에서 유래되었기 때문에 우리나라의 기후와 정확하게 일치하지 않는다. 또 한반도는 남북으로 길게 뻗어 있기 때문에 위도에 따라 생물들의 활동에 차이가 많다. 예를 들면, 날씨가 따뜻한 제주도와 전라도에서는 북방산개구리가 1월부터 산란을 시작해서 2월 초면 대부분 마무리된다. 중부지역인 충청도에서도 북방산개구리의 산란은 경칩 이전에 모두 끝난다. 모든 경칩개구리들이 경칩에 맞춰서 활동하지는 않는다는 얘기다.

중요한 건, 경칩개구리의 산란 시기가 다른 개구리들보다 한두 달 정도 빠르다는 점이다. 참개구리, 청개구리, 금개구리, 옴개구리 등은 4월이 지나야 비로소 깨어나 활동을 시작한다. 이 시기는 나무의 새잎이 돋고 풀들이 자라며 곤충들도 흔해서 개구리들의 먹이가 풍부하다. 그러나 경칩 즈음에는 날씨도 춥고 먹이도 별로 없다. 이 시기에 깨어나는 경칩개구리의 행동은 어쩌면 자살 행위에 가까울지도 모르겠다.

경칩개구리는 왜 군이 그렇게 추운 날씨에 일찌감치 겨울잠에서 깨어나는 걸까?

경칩개구리가 추운 날씨에 깨어나 번식을 시작하면 장점도 있다. 우선 추운 날씨 때문에 천적이 드물다. 개구리에게 가장 위협적인 뱀은 훨씬 늦게 동면에서 깨어나고, 여름철새들은 아직 우리나라에 이주해 오기 전이다.

물론 텃새들은 추운 겨울에도 활동하기 때문에 경칩개구리를 잡아먹을 수 있다. 하지만 이 시기는 아직 대부분의 텃새들이 본격적으로 번식 활동을 하기 전이다. 새끼에게 먹이를 공급하기 위해 눈에 불을 켜고 사냥하는 시기가 아니므로, 텃새들의 위협도 상대적으로 약한 편이다.

경칩개구리가 번식할 즈음에 포식자가 상대적으로 적다는 결정적 증거는 녀석들의 노래활동이다. 개구리들은 새와 같은 시각포식자를 피하기 위해 주로 밤에 노래를 한다. 녹음을 통해 개구리의 노래활동을 연구한 결과에 따르면 청개구리와 참개구리는 대부분 밤에 노래했다. 청개구리는 낮에도 노래를 하는 경우가 간혹 있지만 밤처럼 지속적으로 우렁차게 노래하지는 않는다.

그러나 경칩개구리 중 하나인 북방산개구리는 낮에도 지속적으로 우

경기도에서 북방산개구리가 겨울잠에서 깨어나 노래활동을 시작하는 시기는 경칩 즈음이다. 이 시기는 날씨가 춥고 먹이가 별로 없다. ⓒ 김현태

렁차게 노래를 불러 댔다. 포식자의 위협이 상대적으로 약하기 때문에 가능한 일이다.

동족 포식은 최후의 선택

경칩개구리처럼 이른 봄에 산란을 하는 개구리들 사이에선 가끔 동족 포식이 발생한다. 주로 일찍 부화한 올챙이가 아직 알 상태인 동족을 잡아먹는다. 알은 움직일 수가 없으므로 올챙이에게는 아주 쉬운 먹잇감이다. 뿐만 아니라 같은 올챙이끼리 동족 포식이 일어나기도 한다.

동족 포식이 일어나는 주요 원인은 먹이 부족 때문이라고 알려져 있

었다. 그러나 최근 연구에 의하면 올챙이들도 동족 포식을 선호하지는 않는다고 한다. 단지 배가 좀 고프다고 동족을 잡아먹는 게 아니라, 극도로 어려운 상황에서 내리는 최후의 선택이라는 것이다.

북미 지역에 서식하는 송장개구리는 경칩개구리와 비슷하게 이른 봄에 산란을 한다. 캐나다 새스카치완Saskatchewan 대학교의 시버스 교수 팀은 송장개구리의 올챙이를 말려서 가루로 만든 다음 혼자 유영하는 올챙이에게 넣어 주었다. 그랬더니 예상과 달리 녀석은 거의 굶어 죽을 때까지 그 가루를 전혀 먹지 않았다. 심하게 굶주려서 더 이상 다른 방법이 없을 때가 되어서야 비로소 동족의 가루를 먹었다.

이와 반대로, 많은 올챙이들로 혼잡한 어항에 똑같은 가루를 넣었더니 올챙이들이 곧바로 가루를 먹기 시작했다. 아마도 올챙이들이 서로 먼저 성장하려고 경쟁하기 때문에 동족 포식에 나서는 것으로 추측된다.

송장개구리 올챙이가 자라는 옹달샘은 물이 풍부하지 않기 때문에 언제 마를지 모른다. 그 치열한 '시간과의 싸움'에서 살아남기 위한 어쩔 수 없는 선택이 바로 동족 포식인 것이다. 비록 썩 내키지는 않더라도, 동족 포식을 통해 영양을 보충하고 경쟁자들을 제거해야만 자신의 생존율을 높일 수 있다.

인간 역시 전쟁이나 조난 같은 절박한 상황에서 죽은 동료를 먹으며 버틴 사례가 있다. 인간의 동족 포식이 극한상황에서 내리는 최후의 결정이듯, 올챙이도 크게 다르지 않다는 것을 보여 준 실험이다.

경칩개구리의 고민 ❶ 언제 깨어나 산란을 할까?

개구리는 겨울잠에서 깨어나면 제일 먼저 번식활동을 한다. 수컷 개구리는 노래를 통해 암컷을 유인하고, 암컷은 맘에 드는 수컷을 골라서 짝짓기를 한다. 그런 다음 암컷은 물이 있는 습지에 알을 낳는다.

번식할 때 암컷 개구리의 가장 중요한 고려 사항은 배우자의 자질과 알의 생존 가능성이다. 수컷이 해야 할 일은 암컷이 번식하러 오는 장소를 예측하는 것, 다른 수컷들과 경쟁하는 것, 그리고 암컷을 유인하는 것이다. 암컷이 알을 낳으러 가는 곳에선 항상 수컷 개구리가 노래를 하고 있기 때문에, 대부분의 경우 암컷이 수컷을 선택하는 것은 그리 어려운 일이 아니다.

암컷 경칩개구리의 가장 큰 고민은 정확한 산란 시기다. 너무 일찍 산란을 하면 알이 동사할 위험이 높아진다. 3월에 강추위가 닥치는 건 우리나라에서는 비교적 흔한 일이다. 경칩개구리가 알을 낳았는데 다시 추위가 와서 물웅덩이가 얼어 버리면 그 안에 있는 알들도 동사하고 만다. 그러므로 너무 이른 산란은 위험하다.

추위의 위험을 피하기 위해 늦게 산란을 하는 것도 문제다. 개구리 알은 대개 낳은 순서대로 올챙이가 된다. 일찍 낳은 알이 먼저 올챙이가 되고 나중에 낳은 알은 늦게 부화한다. 그러면 동면에서 먼저 깨어나 산란을 한 암컷의 올챙이가 나중에 산란한 암컷의 알을 잡아먹을 수 있다. 다른 개체에 비해 너무 늦게 산란을 하면 알이 동족 포식의 희생양이 되어 버리는 게 경칩개구리의 얄궂은 운명이다.

경칩개구리처럼 이른 봄에 산란하는 개구리들은 폭발적으로 번식을 한다. 경기도 성남시의 맹산반딧불이자연학교에서 2010년에 실시했던 연구에 따르면 총 725개의 알 무더기가 3월 초부터 4월 말 사이에 발견되었는데, 그중 87%가 불과 5일 사이에 집중적으로 산란되었다. 같은 곳에 서식하는 참개구리와 청개구리의 번식 기간이 최소 2~3개월인 것에 비하면 산개구리의 번식은 가히 폭발적이다.

큰 올챙이는 아직 부화하지 않은 알뿐만 아니라 갓 부화한 작은 올챙이들까지도 잡아먹을 수 있다. 하지만 비슷한 크기의 작은 올챙이들끼리

북방산개구리의 알 무더기. 암컷 북방산개구리의 산란 시기는 극히 제한되어 있고, 그래서 많은 암컷들이 한꺼번에 폭발적으로 번식을 한다. 비슷한 크기의 올챙이들은 서로 동족 포식하기가 어렵다. © 장이권

는 동족 포식을 하지 않는다. 폭발적인 번식이 진행되면 올챙이들의 성장 속도가 엇비슷하기 때문에 서로 잡아먹기가 어렵다. 즉, 경칩개구리의 폭발적 번식은 동족 포식에 대비한 일종의 적응행동으로 볼 수 있다.

경칩개구리의 고민 ❷ 어디에 알을 낳아야 하나?

북방산개구리는 주로 옹달샘에 알을 낳는다. 옹달샘은 겨울에 쌓인 눈이 녹아서 고여 있는 임시 습지다. 연못처럼 안정적인 습지에 알을 낳는 북방산개구리도 더러 있긴 하지만, 녀석들의 가장 중요한 산란 장소는 산속의 임시 습지와 산 근처에 있는 논 습지다.

습지가 처한 환경은 천차만별이다. 크기나 깊이 같은 물리적 특성에서부터 포식자의 유무, 노출 정도, 물이 마를 가능성 등이 습지마다 다르다. 암컷 경칩개구리는 접근할 수 있는 습지들 중에서 알의 생존 가능성이 가장 높은 습지를 선택해야 한다.

2010년 맹산반딧불이자연학교에서의 연구엔 북방산개구리의 산란지 선호도 조사도 포함되어 있었다. 그곳은 산지습지로서 크기와 깊이, 수초의 밀도가 다양한 습지들이 수십 개에 달한다. 북방산개구리는 그중 어디를 선택해 산란할까? 이를 확인하기 위해 녀석들의 알 무더기를 매일 꼼꼼하게 조사하였다.

북방산개구리는 기존의 알 무더기에 새로운 알 무더기를 덧붙인다. 그래서 알 무더기를 조사하려면 얼음 같은 물에 손을 넣고 더듬어야 한다. 이 작업을 두세 시간 하다 보면 마치 동상에 걸린 것처럼 손의 감각이 없어지기 시작한다.

조사 결과 북방산개구리가 산란 장소로 선호하는 습지의 넓이는 평균 40㎡ 정도였고 깊이는 13cm였다. 이런 습지는 꽃샘추위가 와도 얼어붙을 가능성이 낮고, 새와 같은 포식자로부터 올챙이가 숨을 장소를 제공해 준다. 암컷 경칩개구리는 추위와 포식자로부터 자손을 보호해 줄 수 있는 습지를 택하여 산란한다는 것을 확인할 수 있었다.

그런데 무리 중에는 으레 늦게 산란하는 암컷들이 있기 마련이다. 늦게 동면에서 깨어난 암컷은 산란 장소 선정에 많은 어려움을 겪는다. 선호하는 습지에 가서 알을 낳으면 일찍 부화한 올챙이들의 먹이가 되기 쉽다. 선호하지 않는 습지, 즉 주변 환경이 열악한 습지에 알을 낳으면 포식자들의 먹이가 될 수 있다. 두 가지 모두 최악이다.

우리의 관찰에 의하면 늦게 산란하는 북방산개구리는 선호하지 않는 습지에 산란할 확률이 뚜렷하게 높아졌다. 당장의 위협 요인인 동족 포식을 피하고 보자는 속셈인 것 같다. 하지만 수심이 얕고 수서식물 같은

대부분의 암컷 북방산개구리들이 산란 장소로 선호하는 옹달샘(왼쪽). 그러나 늦게 산란하는 암컷은 동족 포식을 피해 환경이 열악한 습지에 알을 낳는다(오른쪽). 이곳의 알들은 포식자의 사냥감이 된다. ⓒ 장이권

은신처도 없기 때문에 천적들의 공격에 속수무책이다. 이런 곳에 낳은 알들은 대부분 포식자의 사냥감이 된다.

겨울과 봄을 가르는 지표인 경칩개구리의 노래

동면에서 깨어나 산란할 수 있는 기간이 추위와 동족 포식에 의해 제한되기 때문에 경칩개구리의 번식 기간은 대체로 짧다. 암컷 개구리들은 남들보다 너무 빠르거나 늦지 않게 번식하려고 치열한 눈치작전을 벌인다. 그러다 보니 아주 짧은 기간에 엄청나게 많은 수의 암컷 개구리들이 산란을 하러 옹달샘에 몰려든다.

암컷의 산란 기간이 짧은 만큼 수컷이 번식할 수 있는 기간도 짧다. 단기간의 폭발적 번식이라는 경칩개구리의 이 같은 특징은 옹달샘을 확보하려는 수컷들 사이의 격렬한 몸싸움으로 이어지게 된다.

수컷들은 암컷의 산란 장소를 차지하기 위해 다른 수컷을 밀어내거나 접근을 막는다. 번식이라는 지상 과제를 눈앞에 둔 만큼 거친 싸움도 마

북방산개구리 수컷이 경쟁자를 공격하고 있다. 경칩개구리는 번식 기간이 짧기 때문에 암 컷의 선택보다는 수컷의 경쟁이 성선택을 주도한다. ⓒ 김현태

다않는다. 한편으론 노래를 이용하여 적극적으로 자신의 영역을 홍보한다. 보통 산란하는 암컷 한 마리에 수컷 여러 마리가 달려들어 경쟁을 한다. 이럴 경우 암컷 바로 위에 있는 수컷이 가장 큰 놈인 경우가 많고, 알을 수정시킬 확률도 가장 높다.

그러나 경쟁이 치열해지면 수컷 한 마리가 수많은 경쟁자들을 모두 물리치기는 어렵다. 그래서 한 암컷의 알이 여러 수컷에 의해 수정되는 경우도 종종 있다.

이와 달리 참개구리나 청개구리처럼 번식 기간이 긴 경우엔 수컷끼리의 물리적인 싸움보다는 암컷의 선택이 상대적으로 중요하다. 물론 수컷끼리 노래하는 자리를 두고 치열한 경쟁을 벌이지만 매번 싸움으로 이어지지는 않는다.

이 종들은 번식 기간이 길기 때문에 어느 하루에 암컷들이 번식 장소에 한꺼번에 출현할 가능성이 낮다. 수컷 입장에서 생각해 보면, 이 작은 확률을 위해 자칫 목숨이 위태로울 수도 있는 싸움을 벌이는 건 바보짓이다. 그래서 청개구리는 여러 마리의 수컷이 한 암컷을 두고 포접하려는 경쟁이 드물다.

인공위성과 슈퍼컴퓨터를 이용한 기상예보 덕분에 이제 24절기는 더이상 농사에 큰 영향을 끼치지 않는다. 그렇지만 나는 경칩이 오늘날에도 여전히 계절 변화의 중요한 지표라고 생각한다. 경칩개구리의 노래는 단순한 산란 신호가 아니다. 겨울 동안 꽁꽁 얼어 있던 산이 기지개를 켜면서 얼음이나 눈이 녹아 옹달샘이 생겨나는 시기를 뭇 생명들에게 알려 주는 자연의 소리다.

최근 기후변화에 대해 전 세계적으로 다각적인 연구가 이뤄지고 있는데, 그중 가장 중요한 연구는 계절의 변화를 정확하게 짚는 일이다. 경칩개구리의 노래는 그 어떤 기계나 장비로도 흉내 낼 수 없는, 겨울과 봄을 가르는 정확한 지표이다.

제비가 흥부전에
등장한 이유

우리는 고전소설 〈흥부전〉을 통해 제비와 각별한 인연을 맺고 있다. 흥부는 제비 둥지를 공격하는 구렁이를 막대기로 내쫓고, 둥지 밖으로 떨어져 다리를 다친 새끼 제비를 정성스럽게 보살핀다. 그리고 이듬해 제비가 물어 온 박씨를 심어 집안을 크게 일으켰다. 아우가 부러웠던 놀부는 제비의 다리를 일부러 부러뜨렸고, 제비가 물어 온 박씨는 놀부에게 큰 화를 불러왔다.

그런데 왜 우리 주변의 많은 새들 중 하필이면 제비를 중심으로 이야기가 펼쳐질까? 제비가 철새여서? 하지만 철새의 이주 행동이 아니더라도 〈흥부전〉의 스토리는 충분히 풀어 나갈 수 있다. 나는 이 소설에서 제비가 주인공이 될 수밖에 없었던 더 중요한 이유들이 있다고 생각한다.

〈흥부전〉의 모든 복과 화는 제비가 물고 오는 박씨에서 비롯된다. 그런데 제비는 박씨를 비롯한 씨앗 종류를 먹지 않는다. 제비는 곤충만 잡아먹는 육식성 조류이다. 이에 비해 우리 주변의 새들 대부분은 씨앗을 주로 먹거나 잡식성이다. 만약 까치나 참새였다면 박씨를 떨어뜨리지 않

어미 제비가 새끼들에게 먹이를 물어다 주고 있다. ⓒ 장이권

고 먹어 버렸을 것이다. 그러니까, 은혜를 갚기 위해 박씨를 떨어뜨린다는 설정은 제비가 아니고서는 성립되기 어렵다.

또 한 가지. 〈흥부전〉에 등장하는 새는 반드시 인가에 둥지를 틀어야 한다. 그것도 지붕 위가 아닌 처마 밑에.

제비와 인류는 서식지 선호도가 같다

제비와 인류가 오랫동안 공존해 온 건 서식지 선호도가 비슷하기 때문이다. 인간이 선호하는 서식지는 풀이 있는 탁 트인 공간에 나무가 듬성듬성 있는 곳이다. 또 근처에 물도 있어야 한다. 그래서 우리가 좋아하는 전경은 농경지나 목초지다. 인간의 서식지 선호도는 문화나 나이에 관계없이 일정하며, 인류가 처음 기원한 사바나savanna 환경과 유사하다.

우리가 선호하는 주거지. 풀이 있는 탁 트인 공간에 나무가 듬성듬성 있다. 가까운 곳에 물이 흐르고 숲이 있으면 좋다. 이와 같은 인류의 주거 환경은 제비가 선호하는 장소이기도 하다. ⓒ 장이권

제비가 선호하는 서식지는 먹이를 찾기 쉬운 탁 트인 풀밭, 둥지를 지을 수 있는 구조물이나 절벽, 그리고 둥지를 짓는 데 필요한 진흙이 있는 곳이다. 진흙은 강기슭 주변에서 쉽게 발견된다. 그러므로 인류와 제비는 선호하는 서식지가 정확히 일치한다. 제비는 나무가 울창한 깊은 산속이나 건물이 빽빽이 들어찬 곳은 회피한다. 우리 역시 깊은 산속에서는 별로 살고 싶어 하지 않는다.

그런데 아쉽게도 인간과 제비의 공존은 우리 인간이 건물들로 빽빽한 도시로 생활공간을 옮기면서부터 단절되기 시작했다.

제비는 둥지를 지을 때 인간이 지어 놓은 구조물을 종종 이용한다. 유럽에서는 주로 헛간에 둥지를 짓기 때문에 제비를 'barn swallow(헛간제비)'라고 부른다. 우리나라에서는 주로 사람이 자주 오가는 처마 밑에 보란 듯이 둥지를 지어 놓는다. 제비 새끼가 둥지에서 떨어졌을 때 흥부가 쉽게 발견해 치료해 줄 수 있었던 건 그 때문이다.

우리 주변 대부분의 새들은 은밀한 장소에 둥지를 짓거나 까치처럼 높게 짓는다. 그러므로 둥지에서 새끼가 떨어지더라도 흥부가 제때 발견할 확률은 아주 낮다. 제비가 박씨를 떨어뜨렸을 때 흥부와 놀부가 쉽게 발견한 것 역시 둥지의 위치 덕분이다. 만약 다른 새였다면 둥지 아래로 박씨를 떨어뜨려도 눈에 띄지 않았을 것이다. 〈흥부전〉의 스토리가 가능한 것은 이렇듯 제비가 사람이 자주 드나드는 곳에 둥지를 짓기 때문이다.

제비는 인간이 자주 왕래하는 장소에 보란 듯이 둥지를 짓는다. 경기도 파주 이느 농가에
서는 제비가 집 안까지 들어와 주인과 같이 살고 있다. ⓒ 정다미

그렇다면 제비는 왜 하필 이런 곳에 둥지를 틀까?

폐가에는 둥지를 짓지 않는 제비

이화여대 정다미 대학원생은 파주에서 제비의 번식생태를 연구하고 있다. 여름철새인 제비는 4월에 우리나라로 이주해 온다. 5월부터 8월에 이르는 기간 동안 제비는 보통 두 차례 번식을 한다. 야생에서 절벽이나 동굴에도 둥지를 지을 수 있지만, 대개는 사람이 살고 있는 인가나 구조물에 둥지를 틀기 좋아한다.

파주는 전통적인 농가와 현대식 주택이 혼재하는 지역이다. 파주의 농가는 대부분 제비가 선호하는 ㅁ자 또는 ㄱ자 형태의 구조다. ㅁ자 가옥은 가운데 마당이 있고 모든 생활공간들이 마당을 둘러싸고 있다. 제비 둥지는 사람이 자주 왕래하거나 쉽게 눈에 띄는 현관문 위쪽 또는 대문 위에 위치하며, 제비는 마당 위로 뚫린 공간을 통해 둥지로 접근한다. ㄱ자 형태의 집도 마당을 둘러싸고 있는 울타리를 포함하면 ㅁ자의 형태와 비슷해진다.

강화도 북쪽에 있는 섬 교동도에도 제비가 매년 찾아온다. 이곳에서는 제비들이 늘 사람들로 붐비는 대룡시장 골목길에 둥지를 튼다. 비록 가옥의 외부 공간이긴 하지만 골목길엔 처마가 충분히 나와 있고 위로 지붕이 있기도 하다. 대룡시장 사람들은 마치 자기 집에 둥지를 튼 것처럼 이곳의 제비들을 아끼고 보살핀다.

제비가 선호하는 구조의 가옥이라고 해서 늘 둥지를 틀 수 있는 건 아니다. 제비 부모는 새끼의 배설물을 둥지 밖으로 버린다. 그러면 둥지 밑에 배설물이 쌓이고 벌레들이 잔뜩 꼬이기도 한다. 그래서 집주인들 중에는 제비 둥지를 달가워하지 않고 부수어 버리는 사람들이 종종 있다.

제비가 둥지를 짓고 번식을 하는 ㅁ자 형태의 농가. 파주에서 제비는 주로 ㅁ자 또는 ㄱ자 구조의 집에 둥지를 짓는다. ⓒ 장이권

둥지를 다시 지으려면 엄청난 노력이 들어가고 번식도 그만큼 늦어진다. 어쩌면 제비에게 최적의 장소는 둥지 짓기에 적당한 구조이면서 사람이 살고 있지 않은 폐가일 수도 있다 .

정다미 학생이 제비의 번식생태를 연구하고 있는 조사 지역에는 폐가가 많다. 오래된 폐가는 울타리가 파손되고 담과 기둥이 무너져 내리기도 한다. 그러나 대부분의 폐가들은 마치 최근에 이사를 간 것처럼 온전하게 보전되어 있다. 제비가 이용할 수 있는 폐가들이 얼마든지 있다는 얘기다. 그래서 2014년에 번식한 둥지가 있는 농가로부터 반경 2백 미터 이내의 모든 폐가에서 제비의 번식 유무를 조사했다.

제비가 2백 미터 이내의 적당한 가옥 두 채 중 하나를 선택하는 일은 동전 던지기와 같아서 어디를 선택해도 이상할 게 없다. 차이가 있다면, 폐가에는 사람이 거주하지 않는다는 점이다. 2백 미터 이내에 여러 개의 둥지가 들어서는 것도 문제가 되지 않는다. 우리가 아파트에 사는 것처럼 수십, 수백 마리의 제비들이 둥지를 바로 이웃하여 짓기도 한다. 하지만 26개의 번식둥지 근처에 있는 폐가 38채를 조사한 결과, 놀랍게도 제비는 폐가에서는 절대 번식을 하지 않았다.

그 폐가들은 구조적으로는 아무런 문제가 없어 보였다. 38채의 폐가 중 19채에는 과거에 제비가 둥지를 지은 흔적이 뚜렷하게 남아 있었다.

제비는 인간의 간섭이 없는 폐가보다는 인간이 거주하는 가옥을 선호하는 게 분명하다. 가옥의 구조는 둥지 선택의 중요한 요소이긴 하지만 그것만으로는 충분치 않다. 제비는 반드시 사람의 존재를 필요로 했다. 이유가 뭘까? 나는 제비가 포식자 방어를 위해서 사람이 거주하는 집에 둥지를 튼다고 생각한다.

제비 둥지의 흔적이 아직 남아 있는 폐가. 2014년 경기도 파주에서 정다미 대학원생이 조사한 결과에 따르면 제비는 폐가에 절대 둥지를 짓지 않았다. ⓒ 장이권

우리 인간은 막강한 상위 포식자이다. 인간이 살고 있는 집에서는 제비의 포식자인 매, 황조롱이, 올빼미, 갈매기가 사냥을 하지 않는다. 네발짐승인 족제비, 너구리, 다람쥐도 인가에 접근하기 어렵다. 만약 뱀이 나타나면 사람들은 기겁을 하고 곧바로 잡거나 내쫓을 것이다. 〈흥부전〉에서도 흥부가 제비 둥지를 공격하는 구렁이를 내쫓았다. 다만 고양이는 좀 골칫거리인데, 제비에게는 좋은 대비책이 있다. 고양이가 접근하기 힘든 처마 밑에 둥지를 지으면 된다.

제비는 이처럼 포식자들을 따돌리고 안전한 곳에서 새끼를 기르기 위해 사람의 안마당으로 들어온 것이다. 우리는 우리도 모르게 제비에게 이용당하고 있는 셈이다.

폐가에 제비가 둥지를 틀지 않는다는 사실은 밝혀냈지만, 사람에 의한 포식자 방어가 둥지의 위치 선택에 얼마만큼 중요한지에 대해서는 더 연구가 필요하다. 예를 들면, 제비의 포식자가 확실히 폐가보다 사람이 살고 있는 인가에 덜 나타나는지 실증적으로 연구해야 한다.

이를테면 폐가에 가짜 제비 둥지를 설치하고 포식자가 출현하는지 조

교동도 대룡시장 골목에 있는 제비 둥지. 제비는 사람이 자주 왕래하는 장소에 둥지를 짓는다. 이와 같은 둥지 위치 선택은 사람이라는 강력한 상위 포식자를 이용하여 포식자를 방어하는 행동으로 추측된다. © 장이권

사할 수 있다. 또는 그 둥지에 모형 새끼 제비를 두고, 실제 제비의 배설물을 둥지 밑에 놓아둘 수 있다. 또 제비의 소리도 재생한다. 만약 가짜 둥지가 있는 폐가에 포식자가 나타나는 빈도가 진짜 둥지가 있는 인가보다 높으면 '포식자 방어 가설'이 지지를 받게 된다.

강력한 상위 포식자를 이용하여 포식자 방어를 하는 사례는 종종 있다. 〈니모를 찾아서〉의 주인공 니모는 '흰동가리'라 불리는 물고기다. 흰동가리는 항상 말미잘과 같이 살면서 말미잘의 보호를 받는다. 말미잘은 독을 가진 촉수를 이용하여 자신보다 큰 물고기도 잡아먹을 수 있다. 심지어 말미잘의 종에 따라 흰동가리 종이 달라지는 경우도 있다.

제비도 사람을 제외한 다른 동물의 생활공간에 들어와 살면서 그 동

물의 보호를 받는 경우가 있다. 북아메리카에서는 제비가 물수리 둥지 바로 아래에 집을 짓기도 한다. 제비의 포식자가 나타나면 제비는 즉시 경고신호를 보내 물수리에게 알린다. 물수리는 강력한 대형 맹금류이기 때문에 포식자들로서는 제비 둥지를 포기할 수밖에 없다.

제비와 물수리의 관계는 한쪽만 이익을 얻는 편리공생片利共生이라기보다는 서로에게 도움이 되는 상리공생相利共生에 가깝다. 제비의 포식자는 물수리의 새끼에게도 위협적이다. 그래서 물수리는 제비를 파수꾼으로 여기고, 제비가 근처에 둥지를 트는 것을 허용한다.

해충을 조절하는 제비

제비가 우리의 구조물을 이용하여 천적을 회피한다면 편리공생에 해당한다. 그러나 인간과 제비의 관계도 편리공생이라기보다는 상리공생일 가능성이 높다. 인간과 제비가 같이 살면서 서로 이익을 보는 관계라는 뜻이다. 앞서 말했듯 제비는 곤충만 잡아먹고 살기 때문에, 과거에는 제비가 해충의 밀도를 조절해 주는 역할을 했을 것이다.

곤충을 잡아먹는 조류의 중요성에 대한 흥미로운 실례가 있다. 1958년부터 1962년까지 중국의 마오쩌둥 주석은 '대약진운동大躍進運動'의 첫 단계로 네 가지의 해로움을 제거하는 '제사해운동除四害運動'을 추진했다. 인민들의 위생을 위해 파리, 모기, 쥐, 참새를 제거하는 작업을 대대적으로 벌인 것이다.

참새는 곡식의 낟알을 먹어서 농부들의 수확물을 앗아 간다는 이유로 제거 대상에 포함되었다. 많은 사람들이 동원되어 항아리와 냄비를 치고 북을 두들겨서 참새가 들판에 내려앉지 못하게 했다. 그래서 참새가 날다가 지쳐 떨어져서 죽게 만들었다. 참새의 둥지를 뒤져 알이나 새끼를 죽이기도 하고, 날아가는 참새는 총으로 사냥했다.

얼마 지나지 않아 참새는 중국에서 거의 멸종 직전으로 내몰렸다. 그런데 상황은 예상과 정반대로 흘러갔다. 제사해운동을 펼치기 전에 비해 쌀 생산량이 오히려 줄어들기 시작한 것이다.

참새는 벼의 낟알을 주로 먹지만 곤충을 잡아먹기도 한다. 참새가 사라지면서 농사에 해를 끼치는 곤충들이 급격하게 증가했고, 이는 당연히 곡물생산량 감소로 이어졌다. 중국 정부는 뒤늦게 문제를 깨닫고 참새 사냥을 중지했지만 소용없었다. 1958~1961년 사이에 대기근이 닥쳐서 최소 2천만 명이 굶어 죽었다. 대기근이 순전히 참새 때문이었던 건 아니지만, 생태계를 이해하지 못한 이 정책은 상황을 비극적으로 악화시켰다.

나는 제비가 농사에 기여하는 정도가 참새보다 훨씬 높다고 생각한다. 참새는 주로 곡물을 먹지만 제비는 날아다니는 곤충을 잡아먹도록 특수화되어 있다. 특히 농작물에 많은 피해를 입히는 파리목, 메뚜기목, 딱정벌레목, 나비목의 곤충을 잘 잡아먹는다.

둥지에서 새끼를 한창 기를 때 제비 부모는 하루에 최대 4백 번이나 먹이를 물어다 준다. 녀석들은 곤충 여러 마리를 사냥한 다음 으깨고 뭉쳐 작은 알약처럼 생긴 덩어리를 만든다. 둥지로 돌아올 때마다 이 덩어리를 입 안에 넣고 오니까, 한 번에 3마리라고 해도 매일 1천 마리가 넘는 곤충을 잡아먹는 셈이다. 이를 통해 제비는 해충을 조절하는 데 엄청난 기여를 하고 있다.

오늘날과 같이 농약을 광범위하게 사용하지 않았던 과거에는 제비의 역할이 훨씬 중요했을 것이다. 옛사람들이 집이 더러워지는 것을 기꺼이 참아 가며 제비와 한집에서 살았던 건 어쩌면 제비의 이런 기능을 이해했기 때문이었는지도 모른다.

제비의 생태를 조금 이해하게 되면서부터 자연스럽게 〈흥부전〉의 저

제비는 농사에 피해를 주는 해충을 잡아먹는다. 옛사람들은 제비가 농사에 중요한 역할을 한다는 사실을 알고 있었던 것 같다. 〈흥부전〉에는 그렇게 기특한 제비를 보호하라는 메시지가 담겨 있다. © 장이권

자에 대한 궁금증이 생겨났다. 그분은 정말 제비의 생태를 잘 알고 이야기를 지어냈을까? 우연으로 치기에는 제비에 대한 내용이 너무나 구체적이고 정확하다.

나는 〈흥부전〉을 쓴 저자가 뛰어난 동물행동학자였다고 생각한다. 그는 오랜 기간 제비를 한집에서 관찰했음이 틀림없다. 그래서 제비가 구렁이에게 공격당하고, 새끼가 둥지에서 떨어지고, 자기가 치료해 준 새끼 제비가 강남에 갔다가 이듬해 봄에 다시 돌아와 둥지를 틀고, 박씨를 떨어뜨리는 것을 두루 목격했다고 생각한다. 게다가 뛰어난 상상력과 문학적 소질까지 갖춘 분이어서 제비의 생태를 〈흥부전〉에 적절히 가미하지 않았을까 싶다.

우리 조상들은 제비가 농사에서 중요한 역할을 한다는 사실을 잘 알고 있었다. 음력 3월 3일을 '삼짇날'이라 하는데, 예로부터 이날은 강남

갔던 제비가 돌아오는 날로 알려져 있다. 전라남도에는 삼짇날이 되면 제비들이 번식을 잘 하도록 제비 둥지를 손보아 주는 풍속이 있다. 제비가 집 안에 둥지를 틀고 새끼를 잘 길러서 나가면 집에 복이 든다고 믿었기 때문이다.

농경사회에서 풍년보다 더 큰 복은 없다. 제비가 해충을 많이 잡아먹으면 풍년이 들 가능성이 그만큼 높아진다. 삼짇날 제비 둥지를 보수해 주는 건 그러니까 일종의 '풍년기원제'인 셈이다. 〈흥부전〉은 착하게 살라는 교훈을 담고 있지만 그게 다는 아니다. 집 안에 둥지를 트는 제비를 정성껏 보호하라는 암암리의 훈계이기도 하다.

사람은
시각포식자이다

　가족들과 함께 홍도에 놀러 간 적이 있다. 해질녘이면 주변 바다와 그 위에 떠 있는 섬들이 온통 붉게 물들어서 '홍도紅島'라 한다. 오랫동안 파도에 깎인 기이한 암석과 해식동굴이 주위에 널려 있어서 섬 전체가 천연기념물 170호로 지정되어 있다. 우리나라를 오가는 철새들의 주요 이동 경로이기도 해서, 국립공원연구원에서 2005년부터 홍도 철새연구센터를 운영 중이다.

　홍도에 가면 반드시 유람선을 타고 '홍도 33경'을 감상해야 한다. 유람선이 방파제를 벗어나자마자 기암괴석, 바위섬, 해식동굴이 병풍처럼 잇달아 나타난다. 그때마다 관광안내원이 거기에 얽힌 전설과 사연을 알려 주는데, 바위를 가리키며 "무엇무엇을 닮았다"는 설명을 빠뜨리지 않는다. 칼 바위, 기둥 바위, 거북 바위, 공작새 바위, 촛대 바위, 물개 바위, 시루떡 바위…… 개중엔 정말 닮은 것도 있지만 아무리 봐도 닮은 구석이 없는 것도 있다. 명승지 여행길에서 누구나 한두 번쯤 겪는 경험이다.

　그런 식으로 사물에서 패턴을 읽고 명칭을 부여하는 것을 '패턴 인식'

칼 바위, 기둥 바위, 거북 바위처럼
사물에서 패턴을 읽고 명칭을 부여
하는 과정을 '패턴 인식'이라 한다.
© Amaël Borzée

이라고 한다. 인류는 오래전부터 패턴 인식을 즐겨 해 왔다. 대표적인 사
례가 바로 별자리다. 밤하늘에 빛나는 별들의 배열을 형상화하여 동물
이나 사물, 또는 신화에 나오는 신의 이름을 붙인 것이다. 고대 메소포타
미아의 양치기들이 처음 만들었다는 별자리는 이후 항해술과 천문학의
발전에 큰 기여를 하게 된다.

문득 궁금해진다. 왜 우리는 이런 패턴 인식을 하는 것일까?

인간의 눈은 최고급 렌즈

인간은 시각포식자visual predator이다. 다른 어떤 감각기능보다 시각
을 주로 이용하여 주변 정보를 습득한다. 물론 소리나 냄새를 이용하여
정보를 얻기도 하지만, 획득하는 정보의 양이나 질에서 시각과는 애초에
비교가 되지 않는다.

처음 보는 분에게 초등학교 5학년인 내 딸 이야기를 한다고 가정해 보
자. "우리 딸내미는 말랐고 머리가 길어요. 눈이 나빠져서 안경을 쓰기
시작했죠. 요즘엔 피구를 엄청 좋아해요…" 이런 식으로 한참을 설명해

야 한다. 그러나 휴대폰에 있는 사진을 보여 주면 상대는 딸아이의 생김새나 근황 등을 곧바로 파악할 수 있다. 또 주소록에 이름만 있을 때보다는 옆에 사진이 같이 있을 때 훨씬 기억하기가 쉽다. 시각 신호는 이렇듯 짧은 시간에 많은 정보를 제공하기 때문에 우리 인간들이 가장 애용하는 감각기이다.

시각의 중요성은 모든 문화권에서 공통적으로 강조되어 왔다. 제일 먼저 떠오르는 건 '백문이 불여일견百聞不如一見'이라는 고사성어다. 백 번 듣는 것이 한 번 보는 것보다 못하다는 뜻이다. 서양에도 'Seeing is believing' 또는 'A picture is worth a thousand words' 같은 속담이 있다. 보는 것이 믿는 것이고, 그림 하나가 천 마디 말보다 낫다는 뜻이다. 이런 표현들은 한결같이 우리가 시각에 의존하여 정보를 처리하는 존재임을 강조하고 있다. 모든 속담은 귀담아 들어야 하지만, 이 속담은 정말로 맞는 말이다.

사람의 시력은 동물 중에서도 최상위에 속한다. 사람보다 시력이 좋은 건 하늘을 날며 날카로운 눈으로 먹이를 찾는 주행성 맹금류 정도다. 시각동물의 가장 중요한 행동 방식은 주행성이다. 우리는 낮에 활동하고 밤에는 잠을 잔다. 새들 역시 대부분 낮에 활동하고 밤에 휴식을 취한다. 시력이 좋은 대부분의 동물들이 주행성이라고 보면 거의 틀림이 없다.

여기서 말하는 시력은 해상도resolution를 의미한다. 즉, 사물을 세밀하게 식별할 수 있는 능력을 말한다. 안과나 안경점에서 시력검사를 할 때 "시력이 좋다"고 하는 건 아주 작은 기호나 숫자를 멀리서도 잘 식별할 수 있다는 뜻이다. 또는 같은 거리에서 남들보다 더 세밀하게 사물을 바라볼 수 있다는 뜻이다. 그런데 사실 해상도는 시력을 구성하는 하나의 측면에 불과하다.

시력의 또 다른 측면은 감광도sensitivity, 즉 빛에 반응하는 능력이다. 감광도가 높으면 아주 적은 양의 빛만으로도 주위 식별이 가능하다.

카메라의 ISO 설정 방식을 떠올리면 이해하기 쉽다. 밝은 곳에서 사진을 찍을 때는 ISO 수치를 낮추고(이를테면 100) 어두운 곳에서는 높여야 한다(이를테면 1,600). ISO를 1,600으로 설정한 다음 사진을 촬영하면 100일 때보다 입자가 거칠어지고 화질이 떨어진다. 빛이 부족한 상태에서 감광을 시키기 위해 세밀하게 볼 수 있는 해상도를 희생시켰기 때문이다.

이상적인 눈은 해상도도 뛰어나고 감광도도 높은 눈이다. 그런데 물리적인 한계 때문에 이 두 가지 능력을 동시에 높이기가 쉽지 않다. 해상도를 높이려면 렌즈의 초점거리를 늘려야 한다. 그런데 감광도를 높이려면 반대로 초점거리를 줄이고 렌즈의 구경을 키워야 한다. 어느 한쪽을 높이려면 다른 쪽이 낮아져야 한다는 얘기다.

사람이 좋은 시력을 가지고 있는 이유 중 하나는 몸집이 크기 때문이다. 척추동물의 눈은 카메라 렌즈와 구조가 비슷한 '카메라눈camera eye'이다. 카메라눈의 해상도와 감광도를 동시에 높이려면 눈을 크게 만들면 된다. 그러면 초점거리가 늘어나 해상도가 높아지고, 구경이 커지기 때문에 감광도도 높아진다.

일안반사식(SLR : single lens reflex) 카메라에서는 F값(F1.0, F1.4, F2.0 등)으로 표시되는 조리개의 수치가 낮을수록 조리개를 크게 열 수 있다. 조리개가 크게 열리면 한꺼번에 많은 빛이 들어오기 때문에 사진이 그만큼 밝아진다. 즉 감광도가 높아진다. 그런데 조리개가 커지려면 렌즈 역시 그만큼 커져야 한다. 초점거리를 늘린 고배율의 망원렌즈 역시 구경이 커야만 높은 감광도를 유지할 수 있다. 화질이 뛰어난 고급 렌즈일수록 크고 묵직한 건 바로 그런 이유에서다.

사람은 비교적 큰 동물이고, 특히 머리가 다른 신체 부위에 비해 상대적으로 커서 긴 초점거리를 가진 큰 눈을 소유하고 있다. 카메라로 치면 굉장히 비싼 최고급 렌즈인 셈이다.

주행성동물은 해상도, 야행성동물은 감광도

시력을 결정하는 또 하나의 중요한 요인은 광光수용기 세포다. 척추동물의 광수용기 세포는 망막에 분포하며 원추세포와 간상세포로 구성되어 있다. 원추세포는 세 종류인데 각각 빨강, 초록, 파랑 빛에 반응하여 그 조합으로 색을 구분한다. 이와 달리 간상세포는 한 종류만 있고, 빛의 양에 따라 회색의 명암으로 색을 구분한다. 빛이 풍부한 낮에는 원추세포가 활발히 반응하여 나양한 색을 볼 수 있다. 반면 빛의 양이 적은 밤에는 주로 간상세포가 반응하여 사물의 윤곽과 명암 정도만 알아볼 수 있다.

야행성동물의 망막은 대부분 간상세포로 구성되어 있다. 간상세포는 상당히 민감하여 빛 입자인 광자光子 하나에도 반응한다. 대개 간상세포 15~45개가 묶여서 하나의 시신경에 연결되어 있으며, 그중 하나의 세포만 광자에 반응해도 시신경으로 자극을 보낼 수 있다. 덕분에 아주 어두운 환경에서도 사물의 식별이 가능하다. 하지만 많은 간상세포들이 하나의 시신경에 자극을 보내기 때문에 사물을 세밀하게 분간하기는 어렵다. 픽셀의 크기가 굉장히 크기 때문에 상이 조잡하게 맺힌다. 즉, 야행성동물의 눈은 감광도가 아주 높아 밤에도 시력을 확보할 수 있지만 해상도는 떨어진다.

주행성동물은 상이 맺히는 망막 부위에 원추세포가 집중 분포되어 있다. 각 원추세포들은 제각기 하나의 시신경에 따로따로 연결되어 있다. 픽셀의 크기가 아주 작아서 세밀한 부분까지도 분간이 가능하다. 그러나 원추세포가 반응하려면 최소 수십 개에서 수백 개의 광자가 필요하다. 그러므로 어두운 환경에서는 제대로 작동하지 않고 밝은 환경에서만 작동한다. 주행성동물의 눈은 이렇듯 해상도는 높지만 감광도는 훨씬 떨어진다.

인간의 망막에는 약 4백5십만 개의 원추세포가 있는 반면 간상세포는 무려 9천만 개가 넘는다. 수치로만 보면 우리의 눈은 야행성동물에 더 적합해 보인다.

그런데 망막에서 상이 집중적으로 맺히는 부분은 아주 작은 영역에 불과하다. 바로 이곳에 원추세포들이 거의 다 몰려 있고, 그 주변 부위에 간상세포들이 분포한다. 이 간상세포들은 주로 주변 시야나 암시暗視를 담당하며, 우리가 활동할 때 필요로 하는 시력은 대부분 원추세포가 제공한다.

동물의 눈은 렌즈 구조와 시신경의 차이 때문에 밤과 낮이라는 상이한 환경에서 동시에 작동하기가 매우 어렵다. 낮에 활동하는 동물은 높은 해상도를 갖고 있고, 세밀한 상과 색을 감지할 수 있는 시신경(원추세포)이 잘 발달되어 있다. 그러나 원추세포는 빛이 많은 낮에만 제대로 작동한다. 밤에 활동하는 동물은 높은 감광도를 갖고 있고, 적은 빛에도 민감하게 반응하는 시신경(간상세포)이 잘 발달되어 있다. 밤과 낮의 환경은 극단적으로 다르다. 그래서 동물들은 같은 곳에 살더라도 밤과 낮 중 하나를 선택해서 살아간다.

로드킬road kill을 당하는 동물들은 대부분 밤에 활동한다. 사슴, 고라니, 삵 등이 밤에 도로를 건널 때 자동차가 달려오면 빨리 피하면 될 텐데, 이상하게도 달아날 생각을 하지 않고 길 한가운데 멍하니 서 있다가 차에 치이게 된다. 하지만 그건 이상한 게 아니고 너무나 당연한 일이다. 야행성동물의 간상세포는 아주 적은 양의 빛에도 반응하기 때문에 환한 전조등을 마주하면 앞이 전혀 안 보인다. 우리가 한낮에 태양을 정면으로 바라보면 너무 밝아서 아무것도 볼 수 없는 것과 마찬가지다.

우리는 주행성동물이므로 밤에 활동하려면 자동차의 전조등과 같은 밝은 불빛이 필요하다. 그러나 밤의 환경에 적응한 동물들에게 그런 불빛은 순간적으로 눈이 멀게 만드는 치명적인 무기와도 같다.

우리는 패턴 인식을 즐겨 한다

좋은 시력은 자세하고 화려한 이미지를 제공할 수 있다. 그러나 이런 이미지를 처리하여 의미 있는 정보를 얻는 과정은 눈이 아닌 두뇌에서 일어난다. 그리고 우리 두뇌는 사물을 인식할 때 반드시 사물의 전체 이미지를 필요로 하지는 않는다. 아주 일부 요소만 존재해도 충분하다.

아래 그림에서 금방 드러나듯이 나는 미술에 소질이 없다. 그렇지만 그림으로 간단하게 의사소통을 할 정도의 실력은 된다. 이 그림을 보면 누구나 '웃는 얼굴'을 그렸다고 말할 것이다. 내가 그림을 잘 그려서 그런 게 아니다. 우리는 사물의 윤곽만 가지고도 그것에 대한 정보를 추출해 낼 수 있기 때문이다.

우리는 아직 두뇌에서 사물을 인지하는 과정을 자세히 모르고 있다. 한 설명에 따르면 인간의 뇌는 눈을 통해 들어오는 시각 자료를 기존에 입력된 모형들과 비교해서, 비슷하다고 느끼면 그 사물을 그 모형이라고 인지한다. 이런 패턴 인식 과정은 인간뿐만 아니라 다른 동물들에게서도 비슷하게 일어난다고 알려져 있다.

동물들이 패턴 인식을 하는 이유는 포식자나 먹이 탐지와 관련이 있다고 학자들은 추측한다. 대부분의 동물들은 늘 포식자의 위협에 시달린다. 포식의 첫 번째 단계는 탐지를 통해 주변 환경과 사물(먹이)을 분간해 내는 것이다. 이때 먹이동물은 위장이나 보호색을 이용하여

헤르만 격자. 흰색 교차점이 회색으로 보일 때가 있지만 자세히 보면 회색의 착시가 사라진다. 이런 현상은 광수용기 세포가 빛을 감지하여 시신경으로 보낼 때 옆에 있는 광수용기 세포를 억제하기 때문에 생기며, 이 과정을 '측방 억제'라 한다.

그림:장이권

그런 구별을 어렵게 만든다. 그렇지만 윤곽은 위장하기가 매우 어렵다. 그림자나 입체적인 차이 때문에 동물과 주변 환경 사이에 경계면이 형성된다. 포식자는 이런 윤곽을 탐지하여 먹이의 존재를 찾아내려고 한다.

피식자도 마찬가지다. 피식자는 자기를 노리는 포식자를 탐지하려고 자주 주변을 둘러본다. 포식자와 비슷한 윤곽이 나타나면 곧바로 도망가야 한다.

패턴 인식은 총체를 파악하는 것보다 간단하기 때문에 빠른 속도로 일어날 수 있다. 또 패턴은 간단하기 때문에 쉽게 기억할 수 있다. 보호색으로 위장한 먹이나 어둠 속에 숨은 포식자를 탐지하는 과정에서, 빠른 패턴 인식은 곧 생존과 직결되어 있을 것이다.

색을 인지하는 원추세포에는 패턴 인식을 용이하게 하는 기능이 있다. 위 그림은 검정 바탕에 흰색 격자가 있는 '헤르만 격자Herman Grid'인데, 가로나 세로는 원래대로 하얗게 보이지만 십자가 모양의 교차점엔 회색 반점이 나타난다. 이것은 광수용기 세포의 '측방 억제lateral inhibition' 때문에 생기는 착시 현상이다.

광수용기 세포는 빛을 감지하여 시신경으로 신호를 보낼 때 옆에 있는 광수용기 세포를 억제한다. 억제되는 세포는 본래의 색 정보를 시신경으로 충분히 보낼 수 없다. 헤르만 격자에서 교차점을 인지하는 광수용기 세포는 주위의 검은색을 인지하는 세포들에 의해 억제를 받는다. 교차점 상하좌우에 검은색 윤곽이 많으므로, 교차점 중앙을 인지하는 광수용기 세포에 가해지는 주위 세포들의 억제도 그만큼 강해지게 된다. 따라서 교차점 중앙의 색은 두뇌에서 실제보다 어두운 회색으로 인지된다.

측방 억제는 망막의 가운데보다는 가장자리로 갈수록 효과가 뚜렷해진다. 우리가 헤르만 격자의 교차점 한곳으로 눈을 돌려 자세히 보면 회색의 잔상은 곧 사라진다. 교차점을 정면으로 바라보면 그 교차점이 망막의 가운데에 오고, 이곳은 광수용기 세포가 집중되어 있어서 상이 뚜렷하게 맺히기 때문이다.

측방 억제는 사물의 윤곽을 강조하는 효과가 있다. 어두운 색으로 둘러싸여 있는 물체는 실제보다 밝게 보이고, 밝은 색으로 둘러싸여 있는 물체는 실제보다 어두워 보인다. 이로 인해 주위 환경과의 색 차이가 더 도드라지면서 경계선, 즉 윤곽이 한층 뚜렷해진다.

다음 페이지의 그림을 보면 이해가 더욱 빠를 것이다. 왼쪽 체스판에서는 누구의 눈에도 A 부분보다 B 부분이 훨씬 밝아 보인다. 하지만 '놀랍게도' A와 B는 같은 색이다. 오른쪽과 같이 주위의 명암 차이를 제거하면 이를 곧바로 확인할 수 있다.

측방 억제는 이렇듯 윤곽을 강조하여 인지하는 과정이기 때문에, 동물들이 이들 이용하여 패턴 인식을 쉽게 할 수 있다.

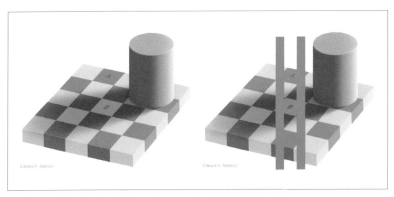

A보다 B가 밝아 보이지만(왼쪽) A와 B는 사실 같은 색이다(오른쪽). © Edward H. Adelson

밤, 두렵지만 매혹적인 세상

밤에 야외에 나가면, 특히 달빛도 없는 밤이면 한 걸음 내딛는 게 여간 조심스럽지 않다. 어두워서 앞에 뭐가 있는지 잘 모를 때는 공포를 느끼기도 한다. 어둠이라는 익숙지 않은 상황에서 스스로를 지키려는 심리체계가 작동하기 때문이다. 어둠에 대한 두려움은 인류의 문화 곳곳에 짙게 스며 있다.

> 너희는 세상의 빛이다. 산 위에 있는 마을은 드러나게 마련이다. 등불을 켜서 됫박으로 덮어 두는 사람은 없다. 누구나 등경 위에 얹어 둔다. 그래야 집 안에 있는 사람들을 다 밝게 비출 수 있지 않겠느냐? 너희도 이와 같이 너희의 빛을 사람들 앞에 비추어 그들이 너희의 착한 행실을 보고 하늘에 계신 아버지를 찬양하게 하여라. (마태오 5:14-16)

> 그러나 여러분은 선택된 민족이고 왕의 사제들이며 거룩한 거레이고 하느님의 소유가 된 백성입니다. 그러므로 여러분은 어두운 데서 여러분을 불러내어 그 놀라운 빛 가운데로 인도해 주신 하느님의 놀라운 능력을 널리 찬양해야 합니다. (베드로 2:9)

성경에서 빛은 선을 의미하며 미개한 인간이 나아갈 바를 알려 준다. 이에 비해 어둠은 악을 상징하며 회피해야 할 대상이다. 빛과 어둠에 대한 이런 표현은 어둠에 대한 인간의 두려움에서 비롯된다. 낮과 밤에 대한 인류의 반응은 대개 선과 악으로 대비되는데, 이는 모든 종교와 문화권에서 공통적으로 나타난다. 우리 인류가 얼마나 철저한 주행성동물인가를 보여 주는 증거이기도 하다.

나는 동물의 의사소통을 연구한다. 그중에서도 야행성인 귀뚜라미, 여치, 개구리를 주로 연구한다. 주행성인 내가 야행성동물들을 연구하려니 많은 어려움이 뒤따른다. 무엇보다도 그 동물들이 활동하는 늦은 밤까지 녀석들을 쫓아다녀야 한다. 그런데 밤에 돌아다니다 보면 굉장히 놀라움을 느낄 때가 많다. 낮에는 볼 수 없었던 수많은 동물들이 밤의 세계에 주인공으로 등장하기 때문이다.

밤이라는 낯선 환경에 대한 두려움을 잠시 잊으면 우리 눈앞에는 전혀 새로운 세상이 펼쳐진다. 그곳은 멀리 있지 않다. 가까운 동네 공원이나 야산만 가도 평소 알던 것과는 전혀 다른 세상을 얼마든지 볼 수 있다. 두렵지만 매혹적인 세상, 시각보다는 다른 감각기관들이 더 중요한 신비로운 세상을 꼭 경험해 보기 바란다.

나비가 새를 만났을 때

전라남도 광양으로 동료와 함께 귀뚜라미 채집 여행을 간 적이 있다. 그 동료는 독실한 불교 신자여서 함께 여행할 때면 불교와 관련된 건축, 예술, 일화 등을 많이 배우곤 한다. 광양 여행에서는 그 지역에 살고 있는 어느 스님을 방문하게 되었다. 사찰음식의 대가로 널리 알려진 유명한 분이라 평소 맛집 기행을 즐기는 나는 잔뜩 기대를 했다.

스님이 차려 주신 저녁 식사는 훌륭했지만 정작 나의 관심을 끈 음식은 후식이었다. 산초 열매를 절인 것이었는데, 포도송이처럼 산초 열매가 그대로 있었다. 스님이 직접 개발했기 때문에 다른 어떤 곳에서도 먹을 수 없는 음식이라는 말에 냉큼 한 묶음을 털어 넣었다. 마치 박하를 먹는 것처럼 입속이 시원해져서 후식으로는 그만이었다.

산초는 추어탕을 먹을 때 한 숟갈 집어넣는 양념이다. 스님은 본인이 얼마나 공들여 이 후식을 준비했는지 설명하면서, 산초 가루를 조금만 연못에 뿌려도 물고기들이 다 죽어 수면 위로 떠오른다고 했다. 선뜻 믿기 어려운 말이어서 별다른 대답은 하지 않고 산초 후식만 한 묶음 더

먹었다.

저녁 식사를 마치고 근처에서 귀뚜라미 채집과 녹음을 시작했다. 그런데 얼마 후 뱃속이 불편해지면서 설사가 시작되었다. 거의 30분마다 화장실을 들락날락했다. 결국 채집을 포기한 채 숙소로 비실비실 돌아가야 했다.

그 뒤로 1주일 동안이나 설사가 지속되었다. 신기하게도 그 기간 동안 음식을 많이 먹어도 배가 부른 걸 못 느꼈고, 먹지 않아도 배가 고픈 줄을 몰랐다. 위가 완전히 마비된 것 같았다. 덕분에 체중도 5kg 정도 빠졌다.

나에게 왜 이런 이상한 일이 벌어졌던 걸까?

독으로 무장한 산초나무

바쁘게 돌아가는 생활 속에서 산초 후식은 금방 잊어버렸다. 그런데 몇 년이 지난 후 우연히 호랑나비 애벌레가 산초나무 잎을 먹고 자란다는 것을 알게 되었다. 그 순간 곧바로 광양에서의 기이한 경험이 떠올랐고, 그때 왜 장에 탈이 났는지도 이해할 수 있었다. 나는 산초 열매의 독을 후식으로 맛있게 먹었던 것이다.

식물의 천적은 초식동물이다. 그중에서도 곤충의 애벌레는 종류도 많거니와 먹성도 엄청 게걸스럽다. 식물은 늘 초식동물에게 시달리기 때문에 그에 대한 다양한 방어법을 진화시켜 왔다. 동물과 달리 식물은 천적을 피해 숨을 수도 없고 달아나지도 못한다. 그래서 가시나 단단한 껍질 같은 물리적 방어 전략을 채택하거나, 화학물질을 이용한 화학적 방어 전략을 사용한다. 화학적 방어 전략 중에는 독소를 이용하여 초식동물의 식사를 방해하는 방식도 있고, 유인물질을 분비해서 초식동물의 천

식물은 생존에 필수적인 대사 과정에서 나오는 부산물인 2차대사 산물을 화학적 방어에 이용한다. 우리가 숲 속에 들어서는 순간 느껴지는 숲 냄새는 식물의 대표적인 2차대사 산물인 피톤치드 냄새다. ⓒ 장이권

적을 끌어들이는 방식도 있다. 야생에서도 적의 적은 나의 아군이다.

식물이 방어에 사용하는 화학물질을 '2차대사 산물'이라 부른다. 1차대사 산물은 성장, 발달, 번식 등 생명활동에 필수적인 대사에 관여하는 화학물질로서 주요 탄수화물, 단백질, 지방 등이 여기에 속한다. 이런 1차대사 산물을 생산할 때 만들어지는 부산물이 바로 2차대사 산물이다.

2차대사 산물은 장기적인 생존력이나 생식력에 관여하는 화합물질로서 식물의 포식자 방어에 중요한 역할을 한다. 이 물질들은 식물 건조중량의 20% 정도를 차지할 정도로 비중이 높은데, 식물이 포식자에 의해 얼마나 시달렸는지 보여 주는 유력한 방증이기도 하다.

식물의 대표적인 2차대사 산물은 피톤치드phytoncide다. 피톤치드는 단일한 물질의 이름이 아니라 식물이 내뿜는 수천 종의 항균물질들을 아우르는 명칭이다. 우리가 숲 속에 들어갔을 때 맡게 되는 향긋한 숲 냄새의 정체가 바로 피톤치드다. 식물들은 피톤치드를 이용하여 자신을 공격하는 박테리아, 곰팡이 또는 곤충들을 방어한다.

동물행동학에서 포식−피식 관계는 흔히 군비경쟁에 비유된다. 어느 한쪽이 날카로운 칼을 개발하면 다른 쪽은 그 칼을 방어할 수 있는 방패를 준비한다. 그러면 칼을 가지고 있는 쪽은 그 방패를 뚫기 위해 더욱 강력한 칼을 고안하게 된다.

산초나무와 초식동물도 마찬가지다. 늘 초식동물에 시달리는 나무는 여러 종류의 2차대사 산물을 만들어 스스로를 방어한다. 그러면 초식동물도 2차대사 산물을 해독시키는 방법을 개발한다. 그렇지 못한 초식동물은 그 나무를 식사 메뉴에서 제외시켜야 한다.

산초나무는 초식동물에게 치명적인 독소를 이용하여 튼튼한 방어책을 만들었다. 이 화학방어는 매우 성공적이어서 대부분의 초식동물들이 산초나무를 외면하게 되었다. 그러나 호랑나비는 산초나무의 독소를 중화시킬 수 있는 능력을 개발했다. 이런 포식자는 경쟁자 없이 산초나무를 독식할 수 있다. 뿐만 아니라 산초나무의 독을 이용하여 새와 같은 나비의 천적을 방어할 수 있다.

산초나무 독을 이용한 호랑나비의 방어술

곤충의 애벌레는 기어 다니는 소시지와 같다. 애벌레는 기본적으로 단백질 덩어리이며, 식물의 잎을 먹기 때문에 다양한 미네랄을 함유하고 있다. 애벌레는 성장에 치중하기 때문에 성장에 필요하지 않은 번식 기능이나 이동 능력은 없거나 미약하다. 새와 같은 포식자에게는 더없이 훌륭한 메뉴이다. 그래서 곤충의 애벌레는 포식자로부터 스스로를 방어하기 위한 다양한 방어책을 진화시켰다.

호랑나비과 애벌레는 식물의 독소를 이용하여 포식자 방어를 한다. 녀석들은 독성물질이 들어 있는 식물을 먹으면 그 독소를 체내의 지방질에 축적한다. 포식자가 제 몸을 살짝이라도 건드리면 머리 뒷부분에서 아주 밝은색의 '취각(냄새뿔)'을 노출시켜 독한 냄새를 내뿜는다. 취각에서 나는 냄새엔 살충제의 주성분인 테르펜terpenes이 함유되어 있어서 그 냄새를 맡은 포식자는 애벌레를 함부로 건드리지 못한다.

산호랑나비 애벌레의 취각. 호랑나비과 애벌레는 독으로 무장하고 있는 취각을 이용하여 포식자의 공격을 단념시킬 수 있다. ⓒ 윤석준

애벌레의 취각은 맛보기에 불과하다. 호랑나비는 성충이 되면 한층 더 진보된 방어책을 선보인다. 애벌레 체내에 축적된 독성물질은 성충이 되어서도 포식자 방어에 사용된다. 독으로 무장된 나비를 새들이 먹으면 곧바로 토하고, 심지어 기절하거나 죽을 수도 있다. 이런 호된 경험은 아주 강한 학습 효과가 있어서, 한 번 독성물질에 당한 새들은 다시는 비슷한 나비들을 먹지 않게 된다.

그런데 그 과정에서 호랑나비가 포식자에게 죽임을 당할 수도 있다. 최선의 방어법은 포식자가 애초에 공격을 하지 않도록 만드는 것이다. 만약 자기가 독성물질을 가지고 있다는 사실을 포식자에게 광고할 수 있다면, 그래서 포식자가 섣부른 공격을 하지 않는다면 나비도 안전하고 포식자도 기분 나쁜 경험을 피할 수 있다.

산호랑나비(위)와 호랑나비(아래)의 경계신호. 뚜렷한 색과 무늬는 포식자에게 먹이로서 적당하지 않음을 알리는 경고색이다. © 윤석준

상품광고와 마찬가지로 이런 광고 또한 강렬한 시각적 이미지를 활용할 때 효과가 훨씬 커진다. 실제로 몸속에 독소를 지니고 있는 동물들은 화려한 색과 뚜렷한 무늬를 지니고 있는 경우가 많다. 호랑나비는 검은색과 흰색이 선명하게 대비되는 무늬를 갖고 있어서 멀리서도 그 모습이 뚜렷하게 드러난다.

이처럼 독소를 지닌 동물이 뚜렷한 색과 무늬를 통해 자신이 먹이로서 적당하지 않음을 알리는 현상을 '경계성aposematism'이라 한다. 그리고 이때 사용하는 신호를 경계신호, 경고색, 경고음이라 한다. 경계신호를 사용하면 피식자는 잡아먹히지 않고 포식자도 해로운 먹이를 피할 수 있으므로 양쪽 모두에게 유리하다.

경계성의 예는 무수히 많고 우리 주위에서도 쉽게 발견된다. 독침을 가지고 있는 벌이나 말벌은 주로 노란색, 흰색, 검정색 무늬의 경계색을 띠고 있다. 벌들은 조용히 날아다닐 수도 있는데 굳이 '즈즈즈~' 소리를 내면서 비행하여 자신의 존재를 드러낸다. 독침을 지닌 벌님이 행차하시니 알아서들 피하라는 경고음이다.

맹독을 지닌 미국 서부의 방울뱀은 꼬리를 흔들 때 나는 소리로 포식자에게 경고음을 보낸다. 그렇지만 경고색을 띠고 있지는 않으며, 오히려 사막의 색과 흡사한 위장색을 지니고 있다. 방울뱀의 위장색은 먹잇감에게 몰래 다가가기 위해, 또는 사막의 강한 햇빛으로부터 몸을 보호하기 위해 필요하다.

경고색이나 경고음이 얼마나 효과적인지는 굳이 포식자들에게 물어보지 않아도 내가 잘 알려 줄 수 있다. 석사 학위를 마치고 미국 캘리포니아의 소노란Sonoran 사막에서 6주 정도 야외 연구를 했을 때의 일이다. 동료 연구자가 방울뱀을 연구해서 나 역시 방울뱀을 관찰할 기회가 종종 있었다. 그래서 나름 방울뱀에 대해 두려움이 없어졌다고 생각했다.

그날은 시간이 좀 남아서 오후에 근처 야산을 등산한 뒤 돌아오고 있

독침을 지닌 벌이나 말벌의 줄무늬는 경고색이고, 비행할 때 내는 소리는 경고음이다(위).
맹독을 지닌 방울뱀은 꼬리를 흔들 때 나는 소리를 통해 잠재적 포식자에게 경고음을 보낸
다(아래). ⓒ 장이권

었다. 갑자기 방울뱀의 경고음이 지척에서 들려왔는데, 순간적으로 온몸이 쭈뼛하면서 나도 모르게 뒤로 후다닥 물러나 근처의 가장 높은 바위 위로 줄행랑을 쳤다. 이 모든 과정이 순식간에 일어나서 내 의지가 관여할 틈이 전혀 없었다. 방울뱀의 경고음을 듣는 순간 본능적으로 몸이 움직였을 뿐이다.

야생에서 방울뱀을 만난 게 놀랍고 신기해 녀석을 자세히 보고 싶었지만, 내 몸은 전혀 다른 반응을 보였다. 바로 이게 독사가 보내는 경고음의 위력이다.

훨훨 날아가는 나비, 입맛만 다시는 새

배추흰나비는 꽃밭이나 공원에서 제일 흔하게 보이는 나비다. 나비들 중에서는 비교적 작고, 하얀색 바탕에 검은 점이 찍힌 날개가 있다. 녀석이 날아다니는 모습을 보면 정신이 하나도 없어진다. 이리 펄럭, 저리 펄럭, 도대체 종잡을 수가 없다.

나비는 좌우로 앞날개와 뒷날개가 있다. 앞날개는 근육과 연결되어 있어 비행에 필요한 힘을 직접 얻는다. 그런데 뒷날개는 근육에 연결되어 있지 않고 단지 앞날개에 걸쳐져 있다. 그래서 뒷날개를 제거해도 나비가 비행하는 데는 전혀 지장이 없다. 최근 연구에 따르면 나비는 뒷날개를 마치 거룻배의 노처럼 이용하여 비행 방향을 자유자재로 바꾼다고 한다. 뒷날개가 상당히 크기 때문에 비행 도중 빠르고 급격하게 방향을 바꿀 수 있다.

나비가 포식자인 새를 만났다고 치자. 나비는 어차피 새보다 빠르게 날 수 없다. 이때 더없이 유용한 게 바로 뒷날개다. 배추흰나비는 뒷날개를 이용하여 빠르고 불규칙하게 비행 방향을 바꿈으로써 새들의 공격을

배추흰나비(위)는 포식자 방어를 위해 불규칙하게 비행한다. 반면 몸에 비해 큰 날개를 지닌 호랑나비과의 나비(아래)는 기류를 타며 직선으로 비행한다. 그래도 안전할 수 있는 건 화학방어 능력과 선명한 경고색 덕분이다. ⓒ 윤석준, 장이권

요리조리 피한다.

펄럭이는 배추흰나비에 비해 호랑나비가 날아다니는 모습은 우아하기 그지없다. 호랑나비는 나비 중에서 중대형에 속한다. 넓은 날개를 별로 펄럭이지도 않고 스케이트 타듯 직선으로 날아간다. 그저 훨훨 날아갈 뿐이다.

사실 호랑나비는 배추흰나비처럼 날개를 펄럭이고 싶어도 그렇게 할 수가 없다. 호랑나비의 날개는 몸 크기에 비해 굉장히 넓은 편이다. 날개를 움직일 수 있는 근육은 곤충의 가슴에 있는데, 가슴 자체가 작기 때문에 강력한 근육을 수용할 수 없다. 대신 호랑나비는 글라이더처럼 넓은 날개를 이용하여 기류를 타면서 비행한다. 가끔 방향을 바꾸거나 균형을 잡기 위해 날개를 살짝 움직이면 그걸로 충분하다.

호랑나비와 배추흰나비의 비행 방법에 차이가 나는 이유는 포식자에 대한 방어법이 다르기 때문이다. 독소가 없는 배추흰나비는 불규칙한 비행으로 잠재적인 포식자를 피하려 한다. 반면 강력한 독소로 무장한 호랑나비는 오히려 날개를 활짝 펴고 직선으로 날면서 잠재적인 포식자에게 경고를 보낸다.

나비는 화려한 색과 무늬로 인류의 사랑을 듬뿍 받는 곤충이다. 곤충 수집가라면 누구나 호랑나비, 산호랑나비와 같은 멋진 나비를 채집하고 싶어 한다. 녀석들의 화려한 색과 무늬는 사람을 포함한 포식자들의 관심을 끌기에 충분하다. 나비의 주요 포식자인 새는 좋은 시력을 가지고 있고, 나비보다 훨씬 빠르게 날 수 있다. 나비는 당연히 새를 피해서 도망 다니기에 급급해야 마땅하다.

하지만 호랑나비는 새들 앞에서 보란 듯이 훨훨 날아간다. 이런 우아한 자태는 애벌레 시절부터 몸속에 쌓아 둔 강력한 독소 덕분이다. 새들로서는 그저 입맛만 다시며 외면할 수밖에 없다. 독을 삼키는 것보다야 차라리 굶는 게 나을 테니까.

도요새의 비밀

도요새, 도요새, 그 몸은 비록 작지만
도요새, 도요새, 가장 멀리 나는 새
가장 높이 꿈꾸는 새

정광태가 부른 〈도요새의 비밀〉의 마지막 구절이다. 내가 고등학생이던 80년대 초반의 노래다. 새를 주제로 한 대중가요여서 좀 특이하게 여겨지긴 했지만 히트곡의 반열에 오를 정도는 아니었다. 가끔씩 이 노래를 흥얼거리면 친구 녀석들은 나를 야릇한 눈빛으로 쳐다보곤 했다. 별 이상한 노래도 다 있다는 듯이.

도요새는 오세아니아와 북반구 고위도 지역을 오가는 철새다. 도요새라는 하나의 종이 있는 게 아니고, 도요과에 속하는 여러 종들을 아우르는 이름이다. 도요목에 속해 있는 도요과, 물떼새과 새들을 '도요물떼새'라는 호칭으로 아우르기도 한다. 서식지, 습성, 이주 경로 등이 비슷하기 때문이다. 서양에서는 흔히 도요물떼새 전체를 통틀어 'shorebirds'

이주 시기에 우리나라를 찾아온 민물도요(왼쪽)와 뒷부리도요(오른쪽). 매년 북극권에서
오세아니아를 오가는 이 새들의 이동 거리는 연간 2~3만km에 달한다. ⓒ 정진문

라고 부른다.

도요새는 겨울엔 따뜻한 호주나 뉴질랜드에서 월동하고, 봄에 북상하
면서 잠시 우리나라에 들른다. 주로 한반도 서남해안 갯벌에서 먹이활동
을 하며 휴식을 취한 다음 번식지인 시베리아나 알래스카로 이주한다.
가을이 오면 추위를 피해 남쪽으로 내려가면서 다시 우리나라를 거쳐
간다. 이렇게 이주 중간에 한 지역에서 잠시 머물다 가는 새들을 '나그네
새Passage Migrant'라고 한다.

우리나라를 찾는 대부분의 도요새들은 나그네새지만 민물도요나 마
도요처럼 한반도에서 월동하는 겨울철새도 더러 있다. 또 깝작도요처럼
일부는 한반도에서 번식하고 일부는 텃새로 살아가는 종도 있다. 도요새
는 전 세계에 86종이 있으며 우리나라에서 발견되는 도요새는 나그네새,
철새, 텃새를 합쳐 45종이다. 도요물떼새로 범위를 넓히면 종류가 더욱
늘어나 총 63종에 이른다.

도요물떼새들은 대부분 물갈퀴가 발달하지 않아 갈매기나 오리처럼 헤엄을 치거나 물 위를 떠다닐
수 없다. 그래서 바닷물이 끝나는 지점의 갯벌에서 밀물과 썰물을 따라 오르락내리락하며 먹이활동을
한다. shorebird(해안의 새)라는 이름이 붙은 건 그런 이유에서다.

철새들의 비행길

모든 새들은 정도의 차이는 있지만 계절에 따라 서식지를 옮긴다. 심지어 텃새도 서식지 내에서 이주를 하는데, 이것을 '단거리 이주'라 한다. 그러나 전 세계 9천7백여 종의 새들 중 약 1천8백 종은 장거리 이주를 하는 철새다. 대부분 겨울철에 저위도 지역에서 월동하고, 여름철에는 고위도 지역에서 번식한다.

제비, 꾀꼬리, 저어새 같은 우리나라 여름철새들은 열대지역에서 겨울을 난 뒤 이른 봄에 한반도로 북상해 번식하고, 가을에는 추위를 피해 다시 열대지역으로 남하한다. 두루미, 기러기, 고니 같은 겨울철새들은 이른 봄에 한반도를 떠나 러시아 아무르강 유역이나 북극권으로 올라가 번식하고, 가을에는 다시 우리나라로 내려와서 겨울을 난다.

철새가 이주하는 경로를 '비행길flyway'이라 한다. 전 세계적으로 크게 9개의 비행길이 있다. 우리나라에서 월동(또는 번식)하거나 우리나라를 거쳐 가는 철새들은 대부분 동아시아―오스트레일리아 비행길을 따라 이주한다. 이 코스는 시베리아, 알래스카, 동아시아, 남동아시아, 인도

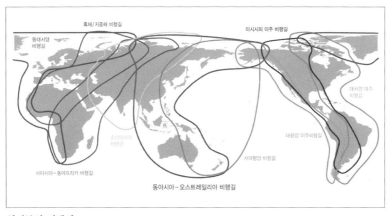

철새들의 비행길. ⓒ EAAFP secretariat

107

네시아 및 오세아니아를 포함하는 넓은 지역이다.

철새들의 탁월한 비행 능력에 감탄하면서도 가끔 녀석들은 왜 그렇게 힘들게 살아갈까 생각해 본다. 대체 왜 그토록 먼 거리를 날아가서 번식하고 월동할까? 뉴질랜드와 오스트레일리아는 동물들의 낙원으로 유명한데 도요새는 왜 거기서 1년 내내 살지 않을까? 아니면 까치나 참새처럼 우리나라에서 텃새로 평생 살면 되지 않나? 왜 힘들게 우리나라와 오세아니아를, 아니 알래스카와 오세아니아를 매년 왕복해야 할까?

온대지역과 열대지역의 결정적 차이점

우리나라와 같은 온대지역엔 식물이 성장하기 어려운 춥고 긴 겨울이 있다. 그에 앞서 가을에는 예쁘게 단풍이 들고 나뭇잎이 떨어져서 땅 위에 쌓인다. 떨어진 낙엽은 곧바로 부패하지 않는다. 곧이어 닥치는 추운 겨울 때문에 부패가 더디고, 이듬해 봄과 여름이 되어야 높은 온도와 습도로 인해 부패 과정이 빠르게 진행된다. 그렇지만 얼마 지나지 않아 다시 겨울이 찾아오고 부패 과정이 멈춘다.

이렇듯 온대지역은 추운 겨울 때문에 지표면에서 유기물 부패가 더디게 일어나고, 낙엽이 완전히 분해되는 데 보통 4~6년이 걸린다. 그래서 토양이 두텁고 유기물 함량이 50%에 육박한다. 풍부한 유기물질 덕분에 온대지역의 토양은 대단히 비옥하다.

열대지역은 겨울이 없기 때문에 가을에도 대규모의 낙엽이 없다. 가끔씩 떨어지는 낙엽도 온대지역보다 훨씬 빠르게 부패한다. 높은 온도와 습도 때문에 나뭇잎이 땅에 떨어지자마자 즉시 부패가 시작되는 것이다. 그리고 거기에서 나온 유기물은 다른 생명체에게 곧바로 흡수된다.

이렇게 부패와 흡수가 빠르게 일어나기 때문에 열대지역의 토양층은

겨울이 긴 온대지역에서는 낙엽이 분해되는 데 몇 년이 걸리고, 유기물이 누적되어 두텁고 비옥한 토양을 형성한다(왼쪽). 고온다습한 열대지역에선 낙엽이 금방 분해되고 이때 나온 유기물도 곧바로 다른 생물에게 흡수된다. 그래서 토양층이 얇고 한 번 훼손되면 복원되기 어렵다(오른쪽). ⓒ 장이권, 위키피디아

대단히 얇다. 그래서 온대지역과 같은 폭발적인 식물의 성장은 찾아보기 어렵다. 열대지역에서 새로운 식물의 성장은 기존 식물의 생물량을 교체하는 정도의 수준에서 일어난다.

열대지역의 얇은 토양층은 한 번 훼손되면 복원되기 어렵다. 열대우림에서는 원목 생산이나 화전火田 농업을 위해 숲을 태우고 나무를 자른다. 이렇게 만들어진 농경지는 토양층이 얇아 지력이 약하다. 몇 년 농사를 짓고 나면 땅에 유기물이 바닥나 버려 더 이상 농사를 지을 수 없다. 이와 달리 온대지역의 농경지는 두꺼운 토양층 덕분에 아주 오랜 기간 경작이 가능하다.

온대지역 토양층의 지력은 공터나 묵은땅에서 쉽게 확인할 수 있다. 1년만 내버려 두어도 일년생, 다년생 풀들이 무성하게 자란다. 몇 년만 지나면 나무들이 곳곳에 자리를 잡기 시작한다. 춥고 긴 겨울로 인해 형성된 두터운 토양층 덕분에 식물의 천이가 그만큼 빠르게 진행되는 것이다.

새들이 번식지를 선택하는 기준

온대지역에서는 다른 기후대에서 볼 수 없는 장관이 해마다 펼쳐진다. 매년 봄이면 겨우 2~3주 사이에 앙상하던 겨울나무들이 울창한 나무로 변신하고, 온 세상이 연둣빛 새싹으로 뒤덮인다. 겨우내 황량하기만 하던 땅에 순식간에 녹색 생명들이 넘쳐 난다. 이런 천지개벽이 가능한 건 두말할 것도 없이 온대지역의 비옥한 토양 덕분이다.

풀과 나뭇잎들은 모두 초식동물들의 먹이가 된다. 곤충들도 식물의 성장과 때를 맞춰 출현하고 번식한다. 모두 새들의 먹잇감이다. 텃새처럼 그 지역에 살고 있는 경쟁자들이 많긴 하지만, 철새가 이주해 와도 먹이 경쟁에서 충분히 비집고 들어갈 틈이 있다. 워낙 순식간에 많은 양의 먹이가 폭발적으로 증가하기에 가능한 일이다. 또한 일조 시간이 길어지기 때문에 새들의 먹이활동 시간도 증가한다.

열대지역에서 겨울을 보낸 새들이 봄에 우리나라 같은 온대지역으로 이주해 오면(여름철새) 폭발적으로 발생한 먹이를 이용하여 손쉽게 번식을 하고 새끼들을 키울 수 있다. 그러나 겨울엔 추운 날씨와 부족한 먹이 때문에 계속 머무르기가 어렵다. 그래서 다시 따뜻한 남쪽으로 이주를 하는 것이다.

여름철새들이 월동지인 열대지역에 계속 머무르지 않고 온대지역으로 올라오는 건 이렇듯 번식 환경과 밀접한 관련이 있다. 열대지역은 먹이도 풍부하지만 경쟁자 역시 굉장히 많다. 그곳에선 봄이 되더라도 온대지역처럼 식물이 폭발적으로 증가하지 않는다. 그런 상황에서 번식을 하려면 심한 경쟁이 불가피하고, 번식의 성공 또한 장담할 수 없다. 바로 그런 이유 때문에 여름철새들은 봄마다 머나먼 거리를 날아서 온대지역으로 이주해 오는 것이다.

도요새 같은 나그네새들과 우리나라에서 월동한 겨울철새들이 봄에 북쪽으로 이주하는 이유 역시 마찬가지다. 북극권의 여름은 짧은 만큼 강렬하다. 날씨가 풀리면 황량하던 툰드라 벌판이 녹색의 초원으로 바뀌고, 곤충들도 계절에 맞춰 대규모로 출현한다. 온대지역만큼 식생이 다양하진 않고 생장기간도 짧지만 새들이 둥지를 틀고 새끼들을 키우기엔 부족함이 없다. 무성한 풀숲은 포식자의 눈을 피하는 데도 안성맞춤이다. 이것이 바로 녀석들이 북쪽으로의 고된 비행을 마다하지 않는 이유이다. 더 안전하고 성공적인 번식을 향한 본능적 날갯짓이라고나 할까.

편대비행

장거리 이주에는 엄청난 체력 소모가 뒤따른다. 목적지까지 완주할 수 있는 충분한 에너지를 몸속에 축적해야만 비로소 이동이 가능하다. 떠날 시기가 다가오면 새들은 먹이를 최대한 많이 먹고 에너지를 지방으로 저장해 둔다.

비행 도중에도 가능하면 에너지를 절약할 필요가 있다. 주된 방법은 편대비행이다. 새가 날갯짓을 하며 비행하면 공기를 위아래로 가르게 된다. 이때 위로 올라가는 공기가 상승기류를 만들어 내고, 뒤에 오는 새는 거기에 살짝 얹혀서 갈 수 있다. 상승기류는 새를 떠오르게 하는 양력으로 작용하기 때문에 그걸 활용하면 그만큼 에너지가 적게 든다. '철새' 하면 떠오르는 대표적 이미지들 중 하나인 V자 편대비행은 연료를 최대한 아끼려는 철새들의 협동의 산물이다.

새들이 V자로 편대비행을 할 때 뒤쪽에서 날아가는 새는 앞에서 날아가는 새보다 에너지가 약 33% 적게 든다. 그렇게 비행하다 보면 당연히 맨 앞에 있는 새의 체력 소모가 가장 심하다. 그러므로 편대비행을 할

기러기의 편대비행. 기러기 외에도 두루미, 가마우지, 고니 등 많은 철새들이 장거리 이주 때 V자 모양의 편대비행을 통해 에너지를 절약한다. ⓒ 위키피디아

때는 선두를 자주 교체해 줄 필요가 있다. 조류학자들의 연구에 따르면, 새들은 소리로 의사소통을 하며 수시로 위치를 바꾼다고 한다.

다시 듣는 도요새 노래

〈도요새의 비밀〉은 세월이 흐르면서 자연스럽게 잊혀졌다. 그런데 기억 속 어딘가에 파묻혀 있던 이 노래가 얼마 전 내게 새삼 감명을 준 계기가 있었다.

최근 GPS 수신기를 장착하여 비행경로를 추적한 결과 도요새의 일종인 큰뒷부리도요가 1만km 이상을 7~8일간 논스톱으로 비행한다는 놀라운 사실이 밝혀졌다. 봄에 뉴질랜드에서 중간기착지인 한반도까지 약 1만km를 한 번에 날아온 데 이어, 가을엔 알래스카에서 뉴질랜드까지 1만1천5백km를 쉬지 않고 날아갔다는 것이다. 우리가 점보여객기를 타고 가도 지칠 만큼 까마득한 거리다.

노래 가사에도 나오듯 도요새들은 대부분 몸집이 크지 않다. 몇몇 종들은 참새와 비슷하거나 약간 큰 정도다. 그렇게 작은 몸과 작은 날개로 그 먼 거리를 단숨에 날아오다니 실로 경이로울 따름이다.

도요새의 놀라운 비행 능력을 알게 되면서 까마득하게 잊고 있었던 옛 노래가 떠올랐다. 그 몸은 비록 작지만 가장 멀리 나는 새, 가장 높이 꿈꾸는 새……. 다시 들어 보니 한 소절 한 소절이 모두 맞는 말이고, 마음에 쏙 와 닿았다. 그래서 서식처 선택 수업 시간에 이 노래를 학생들에게 들려주었다. 이 강의는 동물의 영역행동, 분산 및 이주와 같은 주제들을 다룬다.

노래가 끝난 뒤 학생들의 반응이 궁금해진 나는 혹시 이 노래를 아는 사람이 있는지 손을 들어 보라고 했다. 썰렁! 수강생 280명 중 이 노래를 아는 사람이 아무도 없었다. 실망감과 함께 아득한 세대차이가 느껴졌다. 누가 이 노래를 리메이크해서 다시 불러 주면 좋을 텐데.

나의 감동을 전하는 데 차질이 생겨 서운했지만 그 뒤로도 늘 〈도요새의 비밀〉을 강의 시간에 들려준다. 언젠가는 나처럼 이 노래에 감명받는 학생들이 나타나겠지.

비가 오면 노래하는
청개구리

옛날 옛적에 청개구리 엄마와 아들이 살고 있었어요. 그런데 아들은 엄마 말을 통 듣지 않고 늘 반대로 행동했어요. 학교에 가라고 하면 놀이터로 가고, 산에 가라고 하면 냇가에 가고……. 엄마는 속이 많이 상했고, 그러다가 큰 병에 걸려 죽음을 눈앞에 두었어요. 병석에 누운 엄마는 산에 묻히고 싶었지만 그렇게 말하면 아들이 자기를 냇가에 묻을 것 같아 걱정이 되었어요. 그래서 냇가에 묻어 달라고 반대로 얘기했어요. 엄마가 돌아가시자 아들은 그제야 제 잘못을 깨달았어요. 그래서 엄마의 마지막 소원은 꼭 따르기로 하고 엄마를 냇가에 묻어드렸어요. 그때부터 아들 청개구리는 비만 오면 냇가에 묻어 둔 엄마의 무덤이 떠내려갈까 봐 개굴개굴 처량하게 울어요.

청개구리 세계에 뛰어들면서부터 나는 이 전래 동화에 과학적 근거가 얼마나 있는지 꼭 연구해 보고 싶었다. 이 동화가 성립하려면 우선 엄마

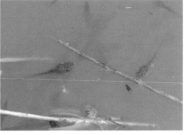

청개구리 암컷(왼쪽)과 청개구리 올챙이(오른쪽). 우리나라에 살고 있는 청개구리 암컷의 양육행동은 알 준비와 산란 장소 선택에서 미무리되며 청개구리 모자가 대면하기는 어렵다. 그러므로 청개구리 동화는 과학적으로는 허구다. © 김현태

와 아들 청개구리가 서로 마주쳐야 한다. 청개구리 무리에서 서로 다른 세대가 마주치는 경우는 단 하나, 양육행동이 일어날 때뿐이다.

개구리의 양육행동은 다양하게 나타난다. 어미가 영양분이 듬뿍 들어간 알을 준비하는 것도, 산란 장소를 신중히 선택하여 후손의 생존 가능성을 높이는 것도, 자식에게 먹이를 날라 주고 천적으로부터 보호하는 것도 모두 양육행동이다. 하지만 알이나 올챙이 시절을 지나 이미 개구리로 성장한 자식과 부모가 직접 대면하는 양육행동은 전 세계 개구리 종들 중 겨우 6% 정도에서만 일어날 정도로 드물다.

가장 정교한 양육행동을 보이는 건 남아메리카에 서식하는 독화살개구리인데, 아비가 올챙이를 등에 업고 다닌다. 그러나 우리나라에 서식하는 개구리들 중에는 부모와 자식이 대면하는 양육행동을 하는 종이 하나도 없다.

대면하는 양육행동이 없으므로 청개구리 부모와 자식이 애틋한 정을 나눌 기회는 없지만, 모자 상봉의 기회가 전혀 없지는 않다. 청개구리는 분산 능력이 그리 뛰어난 동물은 아니다. 개구리의 분산 거리는 1년에 기껏해야 2km 이내이고 행동반경은 이보다 훨씬 작다. 야생에서 청개구

리의 수명은 정확히 알려지지 않고 있지만 7~8년 정도는 살 수 있다. 교배 가능한 개구리로 성장하는 기간은 생후 2년이면 충분하다. 그러므로 자식이 멀리 이동하지 않고 부모가 이듬해에도 생존한다면 같은 장소에서 마주칠 수도 있다. 고립된 개체군일수록 부모와 자식이 만날 가능성은 그만큼 높아진다.

우리나라에 서식하는 청개구리는 알에 영양분을 주고 부화하기 좋은 장소에 알을 낳는 것이 양육행동의 전부다. 따라서 부모와 자식이 만날 확률이 낮고, 설령 만나더라도 그것은 양쪽 다 어른 개구리일 때이다. 그러므로 부모의 말을 안 듣고 반대로 행동하는 아이들을 청개구리에 비유하는 건 근거가 없다. 아들 청개구리가 엄마의 무덤이 떠내려갈까 봐 운다는 것도 실제와 맞지 않다. 그러니까, 청개구리 동화에 나오는 엄마와 아들 이야기는 과학적으로는 허구이다.

하지만 '비만 오면 노래하는' 청개구리의 노래행동에 초점을 맞추면 이야기가 좀 달라진다. 청개구리를 연구하면서 전국의 여러 농부들과 이야기를 나눌 기회가 종종 있었다. 그들은 비만 오면 청개구리가 유난히 노래를 많이 한다는 사실을 다들 경험적으로 알고 있었다. 어쩌면 청개구리 동화를 처음 만든 조상님도 이 부분에 착안한 게 아니었을까 싶다.

그런데 청개구리는 정말로 비가 오면 노래를 할까?

비와 노래 사이

청개구리의 노래에 영향을 미치는 요인은 크게 생물요인과 비생물요인으로 나눌 수 있다. 청개구리가 노래하는 이유는 주로 짝짓기와 영역행동 때문이다. 산란할 수 있는 암컷이 출현할 때 노래를 많이 하고, 그런 암컷이 없으면 노래행동이 줄어든다고 예측할 수 있다.

노래는 수컷들의 영역 다툼 수단이기도 하다. 번식기 때 논에 가면 청개구리의 합창을 들을 수 있는데, 그건 수컷들끼리 노래를 이용해서 경쟁하기 때문이다. 또한 포식자나 기생자가 청개구리의 노래에 영향을 줄 수도 있다.

동종 간의 경쟁, 포식자, 기생자 등이 주요 생물요인이라면 온도, 습도, 광조건, 강우, 시간대 등은 비생물요인이다. 그러므로 청개구리 동화의 내용을 규명하려면 비생물요인과 청개구리 노래활동 사이의 관계를 연구해 볼 필요가 있었다.

조사 지역으로 선정된 곳은 경기도 성남시 야탑동에 있는 맹산의 반딧불이자연학교였다. 맹산 자체는 조그마한 야산에 불과하지만 이곳은 경기 남부 그린벨트의 일부다. 또한 우리나라에서는 흔치 않은 산지습지이기도 하다. 주민들은 오래전부터 이 습지를 개간해 계단식 논을 만들고 벼를 재배해 왔다. 지금은 상업적 벼농사는 하지 않지만, 이곳이 반딧불이 서식지로 알려진 이후 시민환경단체가 서식 환경 유지를 위해 매년 벼농사를 짓고 있다. 농약을 전혀 사용하지 않기 때문에 8월 말이면 잡초들이 논을 완전히 뒤덮기도 한다.

소리 모니터링은 2009년부터 매주 한 번씩, 한 번에 24시간씩 1년 동안 진행되었다. 모니터링 결과 맹산에는 북방산개구리, 청개구리 및 참개구리가 서식하고 있었다. 그 밖에도 무당개구리를 목격할 수 있었지만 노래는 녹음하지 못했다. 북방산개구리는 주로 2월 말~3월 초에 활동했는데, 남쪽 지방에서는 더 일찍 출현할 수도 있고 산간지대에서는 뒤늦게 출현할 수도 있다. 이에 비해 청개구리, 참개구리는 주로 4월에 출현하여 7월까지 노래활동을 했다.

노래를 하는 대부분의 동물들이 그렇듯 북방산개구리와 참개구리의 노래는 주로 온도와 습도의 영향을 받았다. 이에 비해 청개구리 노래에 영향을 미친 환경요인은 당일 강우나 그 전날 강우 같은 비雨의 유무였

맹산에서 진행된 개구리 노래 모니터링 연구(왼쪽). 온도와 습도를 측정하는 온습도기와 개구리 노래를 녹음하는 녹음기가 백엽상(오른쪽) 안에 있다. 백엽상 왼쪽 아래에 있는 회색 설치물이 마이크이다. ⓒ 장이권

다. 또 대기 중의 습도가 높을 때도 활발하게 노래를 했다. 청개구리는 비가 오면 노래한다! 우리의 전래 동화에 과학적 근거가 있음을 확실하게 입증해 준 연구 결과였다.

비가 오면 청개구리가 노래하는 이유

청개구리는 왜 비가 오면 노래할까? 어려운 질문이다. 꼭 연구해 보고 싶은 주제이기도 하다. 하지만 아직은 본격적인 연구 결과가 없기 때문에 가설로 대체할 수밖에 없다.

청개구리 노래행동의 특성 및 신체구조를 보면, 노래할 때 쉽게 체내 수분이 손실될 수 있다. 이에 기초하여 '수분 손실 방지 가설'을 독자들에게 제안한다.

청개구리가 노래를 할 때는 턱밑의 노래주머니가 팽창과 수축을 반복

논둑에서 노래하는 청개구리. 물과 접촉하지 않은 상태에서 노래하다 보면 수분 손실이 많을 수 있다. 비가 오거나 습도가 높을 때 노래하면 수분 손실 억제가 가능하다.
© Amaël Borzée

한다. 노래주머니가 팽창할 때엔 허파에 있는 공기가 후두를 지나면서 소리를 생성하며 노래주머니로 빠져나온다. 노래주머니가 수축하면 노래주머니 속의 공기가 허파로 다시 들어가고, 이때는 소리가 만들어지지 않는다. 노래주머니는 팽창할 때 공기와 접촉하는 면적을 늘리면서 공기를 진동시킨다. 그래서 후두에서 만들어진 소리가 크게 퍼져 나가도록 공명시킨다.

한반도에 서식하는 두 종의 청개구리(청개구리, 수원청개구리)들은 다른 개구리들보다 훨씬 발달된 노래주머니를 가지고 있다. 그래서 우리나라 개구리들 중 가장 작지만 그 어떤 종보다도 큰 소리를 낸다.

청개구리가 노래할 때의 중요한 특징 중 하나는 물과 직접적으로 접촉하지 않는다는 점이다. 참개구리, 금개구리, 북방산개구리, 맹꽁이 같은 우리나라의 다른 개구리들은 물속에 반쯤 잠긴 채 노래한다. 그러므로 노래할 때 수분 손실이 별로 문제가 되지 않는다.

반면 청개구리는 주로 논둑에서 노래하고, 논 안에서도 진흙 같은 구조 위에 올라가서 노래한다. 수원청개구리 역시 물 위에 솟아오른 모나 풀을 움켜쥐고 노래하기 때문에 몸이 물에 닿지 않는다. 이렇듯 온몸이 공기 중에 노출되어 있으므로, 노래할 때 수분 손실도 그만큼 많을 거라는 추측이 가능하다.

효율성으로 따지면 동물의 노래는 매우 비효율적이다. 동물이 소리를 생성할 때 운동에너지가 소리에너지로 전환되는 비율은 3%가 채 안 된다. 청개구리 역시 마찬가지여서 노래를 하려면 굉장히 많은 에너지가 필요하다. 게다가 노래주머니가 팽창과 수축을 반복하므로 쉽게 몸의 수분을 잃을 수 있다.

뿐만 아니라 청개구리는 우리나라 개구리들 중에서 가장 작다. 체내에 저장할 수 있는 수분이 그만큼 적다는 뜻이다. 그러므로 청개구리가 노래를 하려면 비가 오거나 습도가 높아 수분 손실의 위험이 평소보다 적어야 한다.

이런 이유 때문에 녀석들은 비가 올 때마다 기다렸다는 듯 요란하게 노래했던 것이고, 바로 거기에서 비만 오면 노래하는 청개구리 동화가 유래되지 않았을까 추측해 본다.

우리나라 농촌의 대표적 소리풍경

짝짓기 철이 되면 수컷 개구리는 암컷을 유인하기 위해 규칙적이고 반복적으로 노래한다. 흔히 '개구리 울음소리'라는 표현을 많이 쓰지만 개구리의 노래는 일종의 신호이기 때문에 슬픈 감정이 내포되어 있다고 보기는 어렵다. 인간 남성들이 구애할 때 애인에게 바치는 세레나데를 부르듯, 개구리의 소리 신호도 암컷에게 바치는 세레나데이기 때문에 '울음'보다는 '노래'라고 표현하는 게 맞다.

청개구리는 얕은 물이 있는 습지에서 살아간다. 하지만 녀석들이 살 수 있는 자연습지는 개발로 대부분 파괴되어 지금은 거의 찾아볼 수 없다. 따지고 보면 습지 파괴는 오늘날의 문제만은 아니다. 한반도에서 벼농사를 시작한 뒤부터 수많은 자연습지들이 꾸준히 논으로 바뀌어 왔기 때문이다. 이제 청개구리가 살 수 있는 습지는 논이 거의 유일하다.

흥미로운 건, 청개구리의 번식행동도 인간의 벼농사에 맞춰져 있다는 점이다. 청개구리는 4월 중순이면 겨울잠에서 깨어나 번식을 시작할 수 있고, 그 무렵에 번식하는 녀석들이 실제로도 있다. 그러나 청개구리가 대규모로 번식을 시작하는 시기는 논에 물을 대기 시작하는 5월 초에서 중순 무렵이다. 논에 물이 마르는 늦여름이나 가을이 되면 더 오래 번식을 할 수 있음에도 불구하고 논에서 철수한다.

이렇듯 벼농사에 딱 맞춘 번식행동 덕분에 청개구리의 노래는 어디서나 들을 수 있는 우리나라 농촌의 대표적인 소리풍경이 되었다. 녀석들은 잘 발달된 노래주머니 때문에 남다른 목청을 자랑한다. 한 마리가 노래를 시작하면 곧바로 대규모 합창으로 이어진다. 게다가 우리나라 전역에서 서식하며 심지어 도심 한가운데의 비좁은 습지에서도 발견된다. 그래서 청개구리의 노래는 다른 어떤 개구리의 노래보다 우리 귀에 먼저 들어온다.

나는 옛 농부들이 비가 오면 청개구리가 노래한다는 사실을 경험적으로 알고 있었다고 생각한다. 수리시설이 부족했던 옛날에는 적절한 시기 적당한 양의 강우가 1년 농사의 성패를 좌우했다. 그런데 우리나라는 장마철에만 비가 집중적으로 오고 그 밖의 시기엔 강수량이 적은 편이다.

겨울에 눈이 충분히 오지 않거나 봄에 비가 충분히 오지 않으면 모내기를 하기가 어렵다. 가뭄이 심하면 임금님까지 나서서 기우제를 드릴 정도였다.

모내기 철에 단비가 내리면 그때 들려오는 청개구리의 합창은 농부들에게 환희의 축가였을 것이다. 반대로 비가 너무 많이 와서 홍수가 나면, 이때 들리는 청개구리의 노래는 더없이 원망스럽고 시끄러웠을 것이다.

비 때문에 울고 웃는 농부의 마음은 어쩌면 엄마 청개구리의 마음과도 같다. 비록 과학적으로는 허구를 포함하고 있을지라도, 청개구리의 노랫소리에 예민할 수밖에 없었던 옛사람들의 심정만은 충분히 이해가 간다. 조상들의 삶의 풍경이 담긴 이 친근한 동화를 앞으로도 이 땅의 어린이들에게 많이 들려줬으면 좋겠다.

꿀벌의 집단 의사결정

가족이 살 집을 구할 때 우리는 많은 고민을 한다. 집을 구입해야 할까, 아니면 전세나 월세로 빌려야 할까? 아파트? 단독주택? 아니면 다세대주택? 위치도 중요하다. 교통이 편리한 곳으로 가야 하는지, 학군이 좋아야 하는지, 아니면 자연환경이 좋아야 하는지……. 이렇게 고민이 많은 이유는 집이 가족의 생활에 깊은 영향을 미치기 때문이고, 무엇보다도 새집 찾기를 자주 하지 않기 때문이다.

살다 보면 이렇게 빈도는 드물지만 중요성은 매우 큰 결정을 내려야 할 때가 종종 있다. 회사에서, 학교에서, 기관에서, 법정에서, 정부에서 그리고 국회에서……. 중요한 문제일수록 최상의 결정을 위해 혼자보다는 집단적으로 판단을 내리는 경우가 많다.

그러나 집단이라고 해서 반드시 최상의 결정에 도달하는 건 아니다. 집단의 결정이 최선의 결과를 가져오려면 나쁜 대안을 걸러 내고 좋은 대안으로 합의할 수 있도록 만들어 주는 합리적인 의사결정 과정이 필요하다.

새집을 찾는 일은 동물들에게도 쉽지 않다. 특히 꿀벌처럼 무리의 규모가 수천~수만에 이르는 경우에는 새집 찾기에 집단 전체의 운명이 달려 있다고 해도 과언이 아니다. 꿀벌의 의사결정 방식은 지난 수천만 년간 자연선택에 의해 정교하게 다듬어져 왔다. 꿀벌들은 새집을 찾을 때마다 매번 최상의 결정을 내리며, 무리의 모든 구성원들이 그에 합의한다.

꿀벌의 의사결정을 인간 사회에 그대로 적용할 수는 없다. 그러나 어떤 집단이 공통된 목적을 위해 최상의 결정을 내리고자 한다면, 한번쯤은 꿀벌의 새집 찾기 의사결정을 참고해 볼 필요가 있을 것 같다.

겨울을 나기 위해 벌집이 갖춰야 할 조건들

꿀벌 사회는 여왕벌, 일벌, 수벌로 구성되어 있다. 여왕벌과 일벌은 암컷이고 수벌은 수컷이다. 여왕벌과 수벌은 번식에 참여하지만 일벌은 번식할 수 있는 기회가 거의 없다. 일벌은 성충이 되면 죽을 때까지 일만한다. 늘 똑같은 일만 하는 건 아니고, 나이에 따라서 하는 일이 달라진다. 보통 처음엔 벌집 내부 일을 하다가 나이가 들면 집 바깥의 일들로 역할이 바뀌게 된다.

일벌은 우선 청소같이 쉬운 일부터 시작한다. 로열젤리를 생산할 수 있는 젊은 일벌들은 유충에게 먹이를 주고 여왕벌의 시중을 든다. 그러다가 로열젤리 생산이 쇠퇴하면 밀랍을 생산하여 벌집 내부를 짓거나 수리한다. 일벌의 나이가 11~20일 정도 되면 벌집 내부에서 꿀을 가공하는 일을 돕는다(Seeley 1982). 이들은 또한 벌집의 경계도 선다.

나이가 많은 일벌은 벌집 밖으로 나가 꽃꿀과 꽃가루를 채집한다. 야외에서 먹이를 구해 오려면 적당한 꽃도 찾아야 하고, 길도 잘 찾아야 하고, 포식자도 요령껏 피해야 한다. 그러므로 먹이 채집은 경험이 풍부

꿀벌 사회는 여왕벌, 일벌, 수벌로 구성되어 있다. 여왕벌과 수벌은 번식을 담당하지만 일벌은 주로 꿀벌 사회를 유지하기 위한 궂은일들을 담당한다. 여왕벌은 일벌보다 훨씬 길고, 수벌은 겹눈이 잘 발달되어 있다. ⓒ 이명렬

한 나이 많은 일벌이 주로 담당한다.

꿀벌은 성충으로 겨울을 난다. 우리나라가 속한 중위도 지역에서 성충으로 겨울을 나려면 대부분의 곤충들은 땅속이나 추위를 피할 수 있는 곳으로 들어가 동면해야 한다. 그러나 꿀벌은 외부 온도가 영하로 떨어지더라도 동면하지 않고 벌집 안에서 활동할 수 있다. 놀라운 일이다.

추운 겨울을 견디기 위해 꿀벌은 내온동물처럼 스스로 체온을 높인다. 온도가 떨어지면 외부 활동을 멈추고 벌집 한가운데에서 서로 뭉치는데, 날씨가 추울수록 더 빽빽해진다. 안쪽에 있는 꿀벌들이 날개 근육을 움직여서 열을 발생시키면 무리 중심부의 온도가 27℃ 정도까지 올라간다.

열은 온도가 높은 데서 낮은 데로 흐른다. 벌 무리 안쪽의 온도가 바

겨울 식량 자원인 꿀이 충분치 않으면 꿀벌들이 굶어 죽는다. 충분한 양의 꿀을 저장하려면 큰 벌집이 필요하다. 이상적인 벌집은 출입구가 작고 남향이고 건조해야 한다. 이런 조건을 갖춘 새집을 찾기란 쉽지 않다.
© 위키피디아

깥쪽에 있는 동료들에게까지 전해진다는 뜻이다. 덕분에 한겨울에도 무리 외곽의 온도가 8~9℃ 수준으로 유지된다. 꿀벌들이 활동성을 유지하면서 겨울을 보낼 수 있는 온도이다.

꿀벌들이 겨울에도 버틸 수 있는 비결은 다름 아닌 꿀이다. 장기 보존이 가능한 꿀은 겨울철의 소중한 식량 자원이다. 꿀벌이 열을 발산하려면 겨울 내내 꿀을 먹어야 한다. 추워지기 전에 꿀을 충분히 비축해 두지 않으면 꼼짝없이 얼어 죽을 수밖에 없다. 만약 어떤 벌집이 겨울나기에 실패한다면 이유는 크게 두 가지다. 꿀벌 수가 부족하여 열을 집적할 수 없거나, 꿀이 부족하여 열을 생산하지 못하거나.

그런 사태를 막고 무사히 겨울을 나려면 벌집의 크기가 아주 중요하다. 벌집이 너무 작으면 월동이 가능할 만큼 충분한 꿀을 보관할 수 없다. 벌집의 내부 용량은 최소 12리터 이상은 되어야 하고, 보통 40리터는 되어야 한다.

꿀벌들이 새집을 구할 때 주의를 기울이는 또 하나의 조건은 입구다. 입구가 너무 크면 겨울철에 찬바람이 많이 들어올 수 있다. 적당한 입구 면적은 10~30㎠ 정도다. 벌집은 또한 건조해야 하고, 겨울철에 햇볕을 충분히 받을 수 있도록 남향이어야 한다.

이렇게 까다로운 조건들을 두루 갖춘 새집을 찾는 건 쉬운 일이 아니다. 하지만 하나라도 부족하면 겨울나기에 실패할 수 있다. 그러므로 꿀벌들은 새집을 찾는 일에 무리 전체의 지혜와 노력을 기울여야 한다.

무리 전체가 활동성을 유지하며 겨울을 나는 것은 꿀벌의 번성에 필수적이다. 중위도 지역에서는 봄이 오면 제일 먼저 나무가 번식을 하는데, 이때 나무가 피워 낸 꽃의 꽃가루(화분)를 다른 꽃으로 옮겨 주는 가루받이(수분)가 필요하다. 이 과정을 '화분 매개'라 하며 곤충, 새, 바람 또는 물이 주요 매개체가 된다. 나무는 그중 꿀벌을 선호하는데, 똑같은 종류의 꽃을 계속 방문하여 확실하게 수분시키기 때문이다. 꿀벌은 꽃가루를 매개해 주면서 동시에 먹이가 되는 꽃꿀과 꽃가루를 채집한다.

나무가 꽃을 피우는 시기는 아직 쌀쌀한 이른 봄이다. 이때는 꿀벌을 제외한 다른 곤충들은 거의 나타나지 않으며, 나타나더라도 수가 많지 않다. 동면 과정에서 살아남는 곤충들이 극히 일부에 불과하기 때문이다. 그러나 겨울 내내 활동성을 유지해 온 꿀벌은 이른 봄에 무리 전체가 동원되어 경쟁자 없이 꽃꿀과 화분을 채집할 수 있다. 벌집에 꿀을 저장해 둔 덕분이다.

먹이를 채집해 오면 벌집 내부는 매우 분주해진다. 여왕벌이 하루에 무려 1천5백여 개의 알을 낳아서 새로운 일벌을 탄생시키기 때문에, 늦봄이나 초여름이 되면 집이 아주 비좁아진다. 그러면 여왕벌은 전체 일벌의 약 60% 정도를 이끌고 벌집을 떠난다. 그리고 그녀(?)의 딸인 새 여왕벌이 남은 무리들을 다스리게 된다. 어미가 집에 남고 딸이 떠나는 게 아니라, 거꾸로 딸이 남고 어미가 길을 떠난다는 게 재미있다.

벌집을 떠난 여왕벌 일행은 인근 나무의 나뭇가지에서 떼를 이뤄 야영을 한다. 이 기간 동안에는 무리를 보호해 줄 집도 없고 저장된 식량도 없다. 일벌들이 먹이를 구해 오지도 않는다. 그러므로 늦어도 3일 이내에 반드시 새로운 집을 구해야 한다. 꿀벌의 새집 찾기는 이렇듯 무리 전체의 운명이 달려 있는, 분초를 다투는 일이다.

새집 찾기의 세 단계

꿀벌의 새집 찾기는 탐색, 토론, 이주의 세 단계를 거친다. 탐색은 새집 후보를 찾는 과정이고, 토론은 여러 후보들 중에서 가장 훌륭한 새집을 결정하는 과정이다. 토론이 마무리되면 무리 전체가 새집으로 이주한다.

새집 찾기엔 무리의 5% 이내인 정찰벌들만 참여한다. 이들은 나이가 많고 현장 경험이 풍부한 벌들이다. 무리의 크기가 1만 마리 정도라면 3백~5백 마리의 정찰벌들이 탐색과 토론을 통해 새집의 위치와 이주 시기를 결정한다(PAC p552 ; 122). 여왕벌이 일벌들을 이끌고 나와 인근 야영지로 옮기면 정찰벌들은 즉시 새집 탐색에 나선다. 수백 마리의 정찰벌들이 작은 도시 정도의 면적에 흩어져서 후보 지점을 찾는다. 그러나 보고할 만한 가치가 있는 장소를 찾는 건 기껏해야 20~30마리에 불과하다.

새집 후보를 발견하면 정찰벌들은 안과 밖을 수십 번 왔다 갔다 하면서 꼼꼼하게 조사를 벌인다. 집터의 크기, 위치, 잠재적인 위험 요소 등을 종합적으로 따져서 그 후보지의 가치를 평가한다.

탐색이 진행되고 있는 동안 무리가 머물고 있는 야영지에서는 새집 후보에 대한 정찰벌들의 토론이 동시에 진행된다. 정찰벌들이 토론을 진행하는 순서는 보고—지지자 확보—결정이다. 보고는 방금 탐색에서 돌아온 정찰벌이 새집 후보의 가치를 다른 정찰벌들에게 알려 주는 것이고, 지지자 확보는 그 후보지를 선호하는 정찰벌들을 확보하는 과정이다. 마지막 단계인 결정은 특정 후보지를 지지하는 정찰벌들의 수가 정족수를 채우면 성립된다.

새집 후보로 가치가 있는 지점을 발견하면 정찰벌이 야영지에 돌아와 8자춤을 추면서 보고를 한다. 8자춤은 꿀벌이 숫자 8의 모양을 그리며 추는 춤으로, 목표 지점의 방향과 거리를 동료들에게 알려 줄 때 사용한다.

늦봄이나 초여름에 꿀벌 무리가 커지면 여왕벌이 무리의 약 60%를 이끌고 벌집을 떠난다. 이들이 근처의 나뭇가지에서 떼 지어 머무르는 동안 노련한 정찰벌들이 새집 찾기에 나선다. 분봉하는 무리는 야외에 노출되어 있고 저장해 둔 식량도 없으므로 3일 이내에 새집으로 이주해야 한다. © 이명렬

8자춤은 방향과 거리뿐 아니라 새집 후보의 가치도 정확하게 알려 준다. 좋은 후보지일수록 8자춤을 여러 번 반복한다. 예를 들면 훌륭한 후보는 90번 돌고, 평범한 후보는 30번 돈다. 탐색한 곳이 새집으로 적당하지 않으면 벌집으로 돌아온 뒤에 아예 보고를 하지 않는다.

정찰벌들이 추는 8자춤의 반복 횟수는 지지자 확보에 매우 중요하다. 반복 횟수가 높을수록 더 많은 정찰벌들을 보충하여 그 후보지로 보낼 수 있다. 보충된 정찰벌들은 후보지를 방문하고 돌아와 8자춤으로 자기들의 지지 정도를 표현한다. 그런데 평범한 후보지를 찾아낸 정찰벌은 처음부터 8자춤의 반복 횟수가 적기 때문에 보충할 수 있는 정찰벌의 수

꿀벌 사회에서 새집 찾기에 참여하는 벌들은 나이가 많고 경험이 풍부한 몇 백 마리의 정찰벌들이다. 정찰벌들은 후보지의 위치를 8자춤을 이용하여 다른 정찰벌들에게 알려 준다. 새집 후보가 맘에 들수록 8자춤의 반복 횟수가 높아진다. ⓒ 이명렬

가 한정되어 있다. 반면 훌륭한 후보지를 발견한 정찰벌은 8자춤의 반복 횟수도 높고, 그만큼 많은 수의 정찰벌들을 그곳으로 보내 가치를 검증할 수 있다.

지지자 확보 과정에서 정찰벌들은 새집 후보의 가치를 독립적으로 검증한다. 보충된 정찰벌들은 처음 보고된 내용을 그대로 믿지 않고, 스스로 다시 후보 지점을 탐색하여 무리에 보고한다. 즉, 정찰벌들은 새집 후보의 가치를 측정하고 보고할 때 오로지 자신의 판단에만 의존한다.

훌륭한 새집 후보가 발견되면 이 후보를 지지하는 정찰벌들의 수가 빠르게 불어나지만 최종 의사결정은 야영지가 아닌 새집 후보 현장에서 일어난다. 현장에 20~30마리의 정찰벌들이 모여 있으면 정찰벌들은 그 집을 새집으로 결정한다. 의사결정을 위한 정족수가 채워져야만 비로소 토론이 마무리되는 것이다.

사실 새집을 지지하는 정찰벌들은 그 현장에 있는 정족수보다 훨씬 많다. 대부분의 정찰벌들은 야영지에 있거나 야영지에서 후보지로 이동 중에 있으므로, 정족수가 채워졌다는 건 최소 50~100마리의 정찰벌들이 그 후보지에 지지를 보내고 있음을 뜻한다. 그리고 해당 후보지를 방문했던 정찰벌의 수는 그보다도 훨씬 더 많다.

정찰벌들이 최종 합의에 도달하는 방법

다양한 새집 후보들을 두고 열띤 논쟁을 벌이지만 결국에는 모든 정찰벌들이 한곳으로의 합의에 도달하게 된다. 그러려면 두 가지의 과정이 필요하다. 첫째, 토론 과정에서 훌륭한 후보지에 대한 지지가 늘어나야 한다. 둘째, 토론이 지속되면서 평범한 후보지들이 걸러져야 한다.

훌륭한 새집 후보는 평범한 후보보다 훨씬 빠르게 지지자를 확보할 수 있다. 맨 처음 보고 단계에서 후보지의 가치에 따라 정찰벌이 추는 8자춤의 횟수가 다르다. 또 그 횟수에 따라서 보충되는 정찰벌의 수가 결정된다. 그러므로 훌륭한 새집 후보는 급격하게 지지자를 확보하게 되는데, 이 과정을 '양성 되먹임positive feedback'이라 한다.

설령 두 후보지 간의 가치 차이가 작더라도, 토론이 진행되는 동안 양성 되먹임이 반복되다 보면 나중엔 지지자 수에 큰 차이가 나게 된다. 이렇듯 양성 되먹임 과정은 토론 참여자들로 하여금 훌륭한 새집 후보를 정확하게 구별하도록 해 준다.

평범한 새집 후보가 논쟁에서 걸러지는 과정도 의사결정에 매우 중요하다. 만약 평범한 후보지를 지지하는 정찰벌들이 옹고집을 부리면 합의에 도달하기가 어렵다. 이 문제를 해결하기 위해 꿀벌 사회에서는 정찰벌이 정찰을 한 이후 의무적으로 휴식기를 갖게 한다.

정찰벌은 하나의 후보지에 대한 탐색과 보고를 마치면 야영지 한쪽 구석에서 휴식을 취하면서 자기가 다녀온 후보지를 잊어버린다. 이후 다시 탐색에 참여하면 아무 곳이나 새롭게 지지할 수 있다. 이전에 훌륭한 새집 후보를 지지했던 정찰벌이 재탐색을 통해 평범한 새집 후보를 지지할 수도 있고, 물론 그 반대의 경우도 가능하다. 그러므로 한 후보지가 지지를 확보하려면 그곳을 선호하는 정찰벌들이 끊임없이 보충되어야 한다.

토론 중인 정찰벌들. 토론은 8자춤을 통해 각 후보지를 지지하는 정찰벌들을 모으는 과정이다. 최종 결정은 새집 후보지에 충분한 수의 정찰벌들이 모이면 이뤄진다. 즉, 정족수가 채워지면 의사결정이 이뤄진다. ⓒ 이명렬

평범한 후보지는 보충되는 정찰벌들보다 지지를 포기하는 정찰벌들이 많다. 그러나 훌륭한 후보지는 지지를 포기하는 벌들보다 새로 보충되는 정찰벌들이 훨씬 더 많다. 그래서 결국에는 모든 정찰벌들이 한 후보지를 향해 8자춤을 추게 되고, 마침내 그곳으로의 최종 합의에 도달하게 되는 것이다.

집단 의사결정은 꿀벌 무리를 가장 훌륭한 선택으로 이끈다. 그러나 정찰벌들이 최상의 결정을 내리더라도 무리 전체가 이 결정에 따라 주지 않으면 소용이 없다. 길을 모르는 무리를 먼 장소로 이동시키는 일은 아주 어렵다. 군대처럼 잘 훈련된 집단도 대규모 이동 중엔 흔히 문제가 발생한다. 최신 통신수단도 없고 무리의 크기도 수천에 이르는 꿀벌들은

어떻게 새집으로 신속히, 그리고 무사히 이주할까?

꿀벌 무리의 이주는 유치원생의 이동과 비슷하다. 길을 모르는 아이들을 이동시킬 때면 선생님 한 분은 맨 앞에서, 다른 선생님들은 앞에서 뒤로 계속 왔다 갔다 하면서 대열을 이끈다. 새집으로 이주하는 꿀벌들은 마치 앞사람 뒤통수만 보고 걸어가는 아이들처럼 다른 꿀벌들과 일정한 간격만 유지한 채 비행하고, 대열을 인도하는 정찰벌들은 무리의 맨 앞에서 비행한다. 비행하는 꿀벌 무리는 길게 늘어지기 때문에 비행 도중에 서로 흩어질 우려가 있다. 이것을 방지하기 위해 몇몇 정찰벌들이 무리의 뒤에서 앞쪽으로 빠르게 날면서 길을 안내한다. 무리 속에서 비행하는 일벌들은 자기 머리 위에 날고 있는 정찰벌들을 보면 비행 방향을 알 수 있다.

꿀벌 무리를 새집으로 정확히 인도하려면 목적지 위치를 알고 있는 정찰벌들의 수가 많아야 한다. 그러므로 정찰벌들은 집단 의사결정을 할 때 시간이 걸리더라도 반드시 정족수를 채워야 한다. 그래야만 새집의 위치를 아는 정찰벌들의 수가 충분히 확보되어, 빠르고 안전하게 무리 전체를 목적지까지 안내할 수 있다.

여왕벌의 결정적 역할

새집 찾기는 꿀벌 사회의 가장 중대한 일이지만 여왕벌은 이 일에 전혀 관여하지 않는다. 새집 찾기뿐 아니라 다른 의사결정에도 여왕벌이 참여하는 경우는 거의 없다. 대신 여왕벌은 꿀벌 사회 유지에 반드시 필요한 두 가지 일을 한다. 첫 번째는 알을 생산하는 것이고, 두 번째는 여왕페로몬Queen Mandibular Pheromone을 분비하는 것이다.

여왕페로몬은 시중드는 일벌들에게 접촉을 통해 먼저 전해지고 점차

새집의 위치를 아는 정찰벌의 수가 부족하면 무리 전체를 안전하고 빠르게 이주시키기 어렵다. 새집에 관한 의사결정은 지지자가 정족수에 도달해야만 이뤄지는데, 이는 충분한 수의 정찰벌들이 새집 후보의 위치를 이미 알고 있음을 의미한다. ⓒ 이명렬

벌집 내의 모든 일벌들에게 전달된다. 여왕페로몬은 일벌들의 난소 발달을 차단하고 새 여왕벌을 준비하는 것을 막는다. 여왕페로몬이 충분할 때는 일벌들이 무리를 위해 일하지만, 여왕페로몬이 약해지면 제대로 일을 하지 않고 불안해하기 시작한다. 일부 일벌은 알을 낳으려고 시도하고 실제로 낳기도 한다. 일벌이 낳은 알은 미수정란이므로 수벌이 된다.

여왕페로몬이 없으면 일벌은 더 이상 무리를 위해서 일하지 않고 스스로를 위해 일하기 시작한다. 그러므로 여왕벌이 없으면 꿀벌 사회가 유지될 수 없다.

여왕벌은 새집 찾기에 관여하지 않지만 가끔 결정적인 역할을 할 때가 있다. 인간 사회가 그렇듯 동물 사회의 의사결정도 늘 완벽하기만 한

건 아니다. 드물긴 하지만 꿀벌 무리의 의견이 양쪽으로 갈라지는 경우가 있다. 훌륭한 새집 후보가 둘인 경우, 양쪽 다 동시에 의사결정의 정족수가 채워질 수도 있는 것이다. 그러면 꿀벌들은 두 무리로 나뉘어 이주를 시작한다.

꿀벌들은 이주 도중에 항상 여왕페로몬의 냄새를 맡아야 한다. 여왕벌이 없는 무리는 얼마 지나지 않아 공중에서 우왕좌왕하며 멈춰 버린다. 여왕벌이 있는 무리도 얼마 가지 않아 멈춰 선다. 그러면 여왕벌은 근처의 적당한 곳에 내려앉고, 양쪽으로 갈라졌던 일벌들도 다시 여왕벌이 있는 장소로 모인다. 그런 다음 무리는 새집 찾기를 처음부터 다시 시작한다. 이렇듯 여왕벌은 무리의 의견이 갈릴 경우 합의를 이루도록 마지막으로 강요한다.

좋은 의사결정과 나쁜 의사결정

꿀벌의 집단 의사결정에는 몇 가지 간단한 행동 규칙이 존재한다. 첫째, 새집 후보의 가치에 대한 정보를 모두가 공유한다. 둘째, 새집 후보에 대한 보고를 받은 정찰벌들은 직접 그곳으로 가서 독립적으로 검증한다. 셋째, 한 번 새집 후보에 대한 탐색이 끝나면 정찰벌은 휴식기를 가지면서 선호도를 깨끗이 잊는다. 마지막으로, 새집 후보 현장에서 정족수가 채워지면 최종 결정을 내린다.

네 가지 행동 규칙의 중요성은 이 규칙이 무너질 경우 발생하는 일을 보면 쉽게 알 수 있다. 새집 후보에 대한 정보가 차단되거나 정보 공유가 잘 이뤄지지 않을 경우, 의사결정에 도달하는 시간이 그만큼 지연된다. 꿀벌들은 살던 벌집에서 나온 후 3일 이내에 무리 전체가 장기간 살아갈 새집을 찾아야 하므로, 의사결정의 지연은 생존에 치명적이다.

첫 번째 규칙인 정보 공유는 새집 찾기 의사결정을 할 때 매우 중요하며, 대부분의 과정이 유전적으로 결정된다. 가령 새집 후보의 가치를 정확히 측정하는 방법과 그것을 정확히 보고하는 방법은 꿀벌들의 유전자에 미리 각인되어 있기 때문에 별도의 학습이 필요 없다.

둘째, 독립적 검증은 최상의 결정을 내리는 데 필수적이다. 만약 정찰벌들이 새집 후보에 대한 가치를 스스로 검증하지 않고 다른 벌들의 의견을 좇으면, 꿀벌 무리는 훌륭한 새집을 찾지 못한 채 평범한 후보지로 이주하게 된다.

셋째, 정찰을 마친 후 그 장소에 대한 선호도를 잊는 것은 평범한 장소가 쉽사리 새집으로 결정되는 것을 막는 역할을 한다. 정찰벌들이 평범한 새집 후보를 먼저 발견하고 훌륭한 새집 후보를 뒤늦게 발견하는 경우가 생길 수 있다. 이런 경우엔 일찍 발견된 평범한 장소가 먼저 정족수를 확보할 가능성이 높다. 그러나 정찰벌이 예전의 선호도를 잊고 재탐색에 나서면 평범한 새집 후보가 정족수를 확보하기가 훨씬 어려워진다.

마지막 규칙인 정족수는 새집을 정하는 의사결정의 정확성과 속도의 절충점이다. 꿀벌의 새집 찾기 의사결정 과정을 모델링한 연구 결과에 따르면, 정족수를 적게 하면 의사결정을 빨리 할 수 있지만 종종 나쁜 결정을 한다. 반면 정족수를 크게 하면 정확한 결정을 하지만 의사결정이 느리게 진행된다. 정확하고 신속한 의사결정을 위해서는 꿀벌들이 현재 유지하고 있는 정족수가 이상적이라는 얘기다.

꿀벌의 집단 의사결정에 사용되는 규칙들은 깨알 크기의 꿀벌 두뇌로도 충분히 이해하고 활용할 만큼 간단하다. 그렇지만 동시에 아주 효율적이고 민주적이다. 꿀벌들은 결코 화목하게 합의에 도달하지 않는다. 처음엔 단지 공정한 경쟁 규칙만 있다. 그 경쟁을 통해 다양한 새집 후보들의 우열이 가려지고, 정찰벌들은 언제든지 더 좋은 후보가 나타나면

꿀벌들은 몇 가지 간단한 행동 규칙을 이용하여 매번 최상의 새집을 선택한다. 이를 통해 무리 전체가 빠르고 안전하게 새집으로 이주할 수 있다. 꿀벌의 행동 규칙은 우리의 집단 의사결정에도 도입할 만하다. ⓒ 위키피디아

자신의 지지 대상을 바꿀 수 있다.

꿀벌의 집단 의사결정은 훌륭한 새집을 찾는 과정이지만, 결정된 사항을 실행하기 위해 동료 정찰벌들을 설득하는 과정이기도 하다. 아무리 좋은 의사결정이라도 실행하지 못하면 결국은 나쁜 의사결정과 큰 차이가 없다.

(이 글은 토마스 실리Thomas D. Seeley의 「꿀벌의 민주주의Honeybee Democracy」를 참고하여 재구성하였다)

제3장

여름의
생명들

© 윤석

응답하라!
수원청개구리

수원청개구리 연구를 시작하기 전에 좀 많이 망설였다. 내가 이 연구에 본격적으로 뛰어든 건 2012년이다. 부교수로 승진한 뒤의 첫해였고, 5년 뒤에는 정교수라는 또 하나의 관문을 넘어야 하는 처지였다.

정교수로 승진하려면 많은 논문을 발표해야 한다. 행동생태학 분야에서 하나의 연구를 시작한 뒤 논문으로 정리하기까지 걸리는 시간은 최소 2년, 보통 3~4년이다. 부교수가 되고 나서 2~3년 이내에 대부분의 연구를 성공적으로 마무리해야만 승진이 가능하다는 얘기다. 그 무렵의 내게 필요한 건 계획에서부터 실험, 분석 및 논문 작성까지 모든 과정이 원활하게 진행될 수 있는 연구 주제였다.

그러나 수원청개구리 연구는 그것과는 거리가 멀었다. 행동생태학 연구가 수월하려면 무엇보다도 연구 대상인 생물종이 흔해야 하는데 이 녀석은 멸종위기종이다. 찾기도 어렵거니와 연구가 가능할지도 불투명했다. 멸종위기종 연구엔 굉장히 많은 제약이 뒤따르기 때문이다. 연구 장소와 방법을 정하기가 까다롭고 허가 절차도 복잡하다. 이런 연구는 아무래도 나보다는 승진 걱정 없는 연구자가 하는 게 더 나을 것 같았다.

하지만 수원청개구리는 나로 하여금 그 모든 어려움을 기꺼이 감당하게 만들 만큼 매력적이었다. 일단 너무 예쁘다. 누구든지 수원청개구리를 한 번 보면 좀처럼 눈을 떼지 못한다. 그 작은 녀석들이 현재 처한 곤경을 생각하면 더없이 측은한 마음이 들고, 어떻게든 도움의 손길을 건네고 싶어진다.

나는 원래 곤충학자이고 지금도 귀뚜라미와 매미 같은 노래곤충을 연구하고 있다. 하지만 수원청개구리가 주요 연구 대상이 되면서 곤충들은 어느새 찬밥 신세가 되어 버렸다. 녀석에게 마음을 빼앗긴 건 어쩌면 외모보다는 절박함 때문이었는지도 모른다. 머지않아 지구상에서 영원히 사라질지도 모른다는.

멸종위기종을 보전해야 하는 이유

지구에 생명이 처음 탄생한 건 약 38억 년 전이다. 그날 이후 지금까지 생명체의 역사를 한마디로 표현하면 '멸종의 역사'가 된다. 현재 지구에는 1천만 종이 넘는 생물들이 살고 있지만 사라진 생물종은 훨씬 더 많다. 지금껏 지구상에 존재했던 생물종의 99% 이상이 멸종한 것으로 추정된다.

지구는 지금까지 최소한 다섯 번의 대멸종을 겪었다. 가장 최근의 대멸종은 6천6백만 년 전에 일어난 백악기−제3기 멸종으로, 대부분의 공룡들이 이 시기에 멸종했다. 2억5천만 년 전에 일어난 페름기−트라이아스기의 대멸종 때는 지구 생물종의 90%가 몰살되기도 했다. 멸종은 이렇듯 지구의 오랜 역사 속에서 자연적으로 반복되어 온 현상인데, 왜 우리는 멸종위기종을 보전해야 한다고 소리 높여 외치고 있는 것일까?

거기엔 뚜렷한 이유가 있다. 과거 다섯 번의 대멸종과 맞먹는 치명적 대멸종이 바로 지금 우리 눈앞에서 일어나고 있기 때문이다. 더 큰 문제는 그것이 과거와는 전혀 다른 '인위적 멸종'이라는 사실이다. 1998년에 뉴욕의 미국자연사박물관에서 실시한 설문 조사에 의하면, 대부분의 과학자들은 인류에 의한 대멸종이 이미 시작되었다고 믿고 있다. 현재 진행 중인 멸종의 속도는 자연적으로 일어나는 멸종보다 무려 1백~1천 배나 빠르다. 지구는 지금 인간에 의한 '6번째 대멸종' 또는 '홀로세 멸종 holoce extinction'을 겪고 있다.

멸종위기종 보전의 필요성은 미국 의회가 1973년에 제정한 멸종위기종 관련법의 서문에 명확하게 제시되어 있다. 지구라는 이름의 생태계에서 홀로 살아가는 종은 없으며, 모든 생물종들은 먹이망으로 서로 연결되어 있다. 하나의 종은 어떤 종에게는 포식자지만 또 다른 종에게는 먹이가 되기도 한다. 만약 생태계에서 한 종을 제거하면 그 영향이 다른 많은 종들에게 연쇄적으로 일어난다.

한 종의 멸종은 종종 생태계가 정상적으로 작동하기 어렵게 만든다. 대표적인 예가 모피 때문에 멸종 직전에 이른 캘리포니아 해달이다. 해달의 급감은 그들의 먹이인 성게를 폭발적으로 증가시켰고, 이는 해저의 열대우림으로 불리는 켈프숲kelp forest 파괴로 이어졌다. 성게가 켈프의 밑동을 갉아먹기 때문이다. 해달의 개체 수를 늘리면서 켈프숲은 서서히 복원되었고, 켈프숲에 의지해 살고 있는 해양생물의 다양성 또한 회복되고 있다.

정상적으로 작동하는 생태계는 물을 정화시키고, 깨끗한 공기를 제공하고, 오염 물질을 해독하고, 쓰레기를 분해하고, 기후를 조절하며, 토양을 회복시킨다. 이것을 '생태계 서비스ecosystem service'라 하는데, 인류를 비롯한 모든 생명체가 지구에서 생존하는 데 반드시 필요한 자연의 기능이다. 생물종의 멸종은 생태계의 균형을 무너뜨려 생태계 서비스의 혜택을 더 이상 누릴 수 없게 만든다.

생물종의 멸종이 미래의 의약품이나 농작물 같은 소중한 자원의 소멸로 이어진다는 얘긴 워낙 새삼스러워서 굳이 되풀이하지 않겠다. 다만한 가지만은 꼭 짚고 넘어가려 한다. 그건 바로 멸종과 관련된 철학적·윤리적 측면이다.

현재 대부분의 국가에선 인간 개개인의 고유한 가치를 법률로 인정하며 인간답게 살 권리를 존중하고 있다. 우리와 함께 살고 있는 다른 종들 또한 마찬가지로 저마다의 가치를 지니고 있으며, 우리에게는 이들을 멸종시킬 어떠한 권리도 없다. 한 번 사라진 종은 영원히 되돌아오지 않는다. 우리는 지구에서 잠시 머물다 가는 존재이며, 뒤이어 살아갈 후손들을 위해서라도 지구생태계에서 우리의 파괴적인 흔적을 최소화시켜야 한다.

수원청개구리탐사대의 시작

우리나라에는 청개구리와 수원청개구리, 두 종의 청개구리가 있다. 청개구리Hyla japonica는 우리나라 전역에 분포하며 우리가 익히 알고 있는 동화 속 주인공이다. 이에 비해 수원청개구리Hyla suweonensis는 1980년 수원에서 처음 기재된 청개구리속의 한 종으로서 세계적 희귀종인 동시에 우리나라 고유종이다(Kuramoto 1980). 수원청개구리는 주로 고도가 낮은 서해안의 평야 지대에 살고 있으며(Yang 2000), 경기도와 충청남도에 주로 분포하지만 전라북도와 충청북도에도 서식한다고 알려져 있다. 문헌 기록에 의하면 이천과 같은 경기도 내륙지역에도 서식한다.

짐작건대 수원청개구리는 알려진 분포 지역보다 훨씬 넓게 우리나라 전역에서 서식하였을 것으로 보인다. 그러나 이제는 개체 수가 급속히

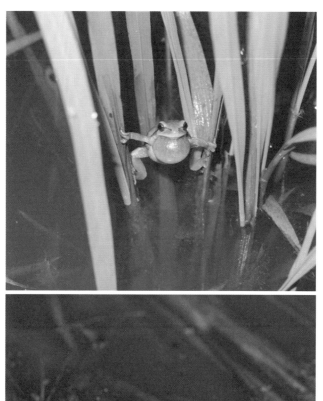

수원청개구리(위)와 청개구리(아래). 청개구리는 우리나라 전역에 분포하고 아주 흔하다. 그러나 수원청개구리는 서해안의 평야 지대에 주로 살고 있으며 멸종 위기에 처해 있다. ⓒ 장이권

감소하여 녀석들의 본적지인 수원시에서도 수원청개구리의 노래를 듣기 어렵다.

수원청개구리 연구의 핵심은 청개구리와의 면밀한 비교였다. 수원청개구리가 살아가기 힘든 이유를 파악하는 가장 좋은 방법은 청개구리가 잘 사는 이유를 찾는 것이었다. 두 종의 행동 및 생태를 비교하면 수원청개구리의 개체군 감소 요인을 찾을 수 있을 것 같았다. 그러려면 수원청개구리의 서식지를 찾는 것도 필요하지만, 동시에 수원청개구리는 없고 청개구리만 사는 지역을 찾는 일도 아주 중요했다.

우선 경기도와 충청남도에서 2백 군데의 조사 장소를 무작위로 추출했다. 장소를 선정할 때 가장 중요한 점은 전체를 대표할 수 있어야 한다는 점이다. 가능한 한 많은 곳에서 조사를 실시하고, 전체 지역에 골고루 분포하게 해야 한다. 하지만 이런 조건들을 모두 충족시키기란 좀처럼 쉽지 않다.

문제는 그것만이 아니었다. 특정 장소에 수원청개구리가 존재하지 않는다고 결론짓는 것이 그리 간단하지가 않다. 만약 어떤 장소에서 수원청개구리가 발견되면 그곳에 수원청개구리가 살고 있다고 쉽게 결론을 내릴 수 있다. 하지만 어떤 장소에서 수원청개구리를 발견하지 못하더라도 그곳에 수원청개구리가 없다고 단정하기는 어렵다. 거기 살고 있는 수원청개구리가 하필이면 우리가 조사한 시점에 잠시 활동을 멈췄을 수도 있기 때문이다. 증거 없음이 곧 '없음의 증거'는 아니다. 어느 한 장소에 수원청개구리가 없다는 것을 입증하려면 수원청개구리가 활동할 만한 시기에 정기적으로 여러 번 방문해서 조사를 벌여야 한다.

⁎ 미국의 천문학자 파파기아니스M. Papagiannis의 "Absence of evidence isn't evidence of absence"라는 유명한 말을 인용한 것.

이런 까다로운 작업을 우리 실험실에서 단독으로 하는 건 불가능했다. 그래서 〈어린이 과학동아〉에 도움을 요청했고, 일반인들과 함께하는 수원청개구리 탐사를 제안했다. 다행히 제안이 받아들여져서 바로 그해에 수원청개구리탐사대를 조직할 수 있었다.

2012년에 시작된 '시민참여과학 수원청개구리탐사대'는 〈어린이 과학동아〉 구독자를 대상으로 모집되었다. 과연 얼마나 많은 분들이 참여할지 걱정스러웠는데, 뜻밖에도 39팀이 참여 신청을 했다.

일단 수원청개구리를 소개하고 탐사 방법을 알려 주기 위해 이화여대에서 오리엔테이션을 열었다. 탐사 방법이 자세하게 담긴 설명서를 만들었고, 현장 상황극을 준비하여 우리 연구원들이 직접 시연해 보이기도 했다. 내용을 확실하게 기억시키기 위한 퀴즈도 준비했고, 어린이들을 유혹할 사탕도 잔뜩 챙겼다.

수원청개구리를 탐사하려면 인적이 드문 곳도 찾아가야 하고 이메일로 자료도 보낼 줄 알아야 한다. 그래서 초등학교 저학년보다는 고학년이나 중고생들이 탐사대원으로 더 적당하다고 생각했다. 그런데 오리엔테이션 당일에 강당 앞에서 대원들을 맞이해 보니 초등학교 저학년들이 많았다. 심지어 유치원생들도 있었다. 멸종 위기에 처한 수원청개구리를 구하겠다며 잔뜩 들떠 있는 이 꼬마들이 과연 탐사를 할 수 있을지, 청개구리와 수원청개구리를 제대로 구분이나 할 수 있을지 걱정스러웠다.

수원청개구리와 청개구리는 생김새가 비슷해서 구별하기가 어렵다. 유전학적 방

'시민참여과학 수원청개구리탐사대' 로고.

법을 제외하고 이 두 종을 구별하는 가장 좋은 방법은 노래다. 개구리는 짝짓기 때 수컷이 노래를 불러 암컷을 유인한다. 청개구리는 "뺍뺍뺍~" 노래하는데 수원청개구리는 "챙챙챙~" 노래한다. 청개구리에 비해 금속성의 날카로운 소리이다(Jang et al. 2011; Yoo and Jang 2012). 우리는 탐사대원들이 야외에서 청개구리와 수원청개구리를 쉽게 구별할 수 있도록 두 종의 노랫소리를 유튜브와 여러 웹사이트에 올려서 언제든 들을 수 있도록 했다.

수원청개구리를 찾아서 논으로, 논으로

탐사가 시작되자마자 여기저기서 연락이 오기 시작했다. 흥분한 탐사대원들의 목소리가 전화기 너머로 잇따라 들려왔다.

"교수님, 수원청개구리를 발견했어요!"
"그래요? 노래를 한번 들려줘요."

뺍뺍뺍~.
청개구리였다.
대부분의 탐사대원들은 이전에 한 번도 논에 나가서 개구리 노래를 들어 본 적이 없다. 그래서 어디선가 개구리 소리만 들리면 무조건 수원청개구리라 여겼고, 아니라고 정정해 주면 실망하는 기색이 역력했다. 그럴 때마다 곧 찾을 수 있을 거라고 기운을 북돋워 주면서 전화를 끊었다.
오리엔테이션에서 탐사 방법을 자세하게 알려 줬지만 실제 현장 상황은 엉망이었다. 탐사대원들이 주로 어린 초등학생들과 주부들이다 보니 하나부터 열까지 모든 게 혼란스러웠다. 교수랍시고 연구실에 앉아서 자료나 기다리고 있을 때가 아니었다.

즉시 현장에 나가 탐사대원들을 직접 만나기 시작했다. 내가 바쁘면 대학원생들을 대신 보냈다. 현장에 모인 대원들은 몇 명일 때도 있었고 수십 명일 때도 있었다. 탐사에 필요한 앱을 휴대전화에 설치하고, 개구리를 직접 잡아서 보여 주며 이런저런 설명을 해 주었다. 그리고 한 지점에서 다음 지점까지 함께 걸으며 탐사를 진행했다. 현장 교육의 효과는 즉시 나타났다. 한 번 교육을 받고 나면 다들 정해진 탐사 방법에 따라 정확하게 탐사를 수행해 주었다.

2012년 수원청개구리탐사대의 각 팀들에게 할당된 조사 지역은 주로 경기도에 있는 논이었다. 가능하면 본인들의 집과 가까운 곳에 배정되도록 했다. 5월 중순부터 7월 초까지 매주 1회씩 총 9회에 걸친 조사 일정이었는데, 아홉 번의 조사를 모두 성공적으로 마친 팀은 그리 많지 않다.

탐사대원들은 각자의 조사 지역에서 개구리 노래를 스마트폰으로 녹음한 다음 조사기록지와 녹음 파일을 연구자에게 보낸다. 조사기록지에는 조사 장소, 시간, 환경 정보, 노래 지표 등을 기록하게 되어 있다. 노래 지표는 청개구리와 수원청개구리의 상대적 밀도를 측정하기 위한 것으로 0부터 3까지 네 단계로 구분된다. 0은 노래하는 개구리가 전혀 없을 때, 1은 몇 마리의 노래가 겹치지 않고 뚜렷하게 들릴 때, 2는 여러 마리가 노래하여 소리가 겹칠 때, 3은 많은 개구리들이 합창을 하여 마릿수를 헤아릴 수 없을 때이다.

초등학생과 학부모들로 구성된 수원청개구리탐사대가 첫 탐사 때부터 전문연구자와 같은 조사 능력을 발휘한 건 아니었다. 교실에서 진행한 사전 교육이 있긴 했지만, 야외에서 연구자들로부터 탐사 방법에 대한 현장 교육을 받은 이후에야 비로소 그들이 작성한 자료를 신뢰할 수 있었다.

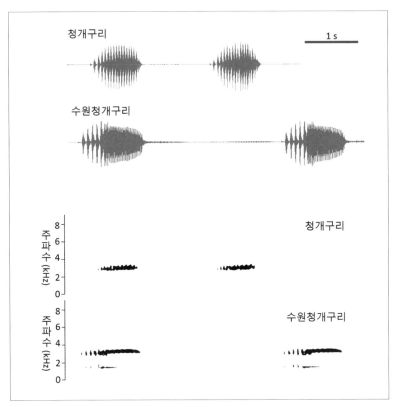

수원청개구리는 청개구리보다 천천히 노래한다. 위의 오실로그램oscillogram에서 청개구리의 노래는 간격이 좁지만 수원청개구리의 노래는 간격이 넓다(위). 수원청개구리의 노래는 주파수가 청개구리보다 약간 높고 금속성 소리로 들린다(아래). ⓒ 장이권

　처음엔 다들 수원청개구리를 발견할 거라는 기대를 품었다. 그러나 탐사대원들 중 수원청개구리를 실제로 발견할 팀은 얼마 되지 않으리라는 게 나의 예측이었다. 수원청개구리가 살고 있는 장소와 그렇지 않은 장소를 비교하는 게 조사의 목적이었기 때문에, 많은 팀들이 수원청개구리가 없는 곳에서 탐사를 하고 있었다. 처음 두세 번은 잔뜩 흥분한 채 탐

사를 했지만 한 주 한 주 지나면서 곧 풀이 죽기 시작했다. 나는 이들에게 "수원청개구리가 없다는 정보도 있다는 정보만큼 중요하다"고 계속 강조했다.

탐사가 거듭되면서 포기하는 팀들이 하나둘씩 생겨났다. 과연 계획된 탐사를 끝까지 진행하고 잘 마무리할 수 있을지 걱정스러웠다. 이런 방법보다는 차라리 대학원생들을 독려해 가며 직접 조사하는 것이 훨씬 낫지 않을까 하는 생각도 스쳐 지나갔다.

하지만 금방 와해될 것만 같았던 탐사대는 의외로 잘 버텨 주었고 꾸준히 자료를 보내 왔다. 그리고 나는 그들로부터 처음과는 사뭇 다른 질문을 받기 시작했다.

"이건 누구 노래예요?"

"참개구리야. 아주 흔한 종이지."

"그럼 이건요?"

처음에는 청개구리 노래만 귀에 들어왔는데, 흥분이 가라앉자 다른 개구리들의 노래가 들리기 시작한 것이다. 곧 이들은 금개구리나 맹꽁이의 노래도 듣고 알려 줬다. 논에서 벼가 점점 자라나는 것도 알아차리기 시작했다.

어떤 팀은 청개구리가 주로 밤에 활동한다는 사실을 파악해 냈다. 낮에 조사 장소에 도착했을 때는 전혀 노래하지 않다가, 해가 지자마자 합창을 시작했다는 것이다. 해가 떠 있는 동안에는 백로나 가창오리 같은 청개구리의 포식자들이 활발하게 활동하다가 어두워지면 논에서 철수한다는 것도 알아냈다. 기온이 올라가면서 다양한 곤충들이 떼 지어 출현하는 것도 보았다.

봄에 야외에 매주 나가면 환경이 매번 바뀐다. 한 장소를 계속 탐사하

수원청개구리 탐사 현장. 탐사대원들은 각자의 조사 지역에서 개구리 노래를 스마트폰으로 녹음한 다음 조사기록지와 녹음 파일을 연구자에게 보낸다. 조사기록지에는 조사 장소, 시간, 환경 정보, 노래 지표 등을 기록하게 되어 있다. ⓒ 장이권, 어린이과학동아

다 보면 변화하는 자연환경을 금방 눈치 챌 수 있다. 9주간의 조사가 끝날 무렵엔 수원청개구리를 발견한 팀이나 그렇지 못한 팀이나 한결같이 만족스러워했다. 저물녘에 어둠 속에서 들려오는 청개구리의 합창, 칠흑

같은 밤, 웽웽거리는 모기, 그리고 가까운 사람들과 같이했던 시간들을 다들 소중하게 여겼다.

2012년 탐사에서 가장 흥분되었던 순간은 수원에서 수원청개구리를 발견한 밤이었다. 여느 때와 마찬가지로 대원들과 함께 수원청개구리를 탐사하고 집으로 돌아오는 길이었는데, 수원 지역의 탐사 팀에서 전화가 걸려왔다. 수원청개구리와 비슷한 노래를 들었다며 확인을 좀 해 달라는 것이었다. 즉시 차를 길가에 세우고 전화기를 귀에 바짝 갖다 댔다.

챙챙챙!

수원청개구리였다. 녀석들의 노랫소리가 틀림없었다. 수원에서 수원청개구리 노래를 확인하다니! 믿기지가 않았다. 흥분된 목소리로 축하 인사를 건네자 핸드폰 너머에서 열렬한 함성이 터져 나왔다.

얼마 후 수원의 탐사대원들과 함께 그 장소에서 다시 탐사를 했지만 그날은 수원청개구리의 노래를 들을 수 없었다. 수원에서 살아가는 마지막 수원청개구리의 노래였을까? 설령 몇 마리가 아직 수원 지역에 살고 있다고 해도, 녀석들이 건강하게 세대를 이어 가며 살아갈 수 있을지는 여전히 의문이었다.

수원청개구리 서식지의 특징

모든 연구자들에게는 감정이입된 논문이 한두 개씩 있다. 이런 논문에는 대개 특별한 사연들이 얽혀 있는 경우가 많다. 실험할 때 자료를 얻기가 굉장히 힘들었다거나, 연구 과정에서 남다른 경험을 했다거나……. 나의 감정이 이입된 논문은 두말할 것도 없이 '시민참여과학 수원청개구리 탐사대 연구 결과'이다. 〈Ecological Informatics〉에 발표된 이 논문 중에서도 특히 하나의 도표에 감정이 집중된다.

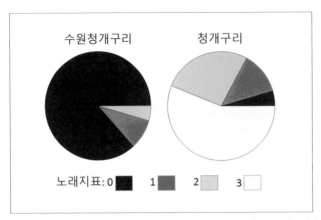

수원청개구리와 청개구리의 노래활동. 노래 지표 0은 노래하는 개구리가 전혀 없을 때, 1은 몇 마리의 노래가 겹치지 않고 들릴 때, 2는 여러 마리의 노랫소리가 겹칠 때, 3은 많은 개구리들이 합창할 때이다. 수원청개구리의 노래는 대부분의 조사 장소에서 거의 들리지 않았으나 청개구리의 노래는 어디서나 들렸고 대부분 합창이었다. 이 결과는 2014년 〈Ecological Informatics〉에 발표되었다. © 장이권

이 도표는 멸종 위기에 처한 수원청개구리의 현 상황을 한눈에 보여준다. 더 중요한 건 이 도표를 만드는 데 쓰인 자료들 하나하나가 2012년 수원청개구리탐사대가 흘린 땀의 결과물이라는 점이다.

우리는 탐사대원들이 보내준 자료를 바탕으로 70개의 독립된 조사 장소를 선정했다. 그중 7곳에 수원청개구리가 살고 있었고, 이런 사실은 수원청개구리탐사대의 오랜 노력 덕분에 세상에 알려졌다. 그리고 그 이전에 우리 실험실에서 조사했던 7개 장소를 합해 70개의 조사 장소들 중 14곳에서 수원청개구리 서식을 확인했다.

청개구리는 단 한 군데의 예외도 없이 모든 조사 장소에서 발견되었다. 사실 우리가 정한 조사 장소들은 지도를 펼쳐 놓은 다음 눈 감고 찍은 것이나 다름없다. 청개구리는 논둑에도, 풀숲에도, 도시 한복판에도, 심지어 큰길가에도 있었다.

노래 지표 비교는 두 종의 현재 상황을 더욱 뚜렷하게 보여 준다. 노래 지표 3은 합창할 때이며 개구리들이 많이 몰려 있음을 의미한다. 이에 비해 0은 그 종의 개구리가 없음을 의미한다. 청개구리의 경우 조사 기간 동안 노래 지표 0은 4%에 불과했고 3이 약 56%를 차지했다. 반면 수원청개구리는 0이 무려 87%였고 3은 아에 없었다. 청개구리가 모든 조사 장소에서 아주 잘 살고 있는 것과 달리, 수원청개구리는 명맥만 간신히 유지하고 있었다.

2012년 수원청개구리탐사대의 연구 결과는 수원청개구리의 서식지 특징을 분석하는 데에도 매우 유용하다. 이번 조사에서 수원청개구리가 살고 있지 않은 장소들은 과거에는 서식했으나 지금은 사라진 곳이라고 가정할 수 있다. 그러므로 수원청개구리가 발견된 14개 지역과 청개구리만 있는 56개 지역을 비교하면 수원청개구리 서식에 필요한 조건들을 알 수 있고, 서식지가 갈수록 사라지는 이유 또한 이해할 수 있다.

지리정보시스템(GIS) 분석 결과에 의하면 수원청개구리가 서식하는 장소는 그렇지 않은 장소에 비해 논의 비율이 높고 도시의 비율이 낮았다. 또 번식 기간 중 수원청개구리의 서식에 결정적 영향을 미치는 요인은 해당 지역에서 도시, 숲, 밭이 차지하는 비율이었다. 현재 수원청개구리가 발견되는 장소는 도시에서 멀리 떨어져 있고 논이 많은 곳들이다. 이 결과는 수원청개구리 서식이 인간의 개발 활동과 관련이 있음을 알려 주는 간접적인 증거이기도 하다.

시민참여과학을 진행하면서 배운 것

시민참여과학은 일반 시민들이 자발적으로 연구 활동에 참여할 때 가능하다. 이 과정에서 일반인들은 남다른 경험을 얻기는 하지만 따로 보상은 없다. 즉, 시민참여과학의 가장 큰 숙제는 특별한 보상 없이도 일반인들의 꾸준한 참여를 이끌어 내는 일이다. 수원청개구리탐사대의 노력이 알찬 논문으로 이어질 수 있었던 비결은 뚜렷한 연구 목표와 참여자들에게 준 자긍심이라고 나는 생각한다. 참가자들은 자기가 무슨 연구에 참여하는지, 왜 그 연구가 중요한지를 구체적으로 알고 싶어 했다.

수원청개구리 탐사를 함께하면서 내가 가장 즐거운 순간은 경험 있는 분들이 처음 온 분들에게 탐사 방법을 설명해 줄 때이다. 이들은 조사 요령과 주의사항들을 나보다도 쉽게 설명해 주고, 연구 목표를 분명하게 말해 주는 것도 잊지 않는다. 그리고 마지막엔 "꾸준히 하면 힘들지만 재미있을 것"이라고 진심 어린 충고를 건네곤 한다. 수원청개구리가 현재 처한 상황을 이해한 시민들은 도움을 요청받았을 때 다들 흔쾌히 나섰다. 무엇보다도, 탐사에서 본인들이 수집한 자료가 수원청개구리 보전에 유용하게 쓰일 수 있다는 점에 커다란 자긍심을 느꼈다.

시민참여과학이 그 잠재적인 가능성에도 불구하고 과학계에 정착하지 못했던 가장 중요한 이유는 자료의 유효성이다. 비전문가가 수집한 자료나 분석이 신빙성을 갖기 어렵다는 뜻이다. 그러나 항상 손에 들고 다닐 수 있는 스마트폰이 급속도로 보급되면서 이런 어려움 또한 극복이 가능해지고 있다.

스마트폰의 위치 정보, 녹음, 촬영 기능은 검증 가능한 자료를 수집하는 데 적합하다. 최근에는 시민참여과학을 위한 스마트폰 앱들이 속속 개발되어 자료의 질을 높이고 있다. 뿐만 아니라 다양한 소셜네트워크서비스(SNS)를 이용하여 연구자와 참여자가 실시간으로 소통할 수 있다. 스마트폰은 일반인들이 과학 연구에 쉽게 참여하게 해 주고 과학자에게는 양질의 자료를 제공해 줌으로써 과학 연구의 새로운 패러다임을 창출하고 있다.

수원청개구리탐사대는 멸종 위기에 처한 수원청개구리의 보전을 목적

"장이권 교수님의 '아이들은 놀고 엄마들이 탐사하며 서로 어울릴 수 있는 장을 만들어 주세요'라는 말씀에 초보자들인데도 겁 없이 논으로 다니며 수청이 찾아 애태우던 지난여름……. 김현태 선생님께서 삼례로 직접 오셔서 수청이, 금개구리, 유혈목, 거머리까지 직접 잡아 비교해 주셨던 감사한 시간……. 그 시간을 잊을 수가 없습니다. 교수님과 선생님의 도움으로 자연과 한발 한발 가까워진 2014년!" (탐사대원의 글) ⓒ 장이권

으로 한다. 그리고 이 활동을 통해서 종 보전에 필요한 많은 정보들을 얻고 있다. 과학적인 자료 외에도 참여자들의 활동 자체가 수원청개구리의 보전에 직간접적으로 도움이 된다고 생각한다. 지금 이 순간에도 이들은 자신의 경험을 주변 사람들에게 적극적으로 전파하고 있다.

궁극적으로 수원청개구리의 보전은 많은 시민들의 이해와 지지가 있을 때만 가능하다. 지금까지 수원청개구리 탐사를 위해 귀중한 시간과 노력을 다해 준 모든 분들께 진심으로 감사드린다.

❶ 2015년 지구사랑탐사대 발대식. 〈어린이 과학동아〉는 2013년부터 지구사랑탐사대를 조직하여 수원청개구리, 매미, 벌, 노래곤충을 탐사하고 있다. 2015년엔 1천 명이 넘는 시민들이 지원했다. ⓒ 어린이과학동아

❷ 2012년 수원시 망포동에서 수원청개구리의 노래를 녹음한 '수원바람봉다리' 팀. 초등학생 4명과 엄마 3명으로 구성된 이 팀은 수원청개구리의 노래를 확인한 뒤 서로 얼싸안고 환호했다. 이들은 바람의 세기를 정확하게 측정하기 위해 비닐봉지를 이용한 풍속계를 만들기도 했다. ⓒ 장이권

❸ 동탄2신도시 지역을 탐사하는 화성시 탐사대원들. 신리분교 주변에서 수원청개구리를 탐사했으나 못 찾았다. 대신 맹꽁이 집단 서식지를 발견했다. 이 팀은 장지리 저수지와 인근 지역도 탐사하는데, 동탄2신도시가 들어서면서 매년 생물다양성이 감소하고 있다며 걱정이다. "그토록 많던 도롱뇽도 최근 몇 년 사이에 거의 사라졌고, 바글바글하던 가재도 보기 힘들고, 애반딧불이 숫자도 계속 줄고 있다."(탐사대원의 글) ⓒ 장이권

❹ 민욱, 민규 형제. "수원청개구리 탐사를 가면 청개구리 외에도 많은 생물들을 만나게 되는데 이날 작은 금개구리를 만나서 인사를 하고 즐거워하고 있는 거랍니다. 저(엄마)는 벌레라면 정말 무서웠는데 꿀벌쟁이(??) 된 것처럼 사진 찍으러 다니고요. 애들도 가족과의 탐사 시간을 당연하고 즐거운 걸로 받아들이지요."(탐사대원의 글) ⓒ 조수정

❺ 청개구리가 노래하기를 기다리는 아빠와 재윤. 2013년부터 수원청개구리를 탐사하고 있다. "2013년에는 주변이 멀어서 컵라면으로 즐거워했고, 2014년에는 가까이에 있는 식당에서 늦은 저녁이 즐거웠다. 올해는 강화도 양도면인데 주변이 모두 논이라 조금 실망이다. 컵라면이라도 사 가지고 와서 탐사를 해야 할 것 같다. 올해 첫 탐사 때 수원청개구리 3마리와 청개구리 4마리를 발견했다."(탐사대원의 글) ⓒ 엄재윤

❻ "엄마, 아빠, 다은이는 매일 개구리를 탐사하러 나간다. 다은이는 개구리도 좋아하고 줄장지뱀도 손으로 잘 잡는다. 풀벌레도 손으로 잘 만진다. 하지만 큰딸 지은이는 살아 움직이는 생물은 정말 싫어하는 아이다. 2014년 5월 25일 다은이는 언니를 설득하는 데 성공해서 같이 수원청개구리탐사를 나갔다. 다은이가 언니에게 수원청개구리의 예쁜 손과 발, 머리 모양, 옆구리 무늬를 설명해 주고 있다. 생전 처음 수원청개구리를 본 언니는 너무 예쁘다며 익산에 이런 개구리가 서식하는 것이 신기하다고 말했다."(탐사대원의 글) ⓒ 최윤정

❼ 2014년 7월 초 탐사 구역인 인천 서구 대곡동에서 수원청개구리를 찾고 있는 현근, 성근 형제. "청개구리 소리도 잘 들리지 않을 때라, 개구리를 발견하고픈 아이들의 간절한 마음이 느껴지네요. 항상 몸으로 뛰어들어 탐사하는 우리 아이들이 사랑스럽습니다!" (탐사대원의 글) ⓒ 나미연

❽ "2013년부터 비가 와도 논에 빠져도 신나게 탐사하느라 시간 가는 줄 모르는 이태규, 이태경입니다. 수원청개구리를 익산에서 처음 찾았을 때의 기쁨은 이루 말할 수 없었어요. 개구리를 잡으면 익산팀 유다은 언니가 알려 준 개구리 기절시키기도 성공하고 있답니다. 2015년 남해로 여행을 가서도 해가 져야 울기 시작하는 개구리 소리를 녹음하려고 주변의 논들을 찾았더니 포접하는 청개구리부터 다양한 크기와 종류의 올챙이들과 개구리들, 곤충들이 논 안에 가득해서 서로 도와 가며 탐사하느라 밤늦은 시간까지 진지해져요." (탐사대원의 글) ⓒ 문재인

논의 주인은 청개구리

여름이 되면 우리 실험실은 모르는 얼굴들로 북적인다. 우리 학교 학생들도 찾아오지만 근처 다른 학교에서도 오고, 멀리 해외에서도 오고, 심지어 고등학생이나 중학생도 찾아온다. 다들 동물행동에 관심이 있는 학생들이고 연구에 참여하고 싶어 한다. 그중에는 대학원 진학을 목적으로 찾아오는 학생들도 있다. 낯선 실험실에서 이들은 약간 주눅이 들어 있고, 자기한테 혹시 뭘 물어볼까 걱정하는 눈치다.

나는 이 학생들의 성적이나 전공에 큰 관심을 두지 않는다. 그보다는 야외 연구를 해 본 경험이 있는지, 야외 연구를 할 수 있는지를 물어본다. 그리고 여름방학 동안 야외 연구에 참여할 의향이 있다고 대답하면 더 이상 묻지 않고 곧바로 대학원생들을 소개시켜 준다. 야외에서 즐거운 시간을 보내라고 격려하면서.

야외 연구엔 사람을 잡아끄는 묘한 매력이 있다. 내셔널지오그래픽이나 디스커버리의 자연다큐멘터리에 나오는 멋진 장면들을 보면 누구라도 야생에 뛰어들어 그런 연구를 해 보고 싶어진다. 실제로 그런 방송을 보고 나서 우리 실험실로 찾아오는 학생들도 많다. 그러나 야외에서의 동물행동 연구는 다큐멘터리에서 보여 주는 낭만과는 거리가 멀다.

먼저 모든 일정을 내가 아닌 동물의 시간표에 맞춰야 한다. 동물들은 인간의 시간에 맞춰 행동하지 않는다. 그러다 보면 밤을 새워야 할 때도 있고, 오지에 가야 할 때도 있고, 냄새나는 곳에서 몇 주를 보내야 할 때도 있다. 동물들은 하루 중 많은 시간을 휴식하며 보내기 때문에 연구하는 대부분의 시간은 지루하다. 그러므로 동물들이 행동할 때까지 무한한 인내력으로 기다릴 줄 알아야 한다. 다큐멘터리에서 나오는 재미있는 장면은 며칠을 꾹 참고 기다려도 한번 경험할까 말까다. 아무리 성적이 좋은 학생이라도 이런 환경에서 연구를 수행할 의지가 부족하면 우리 실험실에서 대학원생이 될 수 없다.

그래서 나는 대학원생 자격이 있는지를 내가 직접 판단하기보다는 학생 스스로 판단할 기회를 준다. 청개구리 야외 연구는 대학원 진학과 포기를 가르는 시험대이기도 하다.

수원청개구리가 사라져 가는 이유는?

수원청개구리는 왜 멸종의 길을 가고 있나? 이것은 수원청개구리 연구를 처음 시작하면서 결정한 연구의 방향이다. 전문적인 학술용어를 빌리면 '수원청개구리의 개체군 감소 요인 규명'이다.

우리나라의 인구가 증가한다면 거기엔 여러 요인이 있을 수 있다. 신생아 출생이 늘었을 수도 있고, 수명이 길어졌을 수도 있고, 외국으로부터 이주가 늘었을 수도 있다. 거꾸로 우리나라의 인구가 감소한다면 출생이 줄었을 수도 있고, 질병이나 사고의 증가로 사망이 늘었을 수도 있고, 외국으로의 이주가 늘었을 수도 있다.

수원청개구리의 개체군 감소 요인 연구는 한 나라의 인구가 감소하는 요인을 찾는 것과 비슷하다. 암컷 수원청개구리들이 알을 많이 낳지 않을 수도 있고, 알은 충분히 낳지만 올챙이에서 개구리로 성장하면서 많이 죽을 수도 있고, 어른 개구리가 되었더라도 포식자들에게 많이 잡혀 먹을 수도 있다. 또 번식활동을 할 수 있는 적당한 습지가 부족할 수도 있다. 이런 요인들 중에서 수원청개구리 개체군이 감소하는 원인을 정확하게 찾아내는 일이 이 연구의 목적이다.

　우리나라는 현재 246종을 멸종 위기 야생생물로 지정하여 관리하고 있다. 멸종위기종들의 개체군 감소 요인은 다양하겠지만 가장 중요하고 치명적인 건 서식지 파괴다. 야생동식물이 살아갈 공간이 도시, 도로, 농경지, 공장 등으로 개발되었기 때문이다. 수원청개구리 역시 마찬가지다. 녀석들의 주요 서식지인 경기도와 충청도의 서해안 평야 지대는 우리나라에서 가장 인구가 많고 산업활동이 활발한 곳이다. 수원청개구리가 오늘날 힘들게 살아가는 가장 중요한 이유는 분명 우리 인간들 때문이다.

　하지만 서식지 파괴가 수원청개구리 개체군 감소의 주요인이라고 결론 짓기에는 뭔가 석연치 않은 구석이 있다. 만약 서식지 파괴가 개체군 감소의 주요 원인이라면 왜 청개구리는 아직 잘 살고 있는가? 청개구리는 생김새, 생태 및 행동에서 수원청개구리와 아주 비슷하다. 서식지 파괴가 수원청개구리에 치명적이라면 분명 청개구리에게도 치명적이다. 그런데 왜 수원청개구리는 급격하게 개체군이 감소하고 청개구리는 그렇지 않은가? 서식지 파괴 이외에도 다른 요인이 수원청개구리를 힘들게 하고 있는 건 아닐까?

　수원청개구리탐사대의 연구 결과가 보여 주듯이 청개구리는 우리나라 전역에 걸쳐 아주 흔하지만 수원청개구리는 개체 수를 손으로 꼽을 정도이다. 그러므로 이 연구의 시작은 수원청개구리가 힘들게 살아가는 이유와 청개구리가 잘 살아가는 이유를 동시에 설명해 주는 가설을 찾는

데 있었다.

현재 나는 크게 두 개의 가설로 이 연구의 방향을 설정하고 있다. 하나는 '경쟁 가설'이고 또 하나는 '흡수 가설'이다.

경쟁 가설은 수원청개구리와 청개구리가 경쟁 관계에 있고 이 경쟁에서 수원청개구리가 불리하다고 보는 것이다. 청개구리는 수원청개구리보다 몸집이 5% 정도 크기 때문에, 두 종이 직접 부딪칠 때 청개구리가 노래 장소나 휴식 장소에서 수원청개구리를 밀어낼 수 있다. 또는, 직접 부딪치지는 않더라도 청개구리가 수원청개구리보다 먹이를 더 잘 찾을 수도 있다. 그 결과 청개구리는 계속 건강한 개체군을 유지하지만, 경쟁에서 밀리는 수원청개구리는 개체 수가 감소한다.

흡수 가설은 청개구리와 수원청개구리가 서로 잡종을 형성하여 두 종이 하나의 종이 된다고 보는 것이다. 이럴 경우 청개구리가 수원청개구리보다 수적으로 우세하므로 수원청개구리가 서서히 청개구리에게 흡수된다. 이 가설에 따르면 청개구리가 수원청개구리를 흡수하는 과정은 오래전부터 진행되어 온 자연적 현상이어서 인간의 힘으로는 그 흐름을 멈추거나 늦출 수 없다. 서식지를 파괴함으로써 흡수를 촉진시키기는 하겠지만 말이다.

만약 흡수 가설이 사실이라면, 우리는 청개구리가 수원청개구리를 흡수하는 대大 서사시의 마지막 장면을 보고 있는지도 모른다.

청개구리는 논둑, 수원청개구리는 논 한가운데

경쟁 가설을 검증하는 일은 쉽지 않다. 수원청개구리와 청개구리가 직접 경쟁하는 과정을 관찰하기 어렵기 때문이다. 실제로 수원청개구리와 청개구리는 한 지역에 살고 있더라도 거의 부딪치지 않는다. 그럼에도 불구하고 녀석들이 경쟁한다고 생각할 수 있을까?

만약 수원청개구리와 청개구리가 서로 경쟁한다면, 이 경쟁은 지금뿐만 아니라 과거에도 존재했을 것이다. 어쩌면 같은 조상으로부터 처음 갈라졌던 몇 백만 년 전부터, 아니면 두 종이 우리나라에서 처음 부딪치기 시작한 시점부터 경쟁했을 것이다. 형태, 행동, 생태가 그렇게 유사하고 더욱이 한 지역에서 같이 발견된다면, 두 종은 필연적으로 경쟁을 할 수밖에 없다.

그러면 녀석들은 어떻게 오랜 기간 동안 경쟁하면서도 공존해 올 수 있을까? 서로 비슷한 두 종이 야생에서 오랜 기간 동안 같이 살고 있다는 건 공존하는 방법을 잘 알고 있다는 것의 반증이다.

가장 효과적인 방법은 서로 다른 틈새를 활용하는 것이다. 같은 지역이라도 매는 낮에 활동하고 부엉이는 밤에 활동하면 이 두 포식자는 서로 부딪치지 않는다. 같은 나무에서 살더라도 한 종은 나무의 윗부분에서 서식하고 다른 종은 지면과 가까운 나무줄기에서 살아가는 것도 좋은 예이다. 경제활동에 비유하면, 비슷한 물건을 팔지만 제각기 다른 틈새시장을 노릴 수 있다.

생태학에서는 틈새를 '니치niche'라 한다. 같은 지역에 살고 있는 생태적으로 비슷한 종이라도 시간, 공간, 자원 등을 서로 다르게 활용하면 같이 살아갈 수 있다. 과거에는 두 종이 서로 경쟁했지만 이제 두 종이 니치의 분할을 통해 공존할 수 있다. 그래서 니치의 분할을 '과거 경쟁의 유령'이라고 한다.

경쟁 가설은 수원청개구리와 청개구리가 니치의 분할을 통해 공존해 왔다고 본다. 그런데 최근 인간의 활동으로 인해 서로 공존하는 방법에 문제가 생겼을 수 있다. 예를 들면 서식지가 변형되거나 단순화되면서 공존의 균형이 깨지고, 서로 다시 경쟁할 때 상대적으로 약한 수원청개구리가 밀려날 수 있다.

경쟁 가설의 증명은 과거의 유령을 찾는 일이다. 같은 지역에 서식하는 청개구리와 수원청개구리에게 서로 다른 니치가 있을까? 만일 니치의 분할이 있다면 그건 무엇인가? 과학 연구를 하면서 가장 흥분되는 순간은 이렇게 뭔가 예측한 뒤에 실험을 했는데 그 예측이 그대로 들어맞을 때이다.

경쟁 가설을 검증하기 위해 우선 청개구리와 수원청개구리 사이에 니치의 차이가 있는지 알아보았다. 개구리는 먹이, 쉼터, 번식을 놓고 서로 경쟁할 수 있다. 그중 가장 중요한 것은 번식과 관련된 니치다. 여기에서 차이가 있으면 이 두 종을 독립된 종으로 유지시켜 주는 생식격리가 가능하다.

개구리는 수컷이 노래를 부르고 암컷이 이 노래에 유인된다. 그리고 개구리의 짝짓기인 포접이 일어나는 장소는 수컷이 노래하는 곳이다. 그러므로 노래하는 장소에서 니치의 차이가 있으면 청개구리와 수원청개구리 간의 생식격리가 일어날 수 있다.

번식 장소에 대한 연구는 간단하다. 청개구리와 수원청개구리가 노래하는 장소를 각각 표시하고 어떤 차이가 있는지 알아보면 된다. 그러나 몇 가지 측면이 이 실험을 아주 어려우면서도 흥미진진하게 만들었다.

일단 밤에 논에서 노래하는 개구리의 정확한 위치를 파악해야 한다. 그래서 논둑에 3미터 또는 5미터 간격으로 LED 전구를 설치하여 논 내부 특정 지점의 x, y 좌표를 읽을 수 있게 했다. 노래하는 개구리가 발견되면 한 실험자는 x좌표 논둑에서, 다른 실험자는 y좌표 논둑에서 녀석의 위치를 표시한다. 또 2개의 마이크를 사용하여 개구리의 노래활동을 x, y 좌표에서 각각 녹음한다. 각 실험자의 좌표 정보와 녹음 기록이 일치할 때 노래하는 개구리의 위치 정보를 표시한다.

연구 결과 두 종은 같은 논 안에서도 서로 거리를 둔 채 노래한다는 사실이 확인되었다. 청개구리는 대부분 논둑에서, 또는 논둑으로부터 5

경기도 파주에서 진행된 수원청개구리와 청개구리의 노래 장소 차이점 연구. LED 전등을 이용하여 논둑에 좌표를 설정했다. 청개구리는 주로 논둑이나 논둑 가까운 지점에서, 수원청개구리는 논 한가운데서 노래했다. © Amaël Borzée

미터 이내의 거리에서 노래했다. 반면 수원청개구리는 논둑에서 안쪽으로 평균 12.07미터(±6.94m 표준편차) 정도 떨어져서 노래했다. 그러니까 청개구리는 논둑 근처에서, 수원청개구리는 논 한가운데서 노래했다는 뜻이다. 한 논에서 노래하는 청개구리와 수원청개구리 사이의 거리는 8.14미터(±3.89m 표준편차)였다. 두 종간의 생식격리가 유지될 수 있는 상당한 거리다.

청개구리와 수원청개구리가 노래하는 장소에서 니치의 분할이 있다는 결정적 증거이다.

수원청개구리가 벼를 부여잡는 이유

개구리는 노래를 부르는 장소에 따라 크게 세 종류로 나뉜다. 애완동물로 인기가 높은 아프리카발톱개구리는 물속에서 주로 생활하고 노래도 물속에서 한다. 이와 달리 대부분의 개구리들은 물에 둥둥 떠서 노래한다. 참개구리, 금개구리, 북방산개구리, 맹꽁이 같은 우리나라의 개구리들 역시 그렇다. 그런데 청개구리는 반드시 물 밖에서 노래를 부른다. 주로 논둑에서 노래하고, 논 안쪽일 경우에는 물 위로 튀어나온 진흙더미 위에서 노래한다.

경기도에 살고 있는 수원청개구리도 물 밖에서 노래한다. 논 한가운데에서 모나 풀을 부여잡고 노래하는 건 수원청개구리의 가장 특징적인 행동이기도 하다. 귀엽긴 하지만 한편으론 궁금해진다. 녀석들은 왜 그렇게 불편하고 우스꽝스러운 자세로 노래할까?

나는 수원청개구리가 모를 잡고 노래하는 게 청개구리에게 밀려서 논 한가운데로 쫓겨났기 때문이라고 해석한다. 논 중심부는 가장자리보다 수심이 깊고, 진흙더미처럼 물 위로 솟아 올라온 지지대도 없다. 노래를 하려면 어쩔 수 없이 모나 풀을 부여잡고 수면 위로 올라가야 한다. 바로 이런 이유 때문에 수원청개구리의 독특한 노래행동이 진화하지 않았을까 추측한다.

청개구리는 주로 논둑에서 노래하며 항상 수적 우세를 자랑한다. 이런 상황에선 청개구리의 합창이 수원청개구리의 노래를 압도하기 때문에 수원청개구리 암컷이 수컷을 찾기 어려울 수 있다. 만약 두 종 사이의 이종교배가 일어나면 수원청개구리가 피해를 더 많이 본다. 잡종이 생기더라도 청개구리 개체군은 규모가 커서 별 영향이 없지만, 개체 수가 적은 수원청개구리에겐 훨씬 큰 영향을 미칠 수 있다. 그러므로 수원청개구리는 청개구리와의 경쟁을 피하기 위해 가능하면 떨어져서 노래하려고 했을 것이다.

수원청개구리가 청개구리에게 밀려나 논 한가운데서 노래한다는 주장은 어디까지나 가설이고 더 연구해 볼 필요가 있다. 비록 가능성은 적지만, 오히려 청개구리가 수원청개구리와의 경쟁에서 밀려 논둑으로 쫓겨났을지도 모른다. 그렇지만 암컷이 산란을 하러 야산에서 논으로 이동한다는 점을 감안하면, 수컷으로서는 논둑에서 암컷을 기다리는 게 훨씬 유리하다. 그러므로 청개구리가 논 안의 수원청개구리에게 쫓겨나 논둑에서 노래한다는 가설은 설득력이 약하다.

노래하는 수원청개구리(위)와 청개구리(아래). 청개구리는 주로 논둑에 앉아서 노래하지만 수원청개구리는 논 한가운데서 벼를 부여잡고 노래한다. 이런 행동은 수원청개구리가 경쟁에서 밀려 논 안쪽으로 쫓겨났기 때문이라고 추측된다. © Amaël Borzée, 김현태

한 종의 수컷만 노래할 때와 두 종의 수컷이 같이 노래할 때 장소 선택이 어떻게 달라지는지 실험을 해 볼 필요가 있다. 만약 수원청개구리 수컷이 청개구리가 없을 때에는 논둑 근처에서 노래하다가 청개구리가 노래하면 논 한가운데로 이동한다는 연구 결과가 있다면, 수원청개구리가 청개구리에게 쫓겨났다는 가설이 더욱 힘을 얻을 것이다.

논의 주인은 청개구리

동물들은 주어진 환경에서 적합한 행동을 통해 생존과 번식에 유리한 방법을 찾아낸다. 비슷한 여건에 처한 두 종이라 하더라도 행동에 따라 생존과 번식의 방향이 서로 다를 수 있다. 그러므로 동물들이 어떻게 살아가고 있는지 이해하려면 반드시 그 동물이 살고 있는 현장에서 행동 연구를 해야 한다. 특히 한 마리 한 마리 밀착해서 졸졸 따라다니는 추적 연구가 가장 좋다. 이런 연구를 위해서는 관찰하는 종에 표식을 하여 개체를 구별해야 한다.

그러나 청개구리는 너무 작은 데다가 피부호흡을 하기 때문에 몸에 개체 표식을 하기 어렵다. 그리고 한번 숨으면 찾기 어려워서 추적하기가 힘들다. 그래서 우리는 산악지대에서 조난당한 사람을 구조할 때 사용하는 '리코recco'를 이용하여 청개구리 추적 연구를 진행했다. 리코는 스웨덴에서 개발된 것으로, 마이크로웨이브micro wave를 이용하여 조난자의 위치를 추적하는 장치다.

눈사태가 일어나 사람이 눈 속에 갇히면 구조대가 출동한다. 그러나 눈 속에 파묻힌 조난자의 위치를 파악하기는 매우 어렵다. 특히 조난자가 의식을 잃었을 경우엔 더욱 힘들다. 그래서 요즘은 스키복에 마이크로웨이브 반사판을 미리 박아 놓는다. 그러면 구조대가 리코 시스템을 이

리코를 이용한 청개구리와 수원청개구리 추적 연구. 대학원생이 들고 있는 노란색의 리코는 마이크로웨이브를 발생시킨다(왼쪽). 그것이 청개구리에 부착되어 있는 안테나(오른쪽)에 반사되어 돌아오면 리코에서 소리가 난다. 이를 통해 청개구리가 있는 방향과 거리를 추정할 수 있다. © Amaël Borzée

용하여 조난당한 사람을 찾을 수 있다. 마이크로웨이브가 스키복에 있는 반사판에 반사되어 되돌아오면 리코에서 소리가 난다. 구조대는 이 소리를 듣고 사람의 현재 위치를 파악한다. 리코는 아주 작고 간단한 반사판만 부착하면 되기 때문에 청개구리의 추적 실험에도 사용이 가능하다.

리코를 이용한 추적 실험을 통해 우리는 번식기 때 청개구리 수컷의 행동이 놀라울 정도로 규칙적이라는 사실을 알았다. 경기도 파주의 청개구리나 수원청개구리 수컷들은 밤에 논에서 노래를 이용한 번식행동을 하고 낮에는 풀이나 나무에서 휴식을 취한다. 녀석들은 해 질 무렵에 논으로 이동해서 대략 자정까지 노래활동을 하고, 자정에서 새벽 사이에 논에서 나와 근처의 풀이나 나무로 돌아간다. 그러다가 해가 지고 어스름해지면 어김없이 다시 논으로 이동한다.

이때 수컷은 그 전날 노래했던 위치를 정확히 기억하고 그리로 찾아간다. 크기가 3cm 정도밖에 안 되는 청개구리지만 놀라운 기억 능력이다.

비록 서류상의 논 주인은 따로 있겠지만, 적어도 4월부터 8월 초까지는 청개구리가 논의 실제 주인인 셈이다.

청개구리를 피해 다니는 수원청개구리

번식기 때 수컷들의 이동은 청개구리와 수원청개구리가 거의 비슷하다. 그러나 이동하는 시간대를 보면 수원청개구리가 청개구리를 피하고 있음이 분명하다. 파주에서 청개구리가 풀이나 나무에서 이동하여 논으로 들어가는 시각은 보통 오후 7시쯤이다. 그런데 수원청개구리가 논으로 들어가는 시각은 이보다 3시간이나 빠른 오후 4시다. 수원청개구리 수컷은 청개구리보다 한발 앞서 논에 들어가 청개구리의 방해를 받지 않고 노래한다.

나는 노래할 때 청개구리를 피하고 싶어 하는 녀석의 마음을 십분 이해할 수 있다. 봄부터 초여름에 이르기까지 우리나라 농촌은 온통 청개구리 노랫소리로 뒤덮인다. 크고 뚜렷한 청개구리 합창 속에서 수원청개구리가 제 목소리를 낼 수 있는 시간대는 청개구리가 아직 없는 오후 7시 이전뿐이다.

하지만 청개구리를 피하려는 수원청개구리의 노력은 자칫 스스로를 위험에 빠뜨릴 수 있다. 녀석들이 논으로 이동하는 오후 4시 무렵은 아직 밝은 대낮이라 조류 포식자들이 돌아다닌다. 이런 위험한 시간대에 움직이는 건 청개구리보다 일찍 노래함으로써 번식 성공률을 높이려는 수원청개구리의 목숨을 건 노력이다.

청개구리는 영어로 'tree frog'이다. 주로 나무에서 발견되기 때문에 붙은 이름이다. 청개구리 수컷은 정오쯤 나무로 와서 오후를 즐긴다. 나무 위 높은 곳으로 올라가서 푹 쉬다가 오후 5시 무렵에 나무를 떠나 논으

청개구리 수컷은 오후에 휴식을 취할 때 나무에서 지내기를 좋아한다. 또 비번식기 동안에는 주로 숲 속에서 생활한다. 청개구리는 주로 나무에서 발견되기 때문에 영어로 'tree frog'라 불린다. 사진 속 청개구리는 나무의 색에 맞춰 변색을 했다. ⓒ 장이권

로 간다.

수원청개구리 역시 낮에 가고 싶어 하는 곳은 나무인 것 같지만 문제는 청개구리다. 수원청개구리 수컷은 새벽 6시쯤 나무에 가서 시간을 보내다가 청개구리 수컷이 몰려오기 한 시간 전인 오전 11시쯤 일찌감치 나무에서 물러나 논둑의 풀로 옮겨 간다. 나무에서 시간을 보낼 때도 위쪽으로는 올라가지 않고 밑동만 사용할 뿐이다.

수원청개구리는 분명 청개구리 수컷들을 마주치기 싫어하는 것 같다. 밤에 논에서 노래를 할 때도 낮에 나무에서 휴식을 취할 때도, 녀석들은 어떻게든 청개구리를 피하려 한다.

현대농법에 취약한 수원청개구리

최근에 논둑을 걷다 보면 폭이 아주 좁다는 것을 종종 느낀다. 풀이 거의 없거나 아예 맨땅인 경우도 많다. 제초제 때문에 논둑의 풀들이 다 죽어 갈색으로 변해 있는 경우도 흔하다.

이렇게 논둑에 풀이 없으면 수원청개구리에게 몹시 불리하다. 추적 실험 결과에 따르면 수원청개구리는 낮에 주로 논둑의 풀에서 휴식을 취한다. 청개구리도 논둑의 풀을 가끔 이용하지만 주로 근처의 나무 위에 올라가 휴식을 취하는 것을 좋아한다. 그래서 논둑에 풀이 거의 없거나 제초제에 의해 죽어 있으면 수원청개구리가 낮에 휴식을 취할 장소가 없다.

전통적인 논둑을 보면 풀이 무성하고 옆에 배수로가 지나가기도 한다. 배수로에는 수초가 가득해 청개구리와 수원청개구리가 낮 시간 동안 안전하게 휴식을 취할 수 있다. 그러나 최근에는 논의 배수로가 대부분 콘크리트로 바뀌어 가는 중이다. 콘크리트 배수로는 비 온 직후가 아니면 늘 말라 있다. 갈라진 틈새에 드문드문 몇 포기의 풀이 있을 뿐이다. 배수로의 생태적 기능을 전혀 고려하지 않고 오직 배수 기능만 고려했기 때문이다.

수초가 많은 배수로는 흐르는 물을 정화시킬 수 있다. 논밭에서 나온 농약으로 오염된 물이라도 수초를 지나가면서 자연스럽게 정화가 된다. 또 수초는 다양한 곤충의 먹이가 되고, 개구리 역시 수초에 있는 곤충을 먹이로 이용할 수 있다. 논둑의 풀과 배수로의 수초는 낮에 시각포식자를 피해야 하는 개구리의 이상적인 휴식처이다.

농촌의 배수로는 단지 물이 지나가는 통로가 아니라 농생태계의 생물 다양성을 유지시키는 중요한 기능을 하는 생명의 물길이다. 콘크리트로 뒤덮인 잿빛 배수로는 이 점을 고려해서 다시 설계되어야 한다.

제초제를 살포하여 갈색으로 변한 논둑의 풀(왼쪽). 이와 달리 수원청개구리가 살고 있는 논의 논둑에는 풀이 무성하다(오른쪽). 수원청개구리는 휴식과 월동을 논둑에서 한다고 알려져 있다. ⓒ 장이권

현대농법은 청개구리와 수원청개구리가 공존하는 길을 가로막는 결정적 장애물일 수도 있다. 논둑에 풀이 많고 배수로에 수초가 있을 때는 청개구리와 수원청개구리가 서로 부딪치지 않고 살아갈 공간이 충분했을 것이다. 그러나 논둑이 좁아지고 콘크리트 배수로가 들어서면서 서식처가 협소해졌고, 청개구리와 수원청개구리가 서로 부딪칠 가능성도 그만큼 높아졌다. 어쩌면 그것 때문에 가뜩이나 경쟁에서 밀리는 수원청개구리가 청개구리에게 더 빠르게 자리를 내주고 있는지도 모르겠다. 이 점에 대해서도 연구가 필요하다.

청개구리 추적 실험은 매우 고되고 힘들었다. 낮에는 그늘 한 점 없는 땡볕에서, 밤에는 모기에 무방비로 뜯기면서 한 개체당 72시간을 쫓아다니는 강행군을 했다. 이 연구를 수행하는 동안 학생들은 논둑 위에서 숙박을 하며 버텨야 했다. 근처에 숙소를 잡아 두긴 했지만 그곳에서 편안하게 잠을 잘 수 있었던 건 오직 연구 장비들뿐이었다. 우린 잠시도 연구 현장을 벗어날 수 없었기 때문이다.

처음에는 맨땅에 간단한 깔개를 놓고 쪽잠을 잤고, 낮에는 아무 데나

말라 있는 콘크리트 배수로(왼쪽)와 전통적인 배수로(오른쪽). 전통적인 배수로는 수초가 무성하여 개구리가 피난처와 사냥터로 이용할 수 있다. 수초는 흐르는 물을 정화시키고 농생태계의 생물다양성을 유지시킨다. ⓒ 장이권

드러누워 쉬었다. 그러나 한낮의 햇빛은 좀처럼 견디기가 힘들었다. 그래서 커다란 파라솔을 세워 놓고 그 아래서 휴식을 취했다. 아주 힘든 실험이지만 동시에 아주 소중한 경험이기도 하다. 한 학생은 밤새워 추적 실험을 한 뒤 파라솔 아래서 뜨는 해를 다섯 번 보았다고 한다.

지금까지 수원청개구리 연구를 위해 온갖 궂은일도 마다 않고 연구를 해 온 우리 실험실의 학생들에게 감사드린다. 그들 덕분에 이 책을 쓸 수 있었다.

청개구리 추적 실험 중 파라솔에서 휴식을 취하는 학생들. © Amaël Borzée

스스로 자유를 찾은 삼팔이

2013년에 수행된 '남방큰돌고래 방류 사업'은 수족관에서 돌고래 공연을 하던 남방큰돌고래 3마리를 야생에 방류하는 일이었다. 먼저 삼팔이와 춘삼이가 4월 8일에 제주도 성산항에 있는 가두리로 이송되었고, 5월 11일에는 제돌이도 여기에 합류했다.

이 사업을 진행하면서 여러 번 우여곡절이 있었지만 그중에서도 가장 기억에 남는 건 삼팔이의 가두리 이탈 사건이었다. 삼팔이와 춘삼이가 가두리로 이송되고 두 달이 훨씬 지난 2013년 6월 22일. 그때 나는 2박 3일간의 이화여대 생명과학과 야외 실습을 마치고 학생들과 같이 제주 공항으로 가는 길이었다. 가두리에서 현장 연구를 하고 있는 대학원생으로부터 전화가 걸려 왔다. "삼팔이가 가두리에서 이탈했어요!" 거의 숨이 넘어갈 듯 다급한 목소리였다.

버스에서 내려 택시로 갈아타고 가두리가 있는 성산항으로 달려갔다. 가는 내내 여러 생각들이 교차하면서 머리가 복잡해졌다. 다시 가두리로 들여보낼 수 있을까? 삼팔이가 포구를 벗어나면 어떻게 하지? 과연 야생에서 잘 살 수 있을까? 그 동안 재활훈련을 잘 진행해 오긴 했지만, 마음의 준비도 없이 갑작스레 실전의 검증을 받게 되었다.

급히 성산항에 도착했지만 배가 가두리에 가려면 1시간 정도 더 기다려야 했다. 바로 몇백 미터 앞에 있는 가두리에서 분주히 움직이는 연구진이 보였지만 항구에서 기다리는 수밖에 도리가 없었다. 잠시 후, 돌고래 공연업체에서 삼팔이를 담당했던 조련사와 같이 배를 타고 가두리로 갔다.

다행히 삼팔이는 아직 가두리 근처에서 놀고 있었다. 바로 10여 미터 앞에서 아무 일 없다는 듯 유영하고 있는 삼팔이를 조련사가 바닷물을 손으로 쳐서 불렀다. 신기하게도 녀석은 우리에게 가까이 다가왔다. 그러나 모습을 보여 준 것은 잠깐뿐, 다시 바닷속으로 들어가 보이지 않았다.

얼마 후 삼팔이는 다시 수면 위로 떠올랐다. 지나가는 선박을 쫓아 포구 안쪽으로 들어가고 있었다. 한참을 뒤쫓다가 다시 우리가 있는 방향으로 유영하였다. 그때까지만 해도 연구진은 녀석이 돌아오지 않을까 하는 희망의 끈을 놓지 않고 있었다. 그러나 가두리를 벗어난 삼팔이는 이미 우리 인간의 소유가 아니었다. 다시 포구 밖으로 나가는 선박을 뒤쫓기 시작하더니만, 파도타기를 하면서 잠깐 등지느러미를 보여 준 뒤 물속으로 사라져 버렸다.

삼팔이는 이렇게 스스로 속박을 풀고 자유를 찾아 고향인 제주 앞바다로 돌아갔다. 이제 삼팔이의 운명은 삼팔이가 결정할 뿐이다.

삼팔이가 이탈하자 남방큰돌고래 방류에 책임을 지고 있는 분들은 걱정이 이만저만이 아니었다. 그러나 언론과 일반인들의 반응은 좀 달랐다. 부정적인 의견보다는 뭔가 재미있는 일이 벌어졌다는 듯한 분위기였다.

며칠 후 삼팔이가 남방큰돌고래 무리에 합류하여 모슬포 앞바다에서 발견되었을 때, 나는 녀석이 너무나도 자랑스러웠다. 우리가 노심초사하

제주도 성산항 가두리에서 야생 순응 훈련 중인 삼팔이(왼쪽). 삼팔이가 성산항 포구를 벗어나는 것을 넋을 잃고 쳐다보는 연구진(오른쪽). 2013년 6월 22일 삼팔이는 성산항의 가두리를 이탈하여 포구 밖으로 사라졌다. ⓒ 장수진, 장이권

며 걱정하던 마음을 한낱 기우로 날려 보낸 것이다. 삼팔이가 해냈구나! 짜식, 정말 잘 했어!

입을 열지 않고 말하는 돌고래

삼팔이가 가두리를 이탈하기 며칠 전 북태평양 먼바다에 태풍이 지나 갔다. 제주도 날씨엔 별 영향이 없었지만 바다 날씨는 그렇지 않았다. 태 풍의 영향을 받아 성산항 포구 내의 바닷물도 요동을 치기 시작했다.

가두리는 그물로 둘러싸여 있는데, 가두리 밑부분의 그물이 바닷물의 요동에 따라 이리저리 휩쓸렸다. 그물은 바다 바닥에 거의 닿아 있기 때 문에 그렇게 움직이다 보면 바닥의 바위에 의해서 찢기기도 한다. 아니 나 다를까, 이리저리 끌리던 그물에 약 30cm의 구멍이 뚫려 버렸다.

가두리는 직경이 30미터고 깊이는 7미터 정도다. 바닷속에서는 수심 이 몇 미터만 되어도 시야가 흐려 잘 보이지 않기 때문에 가두리 바닥에 있는 작은 구멍을 찾는 건 절대 쉬운 일이 아니다. 그런데 삼팔이는 어떻게 이 작은 구멍을 금방 찾아낼 수 있었을까?

돌고래는 바다에 살고 있는 포유류이며 육지 포유류와 마찬가지로 소리를 이용하여 의사소통을 한다. 돌고래는 주로 초음파를 이용하는데, 초음파는 주파수가 아주 높아서 우리가 잘 듣기 어렵다. 돌고래가 초음파를 내보내면 이 초음파가 장애물이나 먹이에 부딪쳐 되돌아온다. 돌고래는 이 되돌아오는 소리, 즉 메아리를 듣고 전방에 있는 물체를 인식할 수 있다. 삼팔이 역시 초음파를 이용해서 가두리 그물의 틈새를 찾은 것이다.

물속에서 소리를 이용한 의사소통은 공기 중에서 할 때와 많은 차이점이 있다. 육지에 살고 있는 포유류는 목에 있는 성대에서 소리를 만든다. 그런데 성대는 반드시 숨을 내쉴 때만 소리를 생성한다. 지금 한번 숨 들이마시면서 말하기를 시도해 보라. '흐으윽' 하고 숨을 들이마시는 소리 이외에는 전혀 말을 할 수 없다.

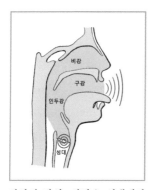

사람의 발성. 사람은 성대에서 소리를 만들고 이 소리는 구강, 비강 또는 인두강에서 말로 다듬어진다. 이 말을 내보내려면 입을 열어서 성대부터 생체조직 외부까지 공기 통로를 만들어 주어야 한다. 그림:홍연우

성대에서 생성된 소리는 구강, 비강 또는 인두강에서 말로 다듬어진다. 이 말을 내보내려면 입을 열어야 한다. 공기와 생체조직은 밀도 차이가 크다. 성대에서 생성된 소리가 생체조직에 부딪치면 마치 축구공이 땅바닥에 부딪친 것처럼 반사되어 버린다. 그러므로 우리가 말을 할 때는 입을 열어서 성대에서부터 입 밖까지 공기 통로를 만들어 주어야만 소리를 밖으로 내보낼 수 있다.

돌고래는 음성입술phonic lips에서 소리를 생성하는데, 음성입술은 숨을 내쉬

는 분수공과 호흡을 하는 폐 중간에 위치한다. 육지 포유류와 달리 돌고 래는 말을 할 때 입을 열지 않는다. 생명체의 생체조직은 거의 물로 구성 되어 있어서 물과 생체조직의 밀도가 비슷하기 때문이다. 물속에서 만들 어진 소리는 생체조직을 만나도 반사되지 않고 그대로 통과한다. 그래서 돌고래는 입을 열지 않고도 말을 할 수 있다.

음향렌즈로 초음파 빔을 쏘는 돌고래

돌고래가 초음파를 이용하여 장애물이나 먹이를 찾을 땐 한 가지 문 제점이 발생한다. 우리는 말이 입 속에서 나오기 때문에 말이 나아가는 방향을 마음대로 조절할 수 있다. 말을 하고 싶은 방향으로 머리를 돌리 면 된다. 그런데 물속에서는 소리가 생체조직을 그대로 통과하므로, 만 들어진 소리가 한쪽 방향으로 모아지지 않고 사방으로 흩어지게 된다.

돌고래는 초음파를 내보내고 그것이 물체에 반사되어 돌아오는 소리 를 듣는다. 메아리가 온다는 건 근처에 어떤 물체가 있다는 것을 의미한 다. 돌고래가 유영할 때 전방에 있는 장애물은 반드시 피해야 하지만 옆 에 있는 장애물은 그리 큰 문제가 안 된다. 먹이를 찾을 때도 먹이를 반 드시 전방에 두어야 한다. 돌고래는 앞쪽을 향해 유영할 때 속도가 가장 빠르기 때문이다.

그런데 음성입술에서 만들어진 소리가 사방으로 퍼진다면 앞쪽뿐 아 니라 옆에 있는 장애물의 정보까지 같이 되돌아오게 된다. 그런 정보는 딱히 필요 없기도 하거니와, 앞으로 유영하는 데 오히려 방해가 될 수도 있다.

돌고래는 이 문제를 음향렌즈를 통해서 해결한다. 우리가 야외에서 볼록렌즈를 태양 방향으로 맞추면 태양빛이 렌즈를 통해 한곳으로 모이

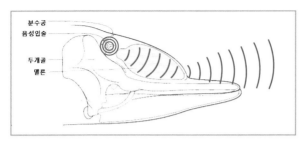

돌고래의 발성. 돌고래는 음성입술에서 초음파를 생성하여 멜론을 통해 내보낸다. 지방질의 멜론은 물과 밀도가 달라 소리를 굴절시킬 수 있고, 이를 통해 돌고래는 소리를 일정한 방향으로 모아서 쏘아 보낼 수 있다. 그림:홍연우

면서 엄청난 열이 발생한다(빛→렌즈→초점). 돌고래의 소리 전달 과정은 이것과 정반대의 경로를 거친다(초점→렌즈→소리). 소리를 생성하는 음성입술은 빛이 집중된 볼록렌즈의 초점에 해당한다. 음성입술에서 만들어진 소리는 렌즈 역할을 하는 멜론melon을 거쳐 물 밖으로 나간다.

멜론은 돌고래의 이마 아래에 위치하고 있는데, 거의 지방질이어서 물과 밀도 차이가 크다. 그래서 음성입술에서 만들어진 소리가 멜론을 거치는 동안 소리의 방향이 바뀐다. 돌고래의 멜론은 대형 렌즈처럼 크고 둥글어서 소리를 일정한 방향으로 모을 수 있다. 이 음향렌즈를 거친 돌고래의 초음파는 앞쪽으로 쭉쭉 뻗어 나가기 때문에 흔히 '빔beam' 또는 '초음파 빔'이라 불린다.

돌고래를 보면 이마 부분이 유난히 두툼하게 튀어나와 있다. 바로 거기에 초음파 빔을 만들어 내는 커다란 멜론이 부착되어 있기 때문이다.

최근 연구에 의하면 돌고래는 한 번에 두 종류의 초음파 빔을 만들어서 동시에 사용한다. 두 개의 초음파 빔은 서로 다른 주파수를 가지고 있고, 돌고래는 각각의 빔을 서로 다른 방향으로 쏘아 보낼 수 있다. 삼팔이는 분명 두 개의 초음파 빔을 이용하여 어두운 바닷속에서도 지형

지물을 정확하게 탐지할 수 있었을 것이다. 이를 통해 가두리의 조그만 틈새를 발견하고 유유히 탈출할 수 있었다.

이합집산의 사회구조를 이루는 돌고래

남방큰돌고래는 인도양과 서태평양의 열대 및 온대 해역에 주로 서식한다. 우리나라에서는 오직 제주도 앞바다에서만 발견된다. 주로 해안선으로부터 몇백 미터 이내에서 돌아다니기 때문에, 운이 좋으면 제주도 해안도로에서 맨눈으로도 유영하는 돌고래들을 볼 수 있다.

돌고래는 혼자서도 돌아다니지만 대개는 무리를 이루고 살아간다. 보통 서너 마리에서 십여 마리 사이지만 가끔 수십, 수백 마리가 함께 몰려다닐 때도 있다. 대규모 돌고래 무리가 일으키는 새하얀 파도가 장관을 이루기도 한다.

돌고래는 무리의 크기나 구성원이 수시로 바뀌는 전형적인 이합집산의 사회구조fission-fusion society를 이룬다. 어미와 새끼처럼 유전적으로 가까운 소규모의 돌고래들은 비교적 오랜 기간 동안 같이 움직인다. 소규모 돌고래 무리들이 필요에 따라 모이면서 큰 무리를 이루기도 한다. 수컷 돌고래들이 무려 15년 넘게 동맹을 유지한 사례도 있다.

돌고래의 짝짓기는 암컷의 협조가 없으면 불가능하다. 빠르게 움직이며 도망갈 수 있는 암컷은 수컷에게 짝짓기할 기회를 좀처럼 주지 않는다. 그래서 수컷들은 연합전선을 구축하여 암컷 돌고래를 추적한다. 암컷을 발견하면 수컷들은 그 주위를 박스 모양으로 에워싸고, 암컷이 지쳐서 짝짓기에 응할 때까지 함께 유영한다. 이와 같은 수컷들의 동맹은 짝짓기에 필수적이다.

돌고래는 짝짓기뿐만 아니라 사냥을 위해서도 무리를 짓는다. 미국 플

삼팔이(가운데)가 가두리에서 탈출한 뒤 무리에 합류하여 이동하고 있다. 남방큰돌고래는 혼자 다닐 때도 있지만 대개 무리를 지어서 이동한다. 2013년 8월 13일. ⓒ 장수진

로리다에 서식하는 큰돌고래는 협동 사냥으로 유명하다. 플로리다의 멕시코만 연안은 아주 얕은 바다이다. 먼저 큰돌고래 몇 마리가 일직선으로 대오를 맞추어 바다에서 연안으로 다가간다. 그중 한 마리가 앞서 나가 원을 그리며 유영하면서 꼬리로 바닥을 세게 친다. 그러면 바다에서 뿌연 진흙이 버섯구름처럼 솟아 올라오고, 시야가 가려진 물고기들은 그곳을 통과하지 못한다. 일종의 버섯구름 덫에 걸린 것이다.

　사냥감들을 덫에 가둔 돌고래들은 나선형으로 원을 점점 좁혀 간다. 물고기들은 도망가려고 허겁지겁 공중으로 뛰어오르지만, 녀석들이 떨어지는 곳은 바로 뒤에서 대오를 맞춰 따라오는 돌고래들의 입 속이다.

인간과 접촉이 잦은 돌고래

지구에는 40여 종의 돌고래가 있다. 대부분의 돌고래들은 연안에서 생활하기 때문에 인간과 접촉이 잦은 편이다. 브라질의 라구나에서는 예전부터 돌고래와 인간이 서로 협동하여 물고기를 사냥해 왔다. 돌고래는 몰이꾼, 어부는 사냥꾼이다.

일단 돌고래 무리가 앞바다에서 해안 쪽으로 물고기들을 몰고 온다. 물고기들이 해안에 가까워지면 돌고래는 머리나 꼬리를 쳐서 기다리고 있던 어부들에게 신호를 보낸다. 그러면 어부들이 때맞춰 투망을 던져 물고기를 사냥하고, 돌고래는 이 혼란의 와중에서 헤매는 물고기를 잡아먹는다. 이런 협동 사냥은 돌고래와 인간 모두에게 이익이어서, 양측은 지난 수백 년간 이 관계를 유지하고 있다.

아쉽게도 돌고래와 인간의 접촉이 이렇게 우호적으로 마무리되는 경우는 드물고, 대부분은 서로간의 충돌로 이어져 불행한 결말을 초래한다. 돌고래와 인간은 비슷한 종류의 어류를 선호하므로 서로 먹이를 두고 경쟁할 수 있다. 그러다 보면 인간이 쳐 놓은 정치망 같은 그물에 유인되어 애꿎은 돌고래가 희생되기도 한다.

그러나 돌고래와 인간이 충돌하는 가장 큰 원인은 어쩌면 돌고래가 너무 귀엽기 때문인지도 모른다. 커다랗고 둥근 돌고래의 이마는 인간의 눈에는 귀여움 그 자체다(제4장 '귀여움은 아기의 최고 생존전략' 참조). 이런 모습에 매료되어 인간은 돌고래를 주위에 묶어 두려고 한다. 마치 애완동물이나 가축처럼.

연안에서 살아가는 돌고래에게는 초음파를 이용한 의사소통이 아주 중요하다. 연안은 수심이 얕고 암초와 같은 장애물들이 널려 있어서 안전하게 이동하기가 어렵다. 뿐만 아니라 돌고래의 먹이가 되는 어류들은 빠르게 움직이기 때문에, 장애물을 피하면서 먹이를 찾기가 쉽지 않다.

돌고래는 이 어려운 문제를 해결하기 위해 초음파 통신을 발달시켰다. 효과적인 초음파 통신을 위해 돌고래는 소리를 한곳으로 모으는 멜론을 이마에 지고 다녀야 한다. 크고 볼록한 이마는 돌고래의 가장 큰 특징이고 인간에게도 관심과 사랑의 대상이지만, 동시에 돌고래들이 인간에게 시달리는 원인이 되기도 한다.

장난꾸러기지만 우등생이었던 삼팔이

돌고래는 초음파를 이용하여 시야가 흐릿한 바닷속에서 돌아다닐 수 있고 사냥도 할 수 있다. 그리고 가두리 그물에 생긴 조그마한 틈도 찾아내서 도망갈 수 있다. 그런데 왜 하필이면 제돌이도 아니고 춘삼이도 아닌 삼팔이가 가두리에서 탈출했을까?

남방큰돌고래 방류 사업을 수행하면서 나는 돌고래에 관한 많은 정보와 지식을 얻게 되었다. 특히 흥미로웠던 건 돌고래 세 마리의 성격과 운동 능력이 서로 달랐다는 점이다.

삼팔이는 무척 호기심이 많았고 늘 놀기 좋아했다. 해조류를 지느러미에 걸고 돌아다니다가 나중에는 입으로 물고 다니며 장난을 쳤다. 물고기를 물고 다니다 집어던진 후 쫓아가거나 물속에 가라앉게 한 후 지켜보기도 했다. 가두리에 낯선 물체나 물고기가 나타났을 때 제일 먼저 눈치 채는 것도 삼팔이였다. 삼팔이가 새로운 놀이를 개발하면 제돌이와 춘삼이는 신이 나서 따라하곤 했다.

방류 사업 기간 동안 우리는 돌고래들을 방류했을 때 스스로 살아갈 능력이 있는지 판단할 자료를 수집하기 위해 돌고래의 사냥 능력과 운동 능력을 매일같이 측정했다. 삼팔이는 셋으로 이루어진 이 학급에서 가장 뛰어난 학생이었다. 현장 연구진들은 "다른 돌고래는 몰라도 삼팔이

해조류를 등지느러미에 걸치거나 입에 물며 놀고 있는 삼팔이. 녀석은 가두리에서 야생 순응 훈련을 받은 세 마리의 돌고래 중 가장 장난꾸러기였다. ⓒ 장수진

는 당장 방류해도 잘 살 것"이라고 수군대곤 했다. 나는 가두리 그물 사이로 빠져나간 돌고래가 삼팔이였던 게 절대 우연이라고 생각하지 않는다.

삼팔이는 가두리에서 탈출한 뒤 불과 며칠 만에 야생의 돌고래 무리 속으로 들어갔다. 이에 비해 제돌이와 춘삼이는 무리에 합류하는 데 몇 주가 걸렸다. 나는 삼팔이가 제 동족들을 그렇게 빨리 찾아낸 것도 결코 우연이 아니라고 생각한다. 호기심 많은 장난꾸러기 삼팔이가 야생 생존 능력이 가장 뛰어난 것은 너무나 당연한 일이기 때문이다.

현재 삼팔이는 제돌이, 춘삼이와 같이 야생 돌고래 무리에 합류하여 잘 살고 있다. 이제 녀석에게 내가 바라는 건 딱 하나다. 조만간 귀여운 새끼 돌고래와 함께 나란히 제주도 앞바다를 누비는 것이다.

잘 노는 아이가
사회에 잘 적응한다

포유류의 유청소년기는 놀이행동으로 특징지어진다. 특히 우리 인간이 속한 영장류는 포유류 중에서 가장 장난기가 많고 놀기 좋아한다. 조류나 파충류 및 다른 분류군에서도 놀이행동이 알려져 있기는 하다. 그러나 유청소년기에서 놀이행동이 차지하는 시간이나 다양성으로 따지면 포유류, 그중에서도 영장류를 따라올 동물이 없다.

놀이행동은 동물행동학에서 줄곧 무시되어 왔다. 말 그대로 '애들 장난' 정도로 치부되었기 때문이다. 그러나 최근 연구 결과에 의하면 놀이는 유청소년기 두뇌 성장을 촉진할 뿐 아니라 사회에 잘 적응하는 능력을 심어 주는 최고의 방법으로 알려지고 있다.

영장류의 긴 유청소년기와 큰 두뇌

우리 인간은 더디게 살아간다. 다른 동물에 비해 젖을 떼는 시기도 늦고 첫 생식을 하는 시기도 늦다. 덕분에 인간의 수명은 다른 동물들보다 굉장히 길다. 이렇게 더디게 살아가는 이유는 유난히도 긴 유청소년기 때문이다.

유청소년기는 유년기와 청소년기를 합한 기간이다. 유년기는 젖을 뗀 이후인 세 살부터 스스로 보살필 수 있는 일곱 살 정도까지고, 청소년기는 일곱 살부터 생식을 시작하는 시기까지다. 사람이 생식을 하는 시기는 보통 19세로 잡는다.

물론 그 이전에도 생식을 할 수는 있다. 그렇지만 인간을 포함한 동물들은 생식 시기를 결정할 때 신체적인 번식 능력뿐 아니라 번식을 가능하게 하는 생태적 또는 경제적 여건도 함께 고려한다. 그래서 자손을 양육할 때 많은 노력이 들어가는 동물들의 생식 시기는 번식 가능한 시기보다 한참 후이다.

자식 양육에 엄청난 투자를 하는 현대 인류만 유청소년기가 길고 생식 시기가 늦어지는 것은 아니다. 연구에 따르면 수렵채집 사회의 평균 번식 시기도 19세이다(Marlowe 2005). 또 인간이 포함된 영장류는 포유류 중에서도 유청소년기가 매우 길다. 예를 들면, 침팬지의 첫 번식 시기는 13세다. 그러나 침팬지보다 몸무게가 세 배나 무거운 사자는 3세 이전에 첫 번식을 한다.

일반적으로 몸이 크면 유청소년기가 길다(Jones et al. 2009). 그러나 체격을 감안하더라도 영장류의 유청소년기는 굉장히 긴 편이다.

긴 유청소년기와 더불어 영장류의 또 다른 특징은 큰 두뇌다. 우리 몸의 대부분의 특징들은 몸 크기와 상관관계가 있다. 예를 들면 몸이 큰 동물일수록 심장이 크다. 또 큰 동물일수록 심장이 천천히 뛴다. 이 같은 형태(심장의 크기)나 생리(심장박동 수)적 형질뿐 아니라 수명이나 번식 같은 생활사 형질도 몸 크기와 깊은 관계가 있다. 예를 들면 몸이 큰 동물일수록 더 오래 산다.

　마찬가지로 두뇌의 크기를 몸 크기와 비교해도 뚜렷한 경향이 나타난다. 영장류뿐 아니라 대부분의 동물에서 두뇌의 크기는 몸이 클수록 크다. 그래서 두뇌의 크기를 몸 크기에 비교해 예측할 수 있는데 이것을 EQ(Encephalization Quotient)라 한다(Balter).

　고양이는 EQ가 1이다. 몸의 크기에 비례하는 적당한 크기의 두뇌를 가지고 있다. 쥐나 토끼는 EQ가 0.4 이하이므로 몸에 비해 두뇌가 작다. 사회집단이 잘 발달된 돌고래의 EQ는 4가 넘는다. 침팬지의 EQ는 2.5이고, 사람은 EQ가 무려 7.5에 가깝다. 사람의 뇌는 평균 1.5kg으로 우리 몸에 비해 엄청나게 크고, 다른 영장류에 비해서도 엄청 크다.

　긴 유청소년기와 큰 두뇌는 서로 밀접한 관계가 있다. 두뇌의 크기가 클수록 유청소년기가 길다(Joffe 1997). 이 상관관계는 상당히 견고하다. 많은 학자들이 여러 가지 통계 기법을 이용하여 결점을 찾으려 했지만 실패했다. 지금은 긴 유청소년기와 큰 두뇌가 영장류의 가장 중요한 특징으로 널리 인정된다.

　그런데 이 두 특징은 영장류에 대한 이해를 어느 정도 돕긴 했지만 많은 영장류학자나 심리학자들을 더 큰 고민으로 몰아넣었다. 영장류가 왜 이런 특징을 가지게 되었는지 설명하기가 매우 어렵기 때문이다.

　긴 유청소년기와 큰 두뇌는 생존과 번식에 불리하게 작용할 수 있다. 사자는 유청소년기가 짧기 때문에 암사자는 3살이 되면 새끼를 낳을 수 있다. 이에 비해 침팬지는 첫 번식을 하려면 13년을 기다려야 하고, 사람은 무려 19년이 지나야 한다. 같은 조건이라면 유청소년기가 짧을수록 번식에 유리하다.

　유청소년기가 길어지면 부모가 자식에게 쏟아 붓는 시간과 노력이 길어지고, 영장류의 부모는 그만큼 번식의 기회가 줄어든다. 자식들 간의 터울도 길어지고, 한 번에 낳을 수 있는 새끼의 수도 줄어든다. 또 청소

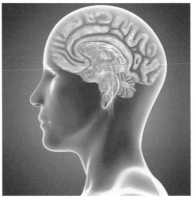

사람은 다른 동물에 비해 굉장히 긴 유청소년기를 가지고 있다(왼쪽). 또 아주 크고 비용이 많이 드는 두뇌를 가지고 있다. 두뇌는 우리 체중의 약 2%를 차지할 뿐이지만 우리 몸에서 필요로 하는 칼로리의 20%를 요구한다(오른쪽). ⓒ 장이권, 위키피디아

년기의 영장류들은 굶어 죽거나 포식자에 잡아먹힐 가능성이 어른들보다 훨씬 높다. 그러므로 언뜻 보면 영장류의 긴 유청소년기는 번식에 유리해 보이지 않는다.

큰 두뇌도 마찬가지로 생존과 번식에 불리할 수 있다. 두뇌는 우리 체중의 약 2%를 차지할 뿐이지만 우리 몸에서 필요로 하는 칼로리의 20%를 소비한다. 그러니까, 우리 몸에서 유지비가 제일 많이 드는 비싼 조직이다.

물론 인류는 큰 두뇌를 이용하여 고도의 문명사회를 만들어 냈다. 그렇지만 많은 동물들이 작은 두뇌를 가지고도 전혀 문제없이 잘만 살아간다. 큰 두뇌처럼 생존이나 번식에 불리하고 비용도 많이 드는 특징은 진화 과정에서 사라지는 게 일반적이다.

우리 인류는, 그리고 영장류는 왜 비용이 많이 드는 큰 두뇌를 유지할까? 왜 우리는 번식에 불리한 유청소년기가 이렇게 길까? 이 질문은 이렇게 바꿀 수도 있다. 긴 유청소년기와 큰 두뇌는 우리가 살아가는 데 어떤 도움을 줄까?

복잡하고 변화무쌍한 영장류 사회

영장류의 긴 유청소년기와 큰 두뇌에 대한 설명은 크게 생태적 가설과 사회적 가설로 나뉜다(Walker et al. 2006). 생태적 가설은 주로 먹이활동의 복잡성과 관련이 있다.

영장류 사회에서 스스로 먹이활동을 하려면 주변 환경과 먹이에 대한 방대한 인지능력이 필요하다. 유청소년이 독립하여 야생에서 스스로 먹고 살기란 쉽지 않다. 먹이가 되는 동식물은 일정하지 않고 계절에 따라 다르게 출현한다. 그래서 사냥 기술과 채집 기술이 먹이에 따라 달라진다. 때로는 엄청나게 많은 먹이들이 한꺼번에 나타나기도 하지만 순식간에 사라지기도 한다. 그러므로 먹이의 출현에 대한 예측을 해야 하고, 필요한 만큼의 먹이를 가공하거나 저장할 줄도 알아야 한다.

인간 사회에 비유하자면, 청소년들이 경제적 능력을 갖춰 독립적으로 생활하기는 매우 어렵다. 본인과 가족을 부양할 수 있는 직업을 가지려면 전문적인 지식이나 기술을 오랫동안 습득해야 한다. 이런 어려움들, 즉 먹이활동과 같이 복잡한 생태적 문제를 해결하기 위해 영장류에게 큰 두뇌와 긴 유청소년기가 필요하다는 게 생태적 가설이다.

초식동물은 식물을 먹이로 삼는다. 섭취하는 식물 부위에 따라 잎을 먹는 동물folivores, 과일을 먹는 동물frugivores, 꽃꿀을 먹는 동물nectarivores, 씨앗을 먹는 동물granivores, 목재를 먹는 동물xylophages 등으로 세분할 수 있다(wikipedia; herbivore). 초식성 포유동물은 대부분 잎을 먹는다. 식물의 잎은 육상생태계에서 흔하게 발견할 수 있기 때문에 먹이원으로 매우 중요하다.

그러나 식물의 잎은 소화하기 힘든 섬유소를 함유하고 있고, 상대적으로 열량이 적고, 심지어 독소가 있을 수도 있다. 이에 비해 과일은 동물들이 곧바로 에너지로 이용할 수 있는 탄수화물이 풍부하고 소화도 수월하다. 대신 1년 중 특정한 시기에만 먹을 수 있고 금방 상해 버릴 수도 있다. 그러므로 과일을 주로 먹는 동물은 과일이 익는 시기를 예측해야 하고, 과일이 열리는 시기와 장소에 맞춰 끊임없이 이동해야 한다.

영장류는 먹이에서 과일이 차지하는 비중이 다른 포유동물에 비해 높다. 생태적 가설에 따르면, 과일 출현에 관한 시간적·공간적 지식을 충분히 습득하기 위해 영장류는 큰 두뇌와 긴 유청소년기를 갖는다.

사회적 가설은 긴 유청소년기와 큰 두뇌가 영장류 사회의 복잡성과 관련이 있다고 강조한다. 많은 동물들이 사회를 이루어 살아가지만, 영장류 사회는 다른 어떤 동물사회보다도 복잡하고 변화가 많다.

사회성 곤충은 구성원의 수나 다양성에서 영장류 사회를 압도한다. 그러나 사회성 곤충은 비록 수는 많지만 각 개체의 역할이 대부분 유전적으로 결정되고, 한 번 결정되면 바뀌지 않는다. 가령 꿀벌 사회에서 암컷은 여왕벌 아니면 일벌인데, 이들의 역할은 평생 변하지 않고 처음 그대로이다.

이에 비해 영장류 사회에서는 개인의 역할이 바뀔 수 있다. 또한 개인과 개인 간의 관계가 무척 중요하다. 같은 사회집단 내에서도 긴밀한 유대관계를 맺는 대상이 있는가하면, 관계가 느슨하거나 아예 무시하는 대상도 있다. 경우에 따라 특정 상대와 적극적으로 연대할 수도 있고, 남이 그와 연대하지 못하게 방해할 수도 있다. 강자가 힘으로 사회 전체를 압도할 수 있지만, 약자들이 서로 동맹을 맺어 강자를 누를 수도 있다. 그래서 우리는 누가 누구를 만나고 있는지, 누가 무엇을 하는지 늘 알고 싶어 한다. 이런 정보들은 사회 구성원의 수가 많을수록 기하급수적으로 늘어난다. 크고 변화무쌍한 영장류 사회에서 살아가려면 그런 대량의 정보를 효과적으로 처리해야 하므로 큰 두뇌가 반드시 필요하다.

이런 내용을 담은 사회적 가설은 흔히 '사회적 뇌 가설social brain hypothesis'로도 불린다. 크고 복잡한 사회집단에서 잘 적응하며 살아가기 위해 영장류에게 큰 두뇌가 필요하다는 것이다.

영장류의 두뇌는 몸에 비해 무척 크지만 두뇌의 모든 부위가 커진 것은 아니다. 두뇌 중에서도 대뇌, 대뇌 중에서도 신피질이라 불리는 부분이 다른 동물들에 비해 비약적으로 커졌다.

신피질은 대뇌의 바깥 부분으로서 쭈글쭈글하게 굴곡진 모양을 하고 있다. 이 부위는 감정을 조절하고, 모든 정보를 종합하고, 고차원적 사고를 하며, 계획을 세우고, 최종 결정을 내리는 곳이다. 기업으로 치면 최고경영자(CEO)라 하겠다. 영장류의 유난히 큰 신피질은 사회의 복잡성과 관련이 있는 것으로 보인다.

그런데 사회의 복잡성을 단순한 수치로 나타내기는 참 어렵다. 집단의 크기, 동맹의 빈도, 집단 내 암컷의 수, 털 고르기를 하는 무리의 크기 등 다양한 지표들이 개발되었지만(Dunbar 2007), 그중 가장 널리 사용되는 것은 집단의 크기다. 집단의 크기가 클수록 한 개체가 고려해야 할 대상이 그만큼 많아지므로 사회의 복잡성을 표현하기엔 안성맞춤이다.

집단의 크기가 신피질의 크기와 관계가 깊다는 건 영장류 외에 식육류, 식충류, 박쥐, 고래류 같은 다른 포유류에서도 동일하게 발견되었다. 집단의 크기와 신피질의 크기 사이의 상관관계는 영장류만의 특이한 현상이 아니라는 얘기다. 사회가 커짐에 따라 발생하는 복잡한 문제들을 해결하기 위해 포유류, 특히 영장류는 큰 두뇌를 진화시켜 인지능력을 획기적으로 향상시켰다.

사회적 뇌 가설은 지난 25년 동안 무수히 많은 비판과 대립 가설에 시

'사회적 뇌 가설'에 따르면 영장류의 긴 유청소년기와 큰 두뇌는 그들의 사회와 관련이 있다. 크고 복잡한 영장류 사회에서 잘 살아가려면 대량의 정보를 처리할 큰 두뇌가 필요하다.
© 위키피디아

달렸다. 가설 자체도 그리 정교하지 않아서 금방 무너질 것만 같았다. 가장 큰 문제점은 사회의 크기 같은 생활사 형질이 과연 두뇌의 크기에 영향을 미칠 수 있는가이다.

이 가설에서는 사회가 복잡해지면서 발생하는 문제점을 해결하기 위해 두뇌가 커진다고 주장한다. 그런데 그건 다른 방식으로 설명할 수도 있다. 인류는 진화 과정에서 몸이 전반적으로 커졌다. 점점 커지는 몸을 유지하려면 양질의 음식이 대량으로 필요하다. 사회의 규모가 커질수록 양질의 음식을 쉽게 구할 수 있다. 그렇다면 두뇌의 크기는 사회의 복잡성과 직접적인 관계는 없고, 단지 몸 크기를 통해 간접적으로 연관되어 있을 뿐이다. 즉, 사회의 복잡성은 몸 크기와 연관은 있지만 직접적으로 두뇌 크기를 증가시키지는 않았을 수 있다. 그러므로 사회적 뇌 가설을 증명하려면 몸 크기 같은 요인을 제거하고도 사회의 복잡성과 두뇌의 크기가 관련이 있다는 것을 밝혀야 한다.

이 어려움을 해결하기 위해 다양한 통계 기법들이 동원되어 왔다. 그 결과 집단의 크기와 신피질 크기의 상관관계는 몸무게나 다른 변수를 고려하고도 유지될 만큼 견고하다는 사실이 입증되었다.

또 한 가지 문제점은 생태적 가설과 사회적 가설이 서로 밀접하게 얽혀 있다는 점이다. 따라서 어느 한쪽을 강력하게 뒷받침하는 증거가 나오더라도 다른 쪽이 반드시 틀리다고 말하기는 어렵다.

하지만 두 가설을 직접적으로 비교한 연구에서도 사회적 가설이 지지를 받으면서 이론적 타당성이 한층 강화되었다. 지금까지 나온 증거들 또한 사회적 뇌 가설을 결정적으로 지지하고 있고, 생태적 가설을 뒷받침하는 증거는 미약하다. 처음에는 어설펐던 사회적 뇌 가설은 뜻밖에도 시간의 검증을 통과하였을 뿐만 아니라 나날이 견고해지고 있다.

이해하기 힘든 놀이의 기능

영장류의 가장 큰 특징인 큰 두뇌와 긴 유청소년기에 대한 연구는 여러 분야에 새로운 통찰력을 제공했다. 그중에서도 가장 흥미진진한 분야는 단연 '놀이play'다. 영장류는 태어나면서부터 노는 걸 좋아한다. 유청소년기의 영장류는 하루 24시간 중 잠과 먹이에 관한 행동 다음으로 놀이행동에 많은 시간을 할애한다(Washburn 1973). 시간의 양이 그 행동의 중요성과 반드시 비례하는 건 아니지만, 아무튼 놀이를 즐기는 건 영장류뿐 아니라 포유류 전체에서 보편적으로 나타나는 특징이다.

놀이행동은 에너지가 많이 들고 위험하다. 우리는 어릴 때 놀면서 많이 다친다. 그리고 많은 유청소년기 포유류들이 놀이에 정신이 팔려서 포식자에게 잡아먹힌다(Harcourt 1991). 만약 놀이가 생존과 번식에 도움이 되지 않고 위험하기만 하다면 자연선택에 의한 진화 과정에서 사라졌어야 한다. 그런데도 놀이가 많은 동물들에게서 보편적으로 나타난다는 사실은 놀이가 이들의 생존과 번식에 중요한 역할을 한다는 증거다.

그러면 놀이는 대체 동물들의 삶에서 어떤 역할을 할까?

놀이의 종류나 빈도는 생물종에 따라 차이가 많지만 놀이행동의 공통점 또한 많다. 놀이는 대개 건강한 신체 조건을 가지고 있고 스트레스가 적을 때 일어난다. 또 성장해 갈수록 놀이에 할애하는 시간이 줄어들며, 어른이 되면 대부분 놀이행동을 멈춘다.

놀이는 크게 대물놀이object play, 운동놀이locomotor play, 사회놀이social play로 구분된다. 반려동물을 키우는 가정에선 개나 고양이가 장난감을 갖고 노는 것을 쉽게 볼 수 있는데, 이것은 대물놀이다. 이에 비해 운동놀이는 주로 혼자서 수행하는 기운찬 근육운동이다. 새끼고양이의 사냥 흉내, 원숭이의 공중제비, 새끼 영양의 몸 뒤틀기 등이 여기에 속하며, 일상에서 목격한 다른 개체들의 행동을 모방하거나 과장하는 경우가 많다. 운동놀이는 소뇌에서 시냅스Synapse를 생성하는 데 매우 중요하다.

대물놀이와 운동놀이는 혼자서도 할 수 있지만 사회놀이에는 반드시 놀이의 대상이 있다. 그 대상은 대개 비슷한 또래지만 부모, 형제자매, 친척이 포함되기도 한다. 사회놀이는 영장류처럼 복잡한 사회를 이루는 분류군에서 두드러지게 나타난다(Lewis 2000). 뒤쫓기, 꼬리잡기, 레슬링과 같이 신체적인 접촉을 포함하는 경우도 있고, 엄마와 아이 사이의 '까꿍 놀이'처럼 대면하여 상호작용하는 경우도 있다. 많은 연구가 진행된 대표적인 사회놀이로는 거친신체놀이rough and tumble play와 놀이싸움play fighting이 있다.

사회놀이에는 반드시 놀이 상대가 있다. 신체적인 접촉을 포함하는 '거친신체놀이'(왼쪽), 놀이싸움, 엄마와 아이 간의 '까꿍'처럼 대면하는 상호작용(오른쪽) 등이 사회놀이에 포함된다. ⓒ 장이권

놀이는 인간의 유청소년기에도 두드러지게 나타나는 특성이다. 그러다 보니 그에 대한 연구도 심리학이나 교육학 분야에서 처음 시작되었다. 독일의 철학자이며 심리학자였던 카를 그로스Karl Groos는 『동물의 놀이The Play of Animals』(1898)라는 저서에서 "놀이는 어른이 되어서 살아갈 때 필요한 기술을 미리 연습하는 것"이라고 주장했다. 1백 년이 훨씬 지난 지금까지도 놀이행동 연구에서 중요하게 여겨지는 주장이다.

이에 비해 동물행동학에서는 1970년대 이전까지 놀이행동에 대한 연구를 거의 무시했다. 하지만 많은 동물들에서 놀이의 빈도가 엄청 높은 것이 속속 확인되면서 더 이상은 무시할 수 없는 상황에 직면하게 된다. 그런데 놀이행동에 대한 연구를 시작하자마자 동물행동학자들은 곧바로 큰 난관에 부닥치고 말았다.

동물행동학자들은 특정 행동에 대한 연구를 할 때 제일 먼저 행동을 기술하고, 그것의 기능을 이해하려고 노력한다. 여기서 말하는 기능이란 그 행동이 생존과 번식에 끼치는 이익을 뜻한다. 그 이익이 구체적으로 무엇인지 알아내기 위해 이론과 가설을 세우고, 그다음엔 실험을 통해

검증을 시도한다.

　행동을 기술하려면 먼저 행동에 대한 명확한 정의를 내려야 한다. 그런데 놀이는 딱 보면 금방 그게 놀이라는 걸 알 수 있지만 막상 정의를 내리기는 쉽지 않다. 게다가 놀이의 기능이 뭔지도 아직 정확히 파악되지 않고 있다.

　현재 가장 널리 사용되는 정의에 따르면 놀이는 기능이 불완전하며, 자연스러우며 자발적이고, 심각한 다른 행동과 형태나 시기에서 다르고, 반복적이며, 스트레스가 없는 상태에서 수행된다. 보통 어떤 행동의 정의를 내릴 때는 기능을 이용하는데, 놀이행동은 기능이 분명치 않으므로 대신 여러 조건들을 나열해 놓았다. 그래서 이런 조건을 충족시키는 행동이 있으면 놀이라고 부른다. 이런 방식을 가리켜 작동정의operational definition/working definition라 한다.

　만족스럽지는 않지만 일단 이 정의를 인간을 포함한 동물들의 놀이에 적용시킬 수 있다. 그러나 놀이의 기능에 대한 연구는 지금까지의 그 어떤 행동 연구보다도 어렵다.

　놀이의 기능에 대한 그로스의 '연습 가설'은 많은 관심을 받았다. 이 가설이 맞다면 놀이가 가져다주는 이익은 어른이 되어서야 나타난다. 어릴 때 잘 놀았던 녀석이 어른이 되면 그렇지 않았던 녀석보다 포식자도 잘 피하고 사냥도 잘하리라고 예측할 수 있다. 그걸 확인하려면 놀이가 벌어진 시점으로부터 몇 개월 또는 몇 년을 기다려야 한다. 즉, 행동과 결과 사이에 시간차가 매우 크다. 그 사이에 다른 많은 요인들이 작용할 수도 있기 때문에 연습 가설을 검증하기는 매우 어렵다.

　그럼에도 불구하고 연습 가설의 검증을 시도한 연구들이 있었지만 놀이행동이 성장 이후에 가져다주는 이익을 찾기 어려웠다. 오히려 이 예측을 부정하는 실험 결과가 많이 있다. 예를 들면, 놀이를 제한한 새끼 고양이나 그렇지 않은 새끼 고양이나 나중에 어른 고양이가 되었을 때

놀이는 어른이 되었을 때 필요한 기술을 미리 연습하는 것이라는 '연습 가설'에 따르면 어릴 때 잘 놀던 미어캣이 그렇지 않은 미어캣보다 훗날 싸움을 더 잘해야 한다. 그러나 실제로는 뚜렷한 차이점을 발견할 수 없었다. 미국 LA동물원의 미어캣. ⓒ 장이권

사냥 능력에 차이가 없었다. 남아프리카에 서식하는 미어캣 집단에서는 서로간의 싸움을 통해 서열이 정해진다. 그래서 어릴 때 잘 노는 미어캣이 그렇지 않은 미어캣보다 나중에 싸움을 더 잘할 것으로 예측했다. 그러나 실제로는 뚜렷한 차이점을 발견할 수 없었다.

물론 어린 시절의 놀이행동이 훗날 어른이 되었을 때 필요한 여러 기술에 도움이 된다는 연구 결과도 있다. 그러나 연습 가설을 지지하는 연구 결과보다는 부정하는 연구 결과가 훨씬 더 많다.

놀이는 신피질의 성장을 촉진한다

놀이의 기능에 대한 연구가 제자리걸음인 것과는 대조적으로 놀이에 대한 신경과학 연구는 커다란 진전을 이루고 있다. 영장류는 평생 사용하는 거의 모든 신경을 미리 갖추고 태어난다. 즉, 영장류의 두뇌가 성장할 때 새로운 신경이 만들어지지는 않는다. 영장류의 두뇌 성장은 기존의 신경들이 새롭게 연결되거나 서로 네트워킹하는 방식으로 일어난다.

성장기의 유청소년이 새로운 지식을 습득하면 두뇌에서 신경들끼리 새로운 연결망을 만들거나 두뇌의 서로 다른 지역 간의 연결이 보강된다. 이때 새로운 지식이란 운동 기능일 수도 있고, 개념과 같은 추상적인 지식일 수도 있다.

놀이에 대한 신경과학 연구에서 자주 이용하는 동물은 집쥐와 같은 설치류다. 쥐는 보기와는 달리 굉장히 놀기 좋아하는 동물이다. 한창 놀 때면 심지어 사람처럼 웃기도 한다. 쥐들의 소리는 초음파 영역이기 때문에 우리가 잘 듣지 못한다. 하지만 초음파를 우리가 들을 수 있는 소리로 바꿀 수는 있다. 쥐를 눕혀 놓고 간지럼을 태우면 마치 어린아이들이 서로 간지럼을 태울 때처럼 낄낄대며 웃는 것 같은 소리를 낸다. 이런 쥐를 이용하면 영장류로는 하기 힘든 유전자 발현 같은 침해적인 연구도 가능하다.

실제로 쥐가 놀이행동을 할 때의 유전자 발현을 연구한 사례가 있다. 1990년대에 개발되어 행동유전학 분야에 획기적인 기여를 하고 있는 디엔에이 마이크로어레이DNA microarray 기술이 사용되었는데, 아주 많은 유전자의 발현 정도를 동시에 측정할 수 있는 기술이다. 연구 결과 쥐의 놀이행동은 사고나 사회행동을 처리하는 대뇌 신피질에 있는 유전자를 활성화시켰다. 단지 30분 정도 놀았을 뿐인데, 측정한 1천2백여 개의 유전자 중 무려 1/3이 놀이 후에 변화를 보였다. 이는 어린 시절의 놀이가 신피질의 신경망을 영구적으로 바꾼다는 것을 의미한다.

쥐를 이용한 이 연구 결과를 영장류나 사람에게 바로 적용할 수는 없다. 그러나 크게 다르다고 보기도 어렵다. 지난 수십 년간의 신경과학 연구 결과에 따르면, 신경해부학이나 작동 원리가 모든 포유류에게서 유사하게 나타나기 때문이다.

놀이의 기능에 대한 새로운 이론들

그로스의 연습 가설을 지지하는 연구 결과는 드물지만 이 가설은 다양한 파생 가설들을 낳았고, 나아가 새로운 가설의 개발을 자극했다. 그중 하나는 '사회편익 가설'이다. 이 가설은 동물들이 놀이를 통해 사회생활에 필요한 기술을 익힌다고 주장한다. 사회편익 가설은 특히 사회놀이를 하는 동물들에게 많이 적용된다. 가령 쥐의 경우, 어릴 적 놀이 경험이 부족하면 어른이 된 후 스트레스에 대응하는 능력이 떨어진다. 이런 쥐들은 스트레스 상황에서 상대에게 과잉 방어를 하거나, 반대로 너무 수동적인 입장을 취한다(Hol et al. 1999).

사회편익 가설은 인간 어린이를 대상으로 한 연구에서 특히 지지를 받고 있다. 어릴 때 잘 놀던 아이일수록 어른이 되었을 때 정서적으로 안정되고, 필요한 자원을 효과적으로 획득하며, 협동적이다(Pellegrini 2008).

영장류는 대부분 무리 내에서 살아가고 무리의 서열에 맞춰 행동해야 한다. 서열이 높은 개체에게는 타협하고 복종해야 하며 서열이 낮은 개체에게는 군림할 줄도 알아야 한다. 마음이 안 맞거나 경쟁 관계에 있는 적수를 잘 파악해야 하고, 동맹을 맺을 친구를 잘 사귀어야 한다. 이런 사회기술을 어린 시절의 사회놀이를 통해 잘 배워 둬야 어른이 된 후에도 사회 속에서 잘 살 수 있다. 사회놀이는 남들과 사이좋게 어울리는 방법을 배우는, 달리 말하면 사회적인 뇌를 만드는 과정이다.

놀이의 기능과 관련하여 최근에 많은 주목을 받고 있는 가설은 '예측 불가에 대한 훈련 가설'이다. 우리가 살고 있는 세상은 끊임없이 바뀐다. 자연재해나 기후변화로 인해 물리적 환경이 예측하기 어려운 방향으로 바뀌고 있다. 우리가 살고 있는 사회 또한 집단의 크기, 구성원, 나의 사회경제적 위치 등이 일정하지 않다. 놀이는 이런 예측 불가능한 물리적, 사회적 환경에 대처하는 훈련이라고 이 가설은 주장한다.

놀이는 어린 시절에 안전한 상황에서 주로 일어난다. 이런 상황에서 어린 동물들은 큰 걱정 없이 틀에 얽매이지 않은 채 기존의 다양한 방법이나 행동을 실험해 볼 수 있고, 새로운 시도를 해 볼 수도 있다.

이 가설과 비슷한 맥락에서 '행동유연성'이란 개념이 있다. 우리가 집에서 동네 슈퍼에 장을 보러 간다고 치자. 방법은 다양하다. 걸어갈 수도 있고, 뛰어갈 수도 있고, 차를 타고 갈 수도 있다. 장을 보면서 산책을 하고 싶으면 멀리 돌아갈 수도 있고, 짧은 거리지만 살 물건이 많을 땐 자동차를 이용할 수도 있다. 이처럼 한 가지 상황에도 여러 가지 대처 방법이 있고, 한 가지 문제에 여러 가지 해결 방법이 있을 수 있다. 이런 행동유연성은 예측 불가능한 물리적, 사회적 환경에 처했을 때 다양한 대처 행동을 가능케 한다.

행동유연성의 대표적인 사례는 일본원숭이의 먹이 처리 행동이다. 1950년대에 영장류학자들이 코시마 섬에 살고 있는 일본원숭이를 연구했는데, 숲 속에서 생활하는 이 원숭이들을 바닷가로 유인하려고 고구마와 밀을 주었다. 1953년에 '이모'라 불리는 젊은 암컷이 고구마를 물에 씻어서 먹기 시작했다. 그러자 다른 원숭이들도 차츰 그 행동을 따라 하게 되었다. 몇 년 후에는 이모가 모래 섞인 밀을 바다에 뿌려서 밀만 분리하는 방법을 발견해 냈고, 이 행동도 곧 무리 전체로 퍼졌다. 영장류의

'예측 불가에 대한 훈련 가설'에 따르면 놀이는 예측 불가능한 물리적, 사회적 환경에 대처하는 훈련이다. 어린 동물들은 안전한 상태에서 놀이를 통해 기존의 방법과 행동을 실험해 보거나 새로운 시도를 해 볼 수 있다. 줄을 이용해 놀고 있는 새끼 침팬지들. 미국 LA동물원. ⓒ장이권

행동유연성이 얼마나 풍부한지 보여 주는 흥미로운 사례다.

영장류는 태어나면서부터 놀기 좋아한다. 영장류의 어린 시절은 놀이를 빼 놓고는 설명할 수 없다. 지금까지의 연구 결과에 의하면 영장류에서 사회놀이의 빈도는 신피질의 크기와 상관관계가 있었다 (Lewis 2000). 앞서 말했듯 신피질은 감정을 조절하고, 모든 정보를 종합하고, 고차원적인 사고를 하며, 계획을 세우고, 최종 결정을 내리는 곳이다. 유청소년기의 영장류는 놀면 놀수록 머리가 좋아진다는 얘기가 된다.

영장류에서 사회놀이의 빈도는 행동유연성과도 관련이 깊다. 잘 노는 녀석일수록 불확실한 환경에서 새로운 해결책을 끄집어 낼 수 있다. 그러므로 적어도 영장류에서는 어릴 때 잘 노는 동물일수록 두뇌 성장이 촉진되고 행동유연성이 풍부해진다는 잠정적 결론을 내릴 수 있다. 앞으로 이 부분에 대한 많은 연구가 기대된다.

놀이는 협동이며 공평이고 신뢰이다

놀이행동은 쥐, 원숭이, 영장류를 포함한 포유류 전반에 걸쳐 나타난다. 주목할 점은 놀이의 형태, 놀이가 나타나는 시기, 심지어 놀 때 활성화되는 두뇌의 영역까지 매우 유사하다는 것이다. 그러나 더욱더 놀라운 것은 놀이가 아주 간단한 몇 개의 규칙 위에서 작동한다는 사실이다. 사람과 동물 모두 이 점에서는 마찬가지다.

놀이행동은 종종 격렬한 신체 접촉을 포함한다. 이를테면 한 아이가 다른 아이에게 놀이를 한다며 목을 조르거나 때리고 도망갈 수 있다. 이때 상대방이 이런 행동을 놀이라고 인식하지 못하면 공격행동으로 오해를 하게 된다. 그러면 단순한 놀이가 원하지 않는 싸움으로 이어질 수 있다. 그래서 동물들은 놀이를 하기 전에, 또는 놀이 중에도 종종 "이건 놀이일 뿐이야"라는 표현을 한다. 이를 가리켜 '놀이 표시play marker'라 한다.

놀이 표시의 대표적인 예는 '놀이 인사play bow'다. 개들이 양 앞다리를 앞으로 뻗고 상반신을 바닥에 낮추는 자세는 개과 동물의 놀이 인사에 해당한다. 이걸 사람의 언어로 바꾸면 "지금부터 내가 하는 행동은 놀이야. 너를 공격하거나 다치게 할 생각은 없어" 쯤으로 표현할 수 있을 것 같다. 만약 이런 약속을 어긴다면 놀이는 이내 심각한 싸움으로 이어지게 될 것이다.

코요테의 놀이행동 연구를 보면, 약속을 어긴 상대는 다음 놀이에서 배제된다. 놀이 표시는 서로간의 신뢰를 기반으로 하는 일종의 약속인 셈이다.

아이들은 비슷한 또래끼리 사회놀이를 하는 경우도 있지만 나이나 신체 조건이 다른 아이들이 같이 노는 경우도 많다. 예를 들면 형과 동생이 같이 노는 경우인데, 이때 놀이가 성립하려면 형이 동생을 봐줘야 한

사회놀이는 공평성을 바탕으로 한다. 캥거루과에 속하는 왈러비(왼쪽)는 상대의 나이에 따라 놀이의 강도를 조절한다. 놀이는 또한 신뢰를 기반으로 한다. 개과의 동물들은 양 앞다리를 앞으로 뻗고 상반신을 낮추는 놀이 인사를 한다(오른쪽). ⓒ 위키피디아

다. 힘도 약하고 아는 것도 적은 동생이 형과 같은 선상에서 경쟁할 수는 없기 때문이다. 놀 때마다 형이 동생을 압도하면 동생은 더 이상 형과 놀지 않으려 할 것이다. 그러므로 형이 앞으로도 계속 함께 놀고 싶다면 동생을 적당히 봐줄 필요가 있다. 그래야 공평하다.

동물의 세계에서도 마찬가지다. 비대칭적인 조건을 가진 두 동물이 놀 때 우월한 동물이 약한 동물을 봐주는 예는 얼마든지 찾을 수 있다. 캥거루의 일종인 왈러비는 상대의 나이에 따라 놀이의 강도를 조절한다. 상대가 자기보다 어리면 대체로 방어적이고 앞발로 살살 친다. 간혹 상대가 과격하게 나오더라도 나이가 어리면 훨씬 관대하게 대처한다 (Watson and Croft 1996). 코요테 역시 놀이를 할 때 상대방을 무는 강도를 조절한다. 설령 상대와 먹이를 두고 서로 경쟁하는 사이라 해도 최소한 놀이에서는 공평하다.

이런 사례들을 통해 드러나듯이, 비록 놀이 상대자가 서로 조건이 다르더라도 동물들의 사회놀이는 공평성을 바탕으로 하고 있다.

사회놀이는 근본적으로 협동이다. 반드시 상대가 있어야만 놀이가 성립된다. 어느 한쪽이 뭔가 불만을 느끼고 놀이에서 물러나면 더 이상 같

사회놀이는 놀이 상대자들끼리 서로 협동해야만 지속될 수 있다. 어느 한 쪽이 압도하거나 불공평한 조건이면 놀이가 성립되지 않는다. 사회놀이엔 명확한 규칙이 있으며, 이를 지키지 않으면 더 이상 놀이에 초대받지 못한다. ⓒ 장이권

이 놀 수 없다. 놀이 상대자들끼리 서로 협동해야만 지속적인 사회놀이가 가능해진다.

사회놀이에는 명확한 규칙이 있다. 서로 번갈아 하고, 공평해야 하고, 상대를 다치지 않게 해야 한다. 일종의 사회놀이 행동강령code of social conduct인 셈이다. 이런 규칙을 지키지 않으면 더 이상 놀이에 초대받지 못한다.

사회놀이에 대한 연구 결과는 사회도덕social morality의 진화로 확장되고 있다. 사회도덕의 핵심 질문은 "사회생활을 할 때 해도 되는 행동과 해서는 안 되는 행동이 있는가?"이다. 사회놀이의 다양한 사례들을 보면 인간뿐 아니라 동물들에게도 사회도덕이라는 개념이 있음을 알 수 있다. 인간 사회를 지탱시켜 주는 밑바탕인 도덕, 공평, 협동, 신뢰가 생물학적 뿌리를 두고 있다는 뜻이다.

놀이가 생활이고 생활이 놀이다!

수렵채집 사회의 유청소년들은 혼자서 놀기보다는 여럿이 같이 논다. 그들의 놀이는 전형적인 사회놀이다. 또한 참여 여부를 스스로 선택하며

구성원이나 시간의 제한이 없는 자유놀이free play다. 그저 흘러가는 대로 같이 논다.

오늘날 정규교육에 익숙해진 우리에게 자유놀이는 약간 무책임해 보인다. 그러나 자유놀이는 사회기술을 배우는 데 아주 효과적이다. 왜냐하면, 철저하게 자발적이기 때문이다. 불공평하다고 느끼거나 자기에게 적합하지 않으면 언제든 그만둘 수 있다.

친구들과 같이 놀고 싶으면 나의 희망뿐만 아니라 놀이에 참여할 친구들의 희망도 동시에 반영해야 한다. 그래서 사회놀이는 참여자들의 협상과 타협이 중요하다. 아이들은 같이 놀면서 끊임없이 뭔가 결정해야 하고, 그 결정에 대한 결과를 경험한다. 이 놀이에 참여할까? 저 놀이에 참여할까? 지난번에 그 친구랑 같이 놀아서 재미있었으니까 이번에도 같이 놀자고 해야지, 어제 놀이는 재미없었어, 오늘은 좀 다르게 놀아 보자고 하자……. 놀이에서는 혼자 화를 낸다고 해서 문제가 해결되지 않는다. 화를 내기보다는 나의 불만을 친구들에게 알려 줘야 한다.

놀이는 영장류 사회에서 벌어질 수 있는 모든 대인관계를 큰 부담 없이 시험해 볼 수 있는 기회이다. 어린 동물들은 사회놀이를 통해 영장류 사회에서, 그리고 인간 사회에서 살아가는 데 필요한 모든 사회기술을 효과적으로 배울 수 있다.

수렵채집 사회의 유청소년은 끊임없이 논다. 스스로 움직일 수 있을 때부터 10대 중후반까지, 깨어 있는 거의 모든 시간을 놀면서 보낸다. 이것은 현존하는 수렵채집 사회에 들어가 그들과 함께 생활하면서 연구한 인류학자들의 한결같은 증언이다.

그들이 자유놀이를 할 때 아무 놀이나 하는 것은 아니다. 그 사회에서 반드시 필요로 하는 기술을 배우면서 논다. 사냥 놀이, 추적 놀이, 나무 오르기, 요리하기, 오두막 만들기, 생필품 만들기 등등. 수렵채집 사회 유청소년들에게 놀이는 단순한 유희가 아니다. 그들에게 놀이는 곧 생활이고 학습이다.

현대사회에도 수렵채집 사회의 놀이를 이용하여 운영하는 학교들이 있다. 숲 유치원으로 널리 알려진 독일의 발트킨더가르텐Waldkindergarten, 미국 메사추세츠의 서드베리 밸리 학교Sudbury Vally School, 우리나라의 이우학교가 좋은 예이다. 서드베리 밸리의 학생들은 4세부터 19세까지 걸쳐 있는데 학년도 학급도 없다. 다양한 연령의 어린이와 청소년들이 같이 논다. 물론 정해진 학과 과정도 없다. 지도교사들이 있긴 하지만 수업을 시키려고 있는 게 아니다. 학생들에게 필요한 것을 제공해 주는 보조적인 역할만 한다.

그곳 아이들이 하는 놀이는 수렵채집 사회의 유청소년들과 같은 자유놀이다. 놀기 싫으면 언제든지 그만두고 다른 무리로 옮겨 갈 수 있다. 어른의 간섭을 받지 않고, 자유롭게, 그 사회에서 반드시 필요한 기술을 스스로 배우면서 논다. 우리나라 학부모들 눈엔 참 걱정스러워 보이겠지만, 이 학교의 졸업생들은 사회에 나가서도 인생을 즐기면서 잘 살고 있다.

놀이의 가장 중요한 특징은 기존의 틀을 깨는 데 있다. 우월한 자와 약한 자가 공평하게 같이 놀고, 익숙하지 않은 장소에 들어가 탐색 행동을 하기도 한다. 또 기존의 관행이 있음에도 불구하고 새로운 방법을 시도한다. 이는 자연스럽게 혁신과 창의성으로 이어진다. 혁신은 기존의 방법을 버리고 새로운 방법을 시도하는 것이며, 창의성은 새로운 아이디어를 생산해 내는 것이다.

재미있게도 세계에서 가장 혁신적인 회사들은 일터를 놀이터와 비슷하게 만들어 놓고 있다. 새로운 아이디어는 경직된 조직이나 딱딱한 규칙에서 나오는 게 아니라 자유롭게 노는 과정에서 나온다는 게 그들의 믿음이다. 어쩌면 그 회사들의 창업자들이야말로 가장 훌륭한 동물행동학자인지도 모른다.

자녀에게 해 줄 수 있는 최고의 선물은 놀이

영장류 사회는 수많은 구성원들끼리 얽히고설킨 사회관계망을 형성한다. 이런 사회에서 잘 살아가려면 정교한 인지능력과 차원 높은 계산을 가능케 하는 강력한 하드웨어와 사회집단에서 살아가는 방법을 알려 주는 소프트웨어가 필요하다.

인간은 고도의 연산이 가능한 큰 두뇌를 가지고 있다. 아울러 방대한 지식을 습득할 수 있는 긴 유청소년기도 가지고 있다. 그러나 강력한 컴퓨터를 갖고 있다고 해서 곧바로 어려운 일을 척척 해낼 수 있는 건 아니다. 문제 해결에 적합한 소프트웨어를 장착해야 하고, 그것을 잘 다룰 줄도 알아야 한다. 복잡한 사회 속에서 살아가는 기술(소프트웨어)을 강력한 두뇌의 연산 능력(하드웨어)과 효과적으로 결합시켜야 하는 것이다.

영장류의 강력한 두뇌에 걸맞는 소프트웨어는 선천적으로 획득되지 않는다. 그것은 사회놀이를 통해서만 완성되는 후천적 프로그램이다. 사회놀이를 하다 보면 내용, 움직임, 상대가 순식간에 바뀐다. 상황에 따라 협상, 타협, 공평, 협동의 사회기술을 적절히 발휘해야만 놀이가 지속될 수 있다. 이런 사회기술은 무리에 뛰어들어 서로 부딪치고 체험하는 가운데 습득되는 것이다. 영장류 아이는 놀면서 사회를 살아가는 기술을 익히고, 놀이를 통해 건강한 어른으로 완성되어 간다.

사회놀이의 중요성은 현대사회에서도 여전하다. 아무리 능력이 뛰어나더라도 회사나 단체에서 대인관계가 원만하지 못하면 금방 따돌림을 당한다. 사회에서 배제되지 않고 사람답게 살아가려면 적절한 사회기술이 반드시 필요하며, 그걸 배울 수 있는 곳은 다름 아닌 놀이 공간이다.

우리는 우리 아이들이 잘 웃고, 남들과 잘 어울리고, 좋아하는 게 있고, 창의적이고, 스스로 결정하고, 책임질 줄 아는 사람이 되길 원한다. 그래서 어른이 된 뒤에도 행복하게 살기를 원한다. 방법은 간단하다. 잘

영장류 아이는 놀면서 두뇌 발달이 일어나고 사회를 살아가는 기술을 배운다. 영장류 아이를 어른으로 완성시키는 것은 사회 놀이다. 놀이는 자녀에게 해 줄 수 있는 인생 최고의 선물이다.
ⓒ 장이권

노는 아이로 키우면 된다. 놀이는 우리가 자녀에게 해 줄 수 있는 인생 최고의 선물이다.

고향으로 돌아간
제돌이

　최근 우리나라에서 제돌이만큼 미디어와 일반인의 관심을 많이 받은 동물은 없다. 제돌이는 삼팔이, 춘삼이와 같이 야생 순응 훈련을 받고 2013년 7월 18일 제주도 김녕 앞바다에 방류되었다. 현재 이들 세 마리 남방큰돌고래는 야생 무리와 합류하여 제주 앞바다에서 씩씩하게 잘 살고 있다. 지금까지 전 세계적으로 1백여 건의 해양포유류 야생 방류가 있었지만 이 녀석들처럼 성공적인 사례는 드물다.

　제돌, 삼팔, 춘삼이는 2009~2010년에 제주도 앞바다에 설치된 정치망에 걸려 포획되었다. 제돌이는 수컷이고 삼팔이와 춘삼이는 암컷이다. 해양경찰의 수사 결과에 의하면 제주도의 한 돌고래 공연업체가 불법으로 이 돌고래들을 구입했다고 한다. 그중 제돌이는 다시 서울대공원에 팔려서 2009년 하반기부터 돌고래 쇼에 이용되었다.

　남방큰돌고래 방류의 시발점은 시민환경단체인 동물자유연대, 핫핑크돌핀스, 환경운동연합의 잇따른 문제 제기였다. 불법 거래 사실이 공개된 후 시민들의 요청에 따라 2012년 3월 박원순 서울시장이 제돌이 방류

남방큰돌고래는 인도양과 서태평양 연안에 서식하지만 우리나라에서는 제주도에서만 발견된다. 특히 성산 및 김녕 앞바다에 집중적으로 나타난다. 야생 순응 훈련을 위한 가두리가 설치된 장소는 성산항(A)과 김녕항(B)이었다. 그림·홍연우

계획을 발표했고, 법원에서도 이들 돌고래의 몰수 및 방류를 지시했다. 이후 서울대공원은 돌고래 쇼를 중지하고 돌고래 생태교육으로 대체하였다. 또 '제돌이 방류 시민위원회'가 구성되어 방류를 위한 구체적인 로드맵을 준비하였다. 제주도의 돌고래 공연업체는 제주지방법원의 판결에 불복하여 항소했지만 2013년 3월 대법원에서 남방큰돌고래 4개체의 몰수형이 확정되었다.

그중 삼팔, 춘삼이는 성산항에 있는 가두리로 이송되어 제돌이와 같이 야생 순응 훈련을 받았다. 그러나 태산이와 복순이는 방류에 적합하지 않다고 판단되어 일단 서울대공원으로 옮겨졌고, 동일한 훈련을 거쳐 2015년에 제주도 앞바다로 방류되었다.

야생 순응 훈련과 삼팔이의 탈출

제돌, 춘삼, 삼팔이는 방류에 앞서 가두리에서 순응 훈련을 거쳤다. 수족관에 오래 있었던 돌고래들은 생리나 행동이 야생의 개체와 다르다. 그러므로 방류될 바다의 수온, 염도, 물살과 동일한 환경 조건에서 일정

기간 생활하며 야생 환경에 적응해야 한다.

세 녀석 모두 제주도 앞바다가 고향이다. 그리고 포획되기 전에 10년 가까이 야생에서 살았기 때문에 제주도 앞바다에 잘 적응되어 있다. 즉, 제주 앞바다의 환경에 대한 정보가 두뇌 한쪽에 잘 저장되어 있다. 우리는 야생 순응 훈련 기간 동안 녀석들이 단순히 생리나 행동만 바뀌는 것이 아니라, 과거의 기억을 되살려 생존에 필요한 지식으로 재무장하기를 기대하였다.

야생 순응 훈련을 시킬 가두리는 서식지와 가까워야 하고 환경 조건도 비슷해야 한다. 그래서 처음엔 남방큰돌고래의 출현이 잦은 김녕 앞바다를 훈련 및 방류 장소로 선정했다. 그러나 김녕 앞바다에 가두리를 설치하기 훨씬 이전인 2013년 3월 25일에 대법원에서 남방큰돌고래 몰수 판결이 내려졌다. 공연업체에 수용되어 있는 남방큰돌고래를 즉시 새로운 집으로 이송해야 하는 상황이 된 것이다.

고민 끝에 우리는 성산항에 설치되어 있는 양식용 가두리에 임시로 춘삼이와 삼팔이를 수용하기로 했다. 이 가두리는 직경이 30미터고 깊이는 7미터에 이른다. 드넓은 바다와 비교할 순 없지만 좁은 수족관에 비하면 훨씬 좋은 환경이다.

포구 내의 바다 환경은 외해와 다르다. 선박 소음이 심하고, 오염물질이 가두리로 흘러들어 올 수도 있다. 그래서 포구 내의 가두리는 방류 훈련에 적합하진 않다. 그렇지만 큰 너울을 피할 수 있고 접근이 용이하다는 장점도 있다. 게다가 가두리 바로 옆에 정박선이 있어서 돌고래를 가까이 관찰할 수 있기 때문에 연구가 훨씬 수월했다. 기상이 악화되어 가두리에 접근하지 못하는 날을 제외하고, 가두리에 있는 기간 동안 연구진은 매일 녀석들을 꼼꼼하게 관찰했다.

춘삼이와 삼팔이는 가두리로 이송된 후 긴장한 모습이 역력했다. 처음 며칠은 가두리의 일부만 사용하고 항상 붙어 다녔다. 살아 있는 물고

성산항 가두리에 이송된 직후 동조유영을 하는 삼팔이와 춘삼이. 낯선 환경 때문인지 긴장한 모습이 역력했다. 처음 며칠 동안은 가두리의 일부만 이용하고 항상 붙어 다녔다.
ⓒ 장수진

기를 먹이로 주면 빠르게 도망치는 물고기는 잘 잡지 못했고, 느릿느릿한 물고기만 잡아먹을 수 있었다.

그러나 일주일이 지난 뒤부터는 눈에 띄게 활발해지기 시작했다. 가두리 전체를 제집처럼 누비고 다녔고 빠르게 도망가는 물고기들도 능숙하게 사냥했다. 처음엔 상당히 느리던 호흡도 거의 야생 개체에 근접한 수준까지 올라왔다.

무엇보다도 둘이 함께하는 동조유영에 큰 변화가 있었다. 처음에는 하루의 2/3가 넘는 시간을 함께 유영했는데, 5월에는 1/4 정도로 낮아졌다. 홀로 헤엄치는 시간이 늘었다는 건 그만큼 긴장이 풀리고 가두리 생활에 자신감이 붙었다는 뜻이다. 이윽고 제돌이까지 합류하자 성산항 가두리 주변은 방류에 대한 기대감으로 한껏 달아올랐다.

춘삼이, 삼팔이와는 달리 제돌이는 수족관에 있을 때부터 나의 연구 대상이었다. 그래서 수족관에서의 행동과 가두리에서의 행동을 자세히 비교할 수 있는데, 이런 연구 사례는 세계적으로도 거의 없다. 나의 연구가 앞으로 전 세계의 돌고래 방류에 귀중한 자료가 되기를 기대한다.

제돌이는 수족관에서 가두리로 환경이 바뀐 이후 행동이 뚜렷하게 바뀌었다. 돌고래의 하루 행동반경에 비해 수족관은 턱없이 작기 때문에 그곳에서 할 수 있는 행동은 극도로 제한되어 있다. 일반적으로 수족관에 있는 돌고래는 야생 개체에 비해 이동 시간이 적은 반면 휴식 시간은 훨씬 많다. 야생에서 이동을 하는 주된 이유는 먹이를 찾기 위해서다. 그러나 수족관에서는 먹이를 찾으러 돌아다닐 이유가 없기 때문에 이동에 소요되는 시간이 훨씬 적은 것이다.

가두리로 옮긴 후에 제돌이의 이동 시간은 확연히 늘어났고 휴식시간은 훨씬 줄어들었다. 이는 가두리에서의 행동이 야생 개체군의 행동과 비슷해졌다는 것을 의미한다.

가두리로 이송된 후 훨씬 활발해지긴 했지만 춘삼이, 삼팔이에 비하면 제돌이는 전반적으로 뒤처지는 모습을 보였다. 앞의 두 녀석은 가두리에 온 지 한 달 정도 지나자 전반적인 행동이 야생의 개체와 크게 다르지 않았다. 그러나 제돌이는 한 달 뒤에도 부족한 부분이 여러 항목에서 나타났다. 다른 녀석들은 먹이를 보면 잽싸게 쫓아가는데, 제돌이는 일단 한 번 심호흡을 한 뒤에야 추적을 시작했다. 가끔은 춘삼이와 삼팔이에게 따돌림을 당하는 것 같기도 했다. 녀석의 뒤처짐이 나로서는 매우 불안하게 느껴졌다.

다행히도 제돌이의 활동성은 성산항 가두리에서 외해에 있는 김녕의 가두리로 이송한 뒤부터 훨씬 좋아졌다. 김녕 앞바다는 남방큰돌고래의 주 활동무대다. 이 무렵엔 제돌이도 다양한 종류의 물고기를 사냥할 수 있어서 야생에서 독립적으로 생존이 가능해 보였다. 이제 모든 연구진이

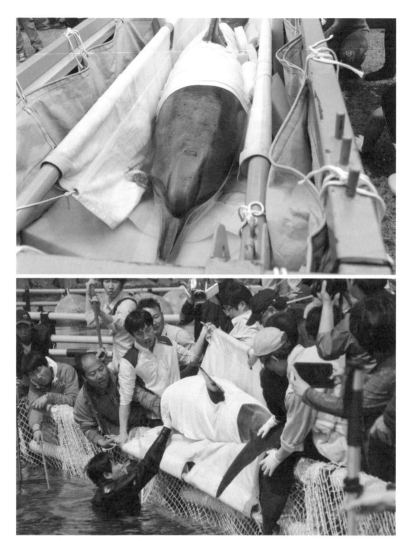

2013년 5월 11일 서울대공원에서 삼팔이와 춘삼이가 있는 성산항의 가두리로 이송된 제돌이. 세 마리가 함께 받은 야생 순응 훈련은 이후 방류 성공에 결정적으로 기여했다.
© 장이권, 핫핑크돌핀스

녀석들의 방류 날짜만 기다리게 되었다.

남방큰돌고래 방류에 결정적으로 자신감을 갖게 된 계기는 아이러니하게도 앞글에서 소개했던 삼팔이의 가두리 이탈 사건이다. 먼바다 태풍의 영향으로 그물이 심하게 출렁이면서 바다 밑의 바위에 찢겨 틈이 생겼고, 삼팔이는 2013년 6월 22일에 그리로 빠져나갔다. 다행히 5일 후인 6월 27일 모슬포 앞바다에서 야생 돌고래 50여 마리와 함께 있는 것이 목격되었다.

성산은 제주도 동쪽 끝이고 모슬포는 서쪽 끝이어서 해안선으로 약 80km에 이른다. 이 먼 거리를 이동하여 무리와 자연스럽게 어울리는 삼팔이를 보면서, 나는 남방큰돌고래 방류의 성공을 다시 한번 확신하였다.

돌고래가 야생에서 스스로 사냥할 수 있으면 방류에 성공할 확률이 높다. 방류에 실패한 사례를 보면 대부분 돌고래가 스스로 사냥하는 것을 포기하고 먹이를 얻기 위해 낚싯배 등으로 접근하는 경우다. 돌고래 방류 훈련에서 계속 점검하는 항목 중 하나는 '사람에 대한 반응'이다. 이 항목이 양성이면 돌고래가 사람에게 접근한다는 뜻이고, 음성이면 사람을 피한다는 뜻이다. 우리는 이 항목이 0에 가까워지기를 바랐다.

가두리에서 돌고래와 사람의 접촉은 먹이 공급 과정에서 일어난다. 사람이 먹이를 들고 나타나면 녀석들은 미리 예측하고 기다리다가 던져 주는 먹이를 받아먹었다. 영리한 녀석은 먹이를 주는 시간뿐 아니라 사람까지도 정확히 알고 그 사람에게 접근하곤 했다. 그러다 보니 다른 방류 항목들은 점점 긍정적인 방향으로 바뀌는데 사람에 대한 반응만은 거꾸로 점점 강한 양성이 되어 갔다.

그래서 돌고래들이 인간의 낌새를 눈치 채지 못하게 차광막을 설치하고 그 뒤에서 몰래 먹이를 던져 주었다. 또 처음에는 물고기를 3~5마리

먹이 사냥 훈련. 가두리에 활어를 공급하고 제돌이, 춘삼이, 삼팔이가 직접 사냥하도록 했다. 방류 이후 사람에게 먹이 구걸을 하지 않도록 하기 위해서다. ⓒ 장이권

씩 던져 주다가 나중엔 많은 양의 활어를 풀어 놓았다. 그러면 녀석들은 어쩔 수 없이 활어를 쫓아가서 사냥해야 한다. 이 방법들이 어느 정도 효과가 있어서 사람에 대한 반응이 악화되는 것은 막았지만, 0으로 낮출 수는 없었다.

고향 바다로 조용히 돌아가다

이미 삼팔이가 가두리를 이탈하여 야생 돌고래 무리와 합류했기 때문에 방류에 대해서는 어느 정도 낙관적이었다. 녀석들을 내보낼 출구를 만들기 위해 가두리의 한쪽을 자르고 임시로 막아 두었다. 방류 신호가

떨어지면 열어 줄 예정이었다. 아시아 최초의 돌고래 방류에 대한 세간의 관심을 증명하듯 미디어의 뜨거운 취재 열기가 쏟아졌다.

방류일이 되자 많은 사람들이 김녕 포구로 모여들었다. 가두리 주위엔 남방큰돌고래의 방류를 축하하는 현수막이 여기저기 붙어 있었다. 특히 돌고래가 통과할 출구 주변은 온통 사람들로 빽빽했다. 가두리 둘레엔 올라설 수 있는 발판만 있을 뿐 따로 보호시설이 되어 있지 않아 조금만 실수해도 바다로 빠질 수 있다. 날씨가 좋고 바람이 없는 날에도 가두리는 파도 때문에 늘 위아래로 1~2미터씩 출렁인다. 무거운 방송 장비를 들고 있는 사람들은 특히 더 위험해 보였다.

방류에 앞서 마지막으로 돌고래들에게 활어를 공급했다. 갑자기 많아진 사람들과 여기저기서 터지는 카메라 플래시 때문에 긴장했는지, 녀석들은 잠수했다가 다시 떠오르는 행동을 계속 반복하고 있었다. 그러다가 살아 있는 고등어가 나타나자 그걸 쫓아가느라 물속에서 빠르게 움직였다.

드디어 가두리의 출구가 활짝 열렸다. 돌고래들이 밖으로 나가는 것을 확인하기 위해 한쪽 구석에 잠수부가 대기하고 있었다. 그런데 문이 열린 뒤에도 돌고래들은 빠져나갈 생각을 전혀 하지 않았다. 숨을 쉬기 위해 가끔씩 물 위로 모습을 드러낼 뿐이었다. 게다가 하필이면 출구로부터 제일 먼 곳에서 움직이고 있었다. 녀석들이 가두리를 빠져나가면 기쁨의 환성을 지르려고 했는데, 그저 시간만 지루하게 흘러갔다.

보다 못한 가두리 주인이 출구 반대편으로 가더니 그물 매듭을 식칼로 찢기 시작했다. 출구를 하나 더 만들어 돌고래들이 쉽게 빠져나가도록 하기 위해서였다. 잠시 후 녀석들이 물속으로 사라졌고, 더 이상은 모습을 드러내지 않았다.

남방큰돌고래는 30~60초에 한 번씩 숨을 쉬러 수면 위로 올라온다. 하지만 숨을 쉬지 않고도 4분 정도는 물속에 머무를 수 있다. 녀석들이 이미 가두리 밖으로 나갔는지 한쪽 구석에 아직 숨어 있는지 알 수가 없는 것이다. 확인을 위해 잠수부 두 명이 가두리 안을 수색하기 시작했다.

이대로 나가 버린 걸까? 만약 녀석들이 가두리를 빠져나갔다면 바다에서 유영하는 모습이 눈에 띌 수도 있다. 우리는 가두리 안쪽과 바다쪽을 계속 번갈아 쳐다보면서 돌고래를 찾으려 애썼다. 하지만 아무리 둘러봐도 녀석들의 모습은 찾을 길이 없었다.

다들 맥 빠진 표정이었다. 박수와 환호는커녕 "잘 가!"라고 소리 한번 질러 보지도 못한 채 모든 게 끝나 버렸다.

제주공항으로 가는 도중 제돌이가 제주도 북쪽 다려도 근처에서 목격되었다는 연락을 받았다. 어딘가에서 잘 지내리라고 생각은 했지만 사실 마음 한구석이 몹시 찜찜한 상태였다. 연락을 받고 나니 비로소 마음이 놓였고, 방류에 성공했다는 걸 실감할 수 있었다.

하지만 머릿속엔 여전히 의문이 남아 있었다. 왜 녀석들은 우리의 각 본대로 출구를 통과하여 열렬한 환송 인사를 받으며 떠나지 않았을까?

나중에 내린 판단이긴 하지만 나는 우리의 방류 방법에 문제가 있었다고 생각한다. 돌고래들은 방류 당일 무척 당황하고 겁을 먹고 있었다. 이날 가두리 주위는 전에 없이 시끌벅적했다. 특히 출구 주변은 몰려든 사람들과 요란한 현수막으로 매우 혼란스러웠다. 돌고래들로서는 가두리의 출구가 자신들을 위험에 빠지게 할 구멍인지, 아니면 넓은 바다로 나갈 수 있는 문인지 알 수가 없다. 그날 녀석들이 출구와 가장 먼 곳에서 유영한 것으로 보아 아마도 그 출구를 위험이 도사린 공포의 문으로 생각한 것 같다. 그래서 반대쪽에 틈이 생기자마자 도망치듯 탈출한 것으로 추측된다.

삼팔이는 가두리에서 빠져나온 후 몇 시간 동안 가두리 근처에 머물렀다. 그러나 제돌이와 춘삼이는 가두리를 벗어나자마자 숨도 쉬지 않고 멀리 도망쳤다. 겁에 질려 필사적으로 도주하는 돌고래들이 우리의 눈에 띄었을 리 만무하다.

돌이켜 보면 삼팔이의 방류 방법이 제돌이와 춘삼이의 방류 방법보다 나았다고 생각한다. 비록 의도한 건 아니었지만, 삼팔이의 방류는 녀석에게 전혀 공포감을 주지 않았고 무리도 없었다. 심지어 삼팔이는 자신이 가두리 밖으로 나온 것도 모르는 것 같았다. 이와 달리 제돌이와 춘삼이는 방류 당일 행동이 무척 이상했고, 계획에도 없이 가두리를 칼로 찢어야 할 만큼 무리가 뒤따랐다. 앞으로 다시 돌고래의 방류를 수행한다면, 나는 삼팔이의 방류 방법을 강력하게 추천한다.

냉동 표식에 대하여

제돌이와 삼팔이를 방류하기 전에 냉동 표식에 대한 논란이 있었다. 냉동 표식은 돌고래의 등지느러미에 냉동된 금속으로 반영구적인 기호를 표시하는 것을 말한다. 제돌이에겐 숫자 1, 춘삼이에게는 숫자 2가 표식으로 부여되었다.

냉동 표식에 반대한 건 주로 시민환경단체들이었다. 그분들은 자연으로 돌려보내는 생명체에 인간의 흔적을 남기는 것을 꺼렸다. 위성추적 장치를 이미 부착했으므로 냉동 표식은 중복이라는 주장도 있었다.

나는 이 주장들이 모두 맞다고 생각하고 진심으로 존중한다. 그렇지만 냉동 표식이 필요하다는 견해가 더 설득력이 있다고 생각한다. 우리가 진행했던 남방큰돌고래 방류는 방류되는 개체들에게도 중요하지만 미래의 방류를 위해서도 중요한 경험이고 소중한 자료다. 전 세계의 해양 포유류 전문가들이 우리의 방류 사업에 큰 관심을 보였고, 우리는 이번 사업의 결과를 학계에 자세히 보고할 의무가 있다.

춘삼이의 등지느러미에 선명하게 찍혀 있는 냉동 표식. 제돌이에겐 1, 춘삼이에겐 2를 찍어 개체 식별이 쉽도록 했다. 장기간 사용할 수 있고 멀리서도 쉽게 식별이 가능한 냉동 표식의 유용성은 방류 이후에 확연히 드러났다. ⓒ 장이권

　방류는 돌고래들을 내보내는 것으로 끝나는 게 아니다. 준비 및 실행 과정에 대한 전반적인 평가가 이뤄져야 비로소 완성되는 것이다. 냉동 표식은 단기적으로는 돌고래의 생존 여부나 무리 합류 여부에 대한 정보를 알려 주고, 장기적으로는 방류 방법의 적절성 평가에 사용된다. 지금 이 순간에도 많은 연구자들이 방류된 돌고래들을 야생에서 모니터링하고 있다. 그러므로 남방큰돌고래 방류 사업은 아직 마무리되지 않았다.

　국제적으로 통용되는 돌고래 방류 절차에 따르면 방류 개체는 사후에 반드시 개체 식별을 하도록 되어 있다. 일반적으로 사진 식별, 냉동 표식, 위성추적 등 세 가지 방법을 동시에 사용한다. 그 이유는 각 방법마다 장단점이 있기 때문이다.

　사진 식별은 돌고래에게 위해를 가하지 않지만 최대한 근접하여 촬영

을 해야 하고, 전문가가 아니면 판독하기 어렵다. 위성추적은 현재 위치를 곧바로 알려 주는 가장 좋은 방법이지만 한정된 기간 동안만 유효하다. 냉동 표식은 차가운 금속을 20초 이내로 등지느러미에 갖다 대어 숫자나 모양을 표시하는 방식이다. 사진 식별보다 침해적이지만 개체 식별이 비교적 쉽고, 아주 오랫동안 유지된다.

실제로 제돌이와 춘삼이에게 장착한 위성추적 장치는 방류 후 거의 2~3주 정도만 작동했고, 그나마도 정보의 오차가 심해서 큰 도움이 되지 않았다. 더구나 위성추적 장치를 장착하려면 등지느러미에 드릴로 구멍을 뚫어야 한다. 이에 비해 냉동 표식은 돌고래에게 별로 피해를 주지 않는다. 돌고래의 등지느러미는 분비샘이 없고 빨리 자라기 때문이다.

냉동 표식의 성과는 방류를 하자마자 곧바로 드러났다. 방류 당시 우리는 제돌이와 춘삼이가 가두리에서 나오는 것을 관찰할 수 없었고, 가두리 밖에서도 목격되지 않았다. 방류 후에 제돌이를 처음 발견한 건 고무보트를 타고 추적 중이던 서울대공원 사육사였는데, 그분은 등지느러미에 선명하게 찍혀 있는 '1'자 덕분에 몇백 미터 밖에서도 그게 제돌이임을 한눈에 알아봤다고 한다. 만약 냉동 표식이 없었다면 제돌이가 무사히 바다를 누비고 있다는 사실을 영영 확인하지 못했을 수도 있다.

냉동 표식은 유효기간이 십 년은 되기 때문에 지금도 요긴하게 사용되고 있다. 제돌이와 춘삼이가 야생 돌고래 무리에 합류하는 것도, 무리 속에서 순조롭게 사회생활을 하는 것도 모두 냉동 표식을 통해 확인된 사실들이다.

냉동 표식은 연구자뿐 아니라 일반인들도 쉽게 알아볼 수 있다. 실제로 어선을 타고 가는 어부들이 그 표식을 보고 제돌이와 춘삼이의 위치를 제보하곤 한다. 나는 냉동 표식 덕분에 제돌이와 춘삼이가 더 안전하다고 믿는다. 혹시 또 정치망 그물에 걸리더라도 이젠 누구도 녀석들을 함부로 포획하거나 팔아넘기지 못할 테니까. 훗날 다른 돌고래를 방류할 때 위성추적 장치와 냉동 표식 중 하나를 선택하라고 하면, 나는 주저 없이 냉동 표식을 선택하겠다.

남방큰돌고래 방류에서 얻은 새로운 지식

야생 적응 훈련이 한창 진행될 무렵, 전 세계의 해양포유류 및 방류 전문가들이 제주도에 모여들었다. 그중에는 돌고래 살상을 고발한 영화 〈더 코브The Cove〉에 출연했던 릭 오배리Ric O'Barry 씨와 우리의 방류 사업에 많은 도움을 준 나오미 로즈Naomi Rose 박사도 있었다. 이들은 가두리에서 훈련 중인 돌고래를 유심히 관찰했으며, 남방큰돌고래 심포지엄에도 적극적으로 참가했다.

이들은 우리를 따뜻하게 격려했고, 우리의 방류 사업에서 많은 것을 배울 수 있을 거라 기대했으며, 꼭 학계에 보고해 달라고 부탁했다. 나는 방류가 성공한 것도 물론 기쁘지만, 우리의 경험을 통해 얻은 지식이 다른 돌고래들의 방류에 활용된다면 그 이상의 기쁨은 없을 것 같다.

남방큰돌고래 방류를 진행하면서 우리는 많은 것을 배웠다. 첫째, 남방큰돌고래 세 개체는 야생 순응 훈련의 진도에서 뚜렷하게 차이가 났다. 삼팔이와 춘삼이는 훈련이 시작되고 얼마 지나지 않아 활동성이 야생 개체와 거의 비슷해졌다. 이에 비해 제돌이는 상대적으로 많이 늦었고 모든 면에서 뒤처졌다.

돌고래의 훈련 기간은 수족관에서 보낸 기간, 인간의 간섭 정도 및 건강 상태에 따라 달라진다. 각 개체의 성격 때문에 훈련 기간에 차이가 날 수도 있다. 최근 활발하게 진행 중인 '동물 성격 연구'에 따르면 동물들에게도 다양한 성격이 있으며, 성격이 다른 개체는 똑같은 상황에서도 전혀 다른 반응을 보인다. 그러므로 방류 전에 수족관에서 돌고래의 성

돌고래 살상을 고발한 영화 〈더 코브〉의 주인공 릭 오배리. 그는 우리에게 조언을 아끼지 않았고, 우리의 방류 사업을 전 세계에 널리 알리기도 했다. 2013년 6월 3일 필자와 함께 남방큰돌고래 심포지엄에 참가했을 때의 모습.
ⓒ 장이권

격을 미리 파악해서 순응 훈련에 반영해야 한다.

둘째, 세 마리의 남방큰돌고래를 한 가두리에서 같이 훈련시킨 것이 성공적인 방류의 원동력이 되었다. 만약 제돌이 혼자 야생 순응 훈련을 진행했다면 방류 적합성 평가를 통과하기까지 훨씬 오랜 시간이 걸렸을 것이다.

제돌이는 방류 결정 이후 성산항에 있는 가두리로 이송되기까지 1년이 넘는 공백기가 있었다. 이 기간 동안 녀석은 돌고래 생태쇼에 참가하지 않았다. 한 번에 30분씩 하루 3회의 생태쇼가 진행되는 동안 제돌이는 외톨이가 된 채 무리와 격리되어 있었다.

내 입장에선 녀석이 혼자 있을 때와 무리와 같이 있을 때의 행동을 비교할 수 있는 절호의 기회이기도 했다.

혼자 있을 때 제돌이는 휴식 시간이 23%에서 69%로 늘고 이동 시간은 45%에서 31%로 줄었다. 사회행동이라고는 전혀 없었고, 그냥 휴식만 취하고 있었을 뿐이다. 가두리에서도 계속 혼자였다면 야생 돌고래와 비슷한 활동성과 먹이사냥 능력을 되찾기가 좀처럼 쉽지 않았을 것이다.

동료의 존재는 환경 적응력에도 큰 영향을 끼친다. 춘삼이와 삼팔이는 가두리에 처음 이송되었을 때 활동이 많이 위축되었지만 제돌이는 활동이 둔화되는 기간이 거의 없었다. 춘삼이와 삼팔이의 존재 덕분에 새로운 환경에 대한 두려움이 없었던 것으로 보인다.

셋째, 방류가 예정된 돌고래는 가두리 이송 전부터 정기적인 운동을 해야 한다. 제돌이가 가두리에서 친구들보다 운동 능력이 떨어졌던 건 수족관 시절에 운동량이 부족했기 때문이라고 추측된다. 운동은 방류가 예정된 돌고래뿐만 아니라 수족관의 다른 돌고래들에게도 똑같이 중요하다. 수족관에서는 일반적으로 이동이 적고 휴식이 많다. 행동풍부화 프로그램을 통해 수족관 돌고래의 이동과 휴식의 비율을 야생 돌고래와 비슷한 수준으로 끌어올려야 한다.

돌고래 방류가 우리 사회에 가져온 변화

단순히 보면 쇼 돌고래 세 마리가 야생으로 돌아간 것이지만, 이 방류는 우리 사회에 적잖은 변화를 몰고 왔다. 첫 번째는 남방큰돌고래 불법 포획이 거의 사라졌다는 점이다. 해양경찰은 남방큰돌고래 불법 거래에 대한 대대적 수사를 벌였고, 법원은 불법 거래된 남방큰돌고래 몰수와 관련자 처벌이라는 엄한 판결을 내렸다. 앞으로는 남방큰돌고래를 불법으로 포획하거나 매매하려면 경찰의 조사와 법의 심판을 받을 각오를 해야 한다.

이제 돌고래 쇼를 목적으로 남방큰돌고래를 포획하려는 수요는 사라졌고, 우리나라 해역은 해양포유류들에게 그만큼 안전해졌다. 이렇듯 남방큰돌고래 방류는 우리나라 환경보전 역사에 커다란 획을 그었다.

두 번째는 쇼 돌고래에 대한 국민들의 인식 전환이다. 2012년 제돌이의 방류를 결정한 직후 실시한 여론조사에서는 돌고래 공연에 대한 찬성과 반대 의견이 팽팽히 맞섰다. 그러나 2013년 7월 말의 여론조사에서는 반대 의견이 찬성을 월등히 앞선 것으로 나타났다.

돌고래의 성공적 방류 소식이 전해지면서 반대 의견이 일시적으로 높아졌을 수도 있다. 중요한 건, 방류 사업 과정에서 자연스럽게 남방큰돌

방류 후 야생 돌고래 무리와 합류한 제돌이. 등지느러미에 찍힌 '1'자가 선명하다. 남방큰돌고래의 성공적 방류는 우리 사회에 많은 변화를 가져왔다. 이제 돌고래 공연에 대한 반대 의견이 찬성 의견을 월등히 앞선다. ⓒ 장수진

고래에 대한 많은 정보들이 국민들에게 전달되었다는 점이다. 원래의 서식 환경과는 너무 다른 비좁은 수족관에서 잔인한 처우를 받는 쇼 돌고래들의 처지가 알려지면서, 야생 방류의 정당성이 차츰 국민들에게 각인되기 시작했다. 시민사회가 주도한 돌고래 야생 방류는 우리나라가 환경 선진국으로 다가서고 있음을 보여 주는 지표이기도 하다.

세 번째는 남방큰돌고래 연구에 크게 기여했다는 점이다. 남방큰돌고래는 최근에 큰돌고래와는 다른 종으로 새로이 분류되었다. 방류 과정에서 우리는 아직 미지의 종에 속하는 남방큰돌고래에 대한 많은 자료를 수집할 수 있었다. 특히 제돌이는 포획되기 전에 이미 국립수산과학원 고래연구소로부터 '009'라는 이름으로 연구 대상에 올라 있던 돌고래다. 방류 전에 수족관과 가두리에서 제돌이의 행동 연구가 진행되었기 때문

에, 환경에 따라 변화하는 돌고래의 행동에 대한 많은 자료들이 축적되어 있다. 그 자료들은 이후 전 세계에서 진행될 돌고래 방류에 중요한 참고자료로 사용될 것이다.

자연과 인간의 관계에 대한 바람직한 방향의 제시

돌고래 방류 연구에 참여하면서 가장 많이 들었던 질문은 수족관의 돌고래가 야생으로 돌아가야 하는 이유다. 바다에는 위험한 포식자들도 있고, 항상 먹이를 쫓아다니며 힘들게 살아야 한다. 그런데도 수족관의 돌고래를 야생으로 돌려보내야 하는가?

돌고래가 바다로 돌아가야 하는 과학적인 이유는 잘 알려져 있다. 돌고래 수십 마리의 야생 방류를 도운 릭 오배리는 동물원을 방문하면 돌고래 수족관을 보기 전에 반드시 파충류 사육장을 먼저 들른다고 한다. 그 어느 동물원을 가도 돌고래 수족관보다는 파충류 사육장이 그 안의 동물들에게 적합하다. 하루에도 수십km를 움직일 수 있는 돌고래에게 수족관은 너무나 좁고 지루한 공간이다. 수족관 돌고래는 활동량이 너무 부족하기 때문에 등지느러미가 휘어진다. 극도의 스트레스를 못 이겨 사육사를 공격하기도 하고, 심지어 수족관 벽에 부딪쳐 자살을 하는 경우도 있다.

수족관 돌고래의 처지를 인간에 비유하면 몇 평 안 되는 감옥에 갇혀서 평생을 보내는 것과 같다. 감옥에 가면 새벽에 출근할 필요도 없고 상사의 눈치를 안 봐도 된다. 아프면 치료해 주고 삼시세끼 밥도 준다. 그것도 공짜로. 거친 사회에 나가서 힘들게 일하고 아등바등 사느니 차라리 감옥에서 사는 게 훨씬 낫지 않을까? 하지만 감옥을 선택하는 사람은 아마 없을 것이다. 거칠고 험하더라도 세상 속에서 자유로이 살아갈

남방큰돌고래가 살아가야 할 곳은 제주도 앞바다이다. 이번 방류의 가장 큰 의의는 자연과 인간의 관계에 대한 바람직한 방향을 제시했다는 점이다. 우리와 함께 살고 있는 동물들을 위해서, 그리고 무엇보다도 우리를 위해서. © 장수진

때, 우리는 스스로가 인간답게 산다고 느낀다.

돌고래도 마찬가지다. 포식자에게 시달리고 먹이를 찾기가 힘들더라도 거친 바다에서 살아갈 때 비로소 돌고래답게 살 수 있는 것이다.

남방큰돌고래의 성공적인 야생 방류가 우리 사회에 가져온 의미 있는 변화들 중 가장 큰 것은 자연과 인간의 관계에 대한 바람직한 방향 제시라고 나는 생각한다. 나는 나비가 날아다니고, 귀뚜라미가 노래하고, 개구리가 짝을 찾고, 제비가 먼 길을 날아 우리에게 오고, 제주도에 가면 남방큰돌고래를 만날 수 있는 세상에서 살고 싶다. 나는 이런 세상에서 살 때 행복을 느낀다. 우리는 이런 세상에서만 인간답게 살아갈 수 있다. 동물들은 건강한 생태계에서만 제대로 살아갈 수 있고, 우리 역시 동물들과 공존할 수 있는 생태계에서만 행복한 삶이 가능하다.

참매미
새벽 대합창

　매미는 한여름의 상징이다. 해마다 여름이면 나타나서 노래로 세상을 뒤덮어 버린다. 예쁘고 귀여운 곤충들도 많지만 어린이들은 유독 매미를 좋아한다. 곤충에 관심이 없다가도 여름이 되면 너도나도 매미채를 들고 나타난다. 여름과 매미와 아이들은 떼려야 뗄 수 없는 불가분의 관계다.

　다른 노래곤충들에 비해 매미는 너무나 대담하다. 대부분의 노래곤충은 사람 같은 시각포식자를 피해서 어두울 때 노래한다. 그러나 매미는 대낮에 노래하는 주행성 곤충이다. 물론 여치도 낮에 노래하는 경우가 있기는 하다. 그러나 여치는 보호색을 띠고 있고, 수풀에 꽁꽁 숨어서 노래하기 때문에 쉽게 눈에 띄지 않는다.

　매미도 보호색을 띠고 있다. 하지만 참매미와 말매미 같은 몇몇 종들은 맨눈으로도 찾기가 별로 어렵지 않다. 대체 매미는 무슨 생각으로 대낮에 드러내 놓고 큰 소리로 노래할까? 녀석들은 과연 어떤 포식자 방어 수단을 갖고 있을까?

쩌렁쩌렁한 노랫소리의 비결

매미는 곤충 중에서 가장 큰 소리를 만들 수 있는데 이는 소리를 생성하고 증폭시킬 수 있는 독특한 신체구조 덕분이다. 동물들이 소리를 만들려면 먼저 진동을 만들어 내고, 그 진동을 증폭시켜 밖으로 내보내야 한다. 매미는 진동막tymbal을 이용하여 진동을 생성하는데, 그 과정을 눈으로 쉽게 관찰할 수 있다.

우선 매미를 옆으로 놓고 날개를 위로 올린다. 그런 다음 날개 밑부분에서 배 쪽으로 보면 하얀 진동막이 드러난다. 진동막은 딱딱한 막대들이 갈빗대처럼 연달아 있고 전체적으로 볼록한 모양이다. 매미가 진동막에 붙어 있는 근육을 힘껏 잡아당기면 진동막이 몸 안쪽으로 딸각하고 휘어져 오목하게 바뀌면서 진동이 발생한다. 진동막을 당기고 있는 근육을 이완시키면 오목하던 진동막이 원래대로 볼록하게 바뀌면서 또 진동한다. 진동막은 수컷에게만 있으며, 따라서 노래도 수컷만 할 수 있다.

매미의 진동막은 소리의 생성을 담당하지만, 정작 소리를 크게 증폭시키는 것은 배 내부의 울림통이다. 매미는 중대형 곤충이어서 울림통이 여느 곤충들보다 크고 소리 또한 크다. 죽은 수컷 매미의 배를 갈라 보면 내부 공간이 텅 비어 있는데, 이것이 울림통이다. 매미가 근육을 이용하여 진동막을 안쪽으로 잡아당기면 울림통의 공기가 압축되어 공기압력이 미세하게나마 높아진다. 진동막에 연결된 근육이 이완되면 안쪽으로 휘어졌던 진동막이 다시 밖으로 휘어지면서 울림통 안의 공기압도 낮아진다. 이렇게 진동막의 진동이 울림통의 공기압을 바꾸면서 소리를 크게 증폭시키는 것이다.

이 원리는 목이 긴 병을 이용하여 쉽게 실험해 볼 수 있다. 뚜껑이 없는 빈 병을 입에 수직으로 대고 불면 큰 소리가 난다. 불어넣은 공기 때문에 병 안의 공기압력이 바뀌면서 소리가 커지는 것이다. 이 원리를 이

주기매미의 진동막(왼쪽). 매미는 진동막을 이용하여 소리를 생성한다. 참매미의 진동막과 고막(오른쪽). 수컷 매미의 고막은 청음기관인 동시에 발성기관의 일부다. 진동막에서 생성된 진동이 울림통에서 증폭되어 고막을 통해 외부로 나간다. © 장이권

용해서 소리를 증폭시키는 음향 장치를 '헬름홀츠 공명기Helmholtz resonator'라 한다.

매미가 소리를 생성할 때 가장 재미있는 과정은 그다음이다. 매미는 울림통에서 증폭된 소리를 고막을 통해 밖으로 내보낸다. 수컷 매미를 잡아서 뒤집어 놓고 배 쪽을 보면 양쪽에 커다란 덮개가 있다. 이 덮개를 열어 보면 하얗거나 투명한 막이 가슴 쪽과 배 쪽에 한 쌍씩 있는데, 소리를 듣는 고막은 그중 배 쪽에 있는 한 쌍의 막이다.

소리를 만드는 발성기관과 소리를 듣는 청음기관은 서로 떨어져 있는 게 보통이다. 귀뚜라미나 여치를 보면 발성기관은 날개인데 청음기관은 다리에 있다. 그런데 매미의 고막은 아예 울림통의 일부다. 매미는 노래를 할 때 배를 들어 올린다. 배 밑부분에 있는 고막을 밖으로 드러내서 소리가 잘 퍼지도록 하기 위해서다. 그러니까, 매미의 고막은 청음기관인 동시에 발성기관이다.

만약 우리 귀가 입 안에 있다면 말을 할 때 자기 소리가 너무 커서 다른 소리는 잘 듣지 못할 것이다. 매미 역시 그렇다. 『파브르 곤충기』로

유명한 파브르는 이런 사실을 몰랐지만, 경험적으로 매미가 귀머거리라고 생각했다. 매미 뒤에서 소리를 지르고 박수를 쳐도 녀석이 아무 반응 없이 계속 노래만 불러 댔기 때문이다.

파브르는 제 생각이 맞는지 확인하기 위해 마을로 가서 수호성인의 축일에 사용하는 대포 두 문을 빌려 왔다. 쏘기 전에 일단 집의 창문을 열고, 가족에게 마음의 준비를 하라고 했다. 그런 다음 매미가 합창할 때 대포를 발사했다. 쾅! 우레 같은 소리가 터졌지만 매미는 미동도 없이 계속 노래를 했다. 두 번째 대포도 발사했지만 매미에게 아무런 영향을 미치지 않았다. 짐작대로 녀석은 귀머거리인 게 분명해 보였다.

옆에 있던 파브르의 열 살짜리 아들내미는 아빠의 짐작이 사실로 확인된 것도 물론 좋았지만 그보다는 대포를 쏘는 게 더 흥미진진했다. 그래서 아예 대포 두 문을 동시에 쏴 보자고 졸랐다. 하지만 파브르는 자기의 생각이 옳다는 걸 이미 확인했기 때문에 여기서 실험을 멈춰 버렸다. 아들내미는 아마 무척 아쉬웠을 것이다.

파브르의 실험은 매미가 노래할 때 청력이 좋지 않다는 것을 증명했지만, 사실 매미는 귀머거리는 아니다. 오히려 매미의 고막에는 다른 어떤 곤충보다도 많은 청각신경이 발달되어 있다. 그렇지만 노래할 때는 고막이 발성기관의 일부이기 때문에 잘 들을 수 없다. 독특한 진동막, 잘 발달된 울림통, 그리고 소리를 내보낼 수 있는 고막. 바로 이게 쩌렁쩌렁한 매미 노랫소리의 세 가지 비결이다.

종특이적인 매미의 노래

참매미는 우리와 가장 친숙한 매미다. 매미 소리를 흉내 낼 때면 누구나 "맴~맴~맴~"이라고 표현한다. 우리나라에 여러 종의 매미가 있지만 이렇게 노래하는 매미는 참매미뿐이다. 그 노랫소리가 '매미'라는 이름의 기원이 되었을 것으로 보인다.

참매미의 노래는 음절이 뚜렷하고 리듬이 있어서 듣기 좋다. 이에 비해 말매미의 노래는 훨씬 단순하다. '치이이이~'로 시작해서 소리가 점점 강해지며 '쥐이이이~' 하고 한참 동안 지속된다. 리듬이 없고 칙칙한 말매미의 노래는 우리에게 아름답게 들리지 않는다.

게다가 말매미는 한 녀석이 노래를 시작하면 옆에 있는 녀석이 곧바로 따라 한다. 합창은 여러 노래곤충들에게서 흔하게 나타나지만 말매미의 합창은 유난히 시끄럽게 귀를 때린다. 요즘 이 녀석들은 한여름 도심 소음의 주범으로 낙인 찍혀 있다.

내가 개인적으로 가장 좋아하는 매미는 애매미다. 애매미의 노래를 처음 듣는 분들은 이게 정말 곤충의 소리인지 의심한다. 녀석들의 노래는 멜로디가 고운 새의 노래처럼 화려하고 청아하다. 애매미라는 이름에서 알 수 있듯이 매미 중에서 작은 편에 속하는데, 알고 보면 가장 화려한 가수다.

애매미와 생김새가 아주 비슷한 매미는 쓰름매미다. 녀석의 노랫소리는 이름 그대로 '쓰~름~ 쓰~름~' 하고 들린다.

유지매미는 다른 매미와 생김새가 확연히 다르다. 녀석의 날개는 마치 기름먹인 종이처럼 진한 갈색이다. 노래를 할 때도 지글지글 기름이 끓는 듯한 소리가 난다. 애매미, 쓰름매미, 유지매미는 주로 숲에서 많이 발견되는 종이다.

매미의 노랫소리가 종마다 다른 데엔 이유가 있다. 노래를 잘못 부르거나 잘못 인식하면 서로 다른 종의 암컷과 수컷이 짝짓기를 하게 된다. 이럴 경우 자손이 생성되지 않거나 잡종이 형성될 수 있다. 그러면 암컷과 수컷 모두 번식에서 막대한 손해를 입는다. 종별로 구분되는 독특한 신호는 같은 종의 암컷과 수컷이 짝을 짓도록 돕는 역할을 한다. 이렇게

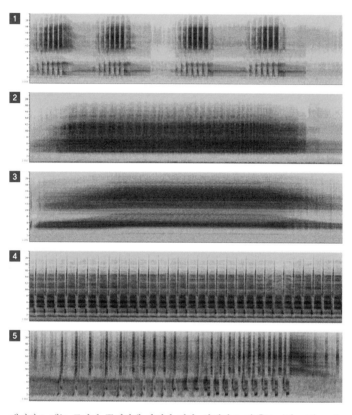

매미의 노래는 종마다 뚜렷하게 차이가 있다. 참매미 노래(①)는 '맴~ 맴~ 맴~ 맴~~~'으로 음절이 뚜렷하다. 말매미 노래(②)는 '치이취이이이이~' 하며 길게 지속된다. 유지매미는 '지글지글' 기름 끓는 소리가 나고(③), 쓰름매미는 '쓰~름~쓰~름~' 2박자로 노래한다(④). 애매미는 우리나라 매미들 중에서 가장 복잡하고 아름다운 노랫소리(⑤)를 가지고 있다. 그림:장이권

짝짓기 신호가 종마다 독특한 것을 '종種특이성'이라 한다.

　매미의 노래는 종특이적이기 때문에 노랫소리를 들으면 어떤 종인지 쉽게 알 수 있다. 요즘엔 종특이적인 짝짓기 신호를 이용해서 야생동물의 존재 유무나 개체군의 크기를 측정하는 모니터링 기술이 발달하고 있는 중이다.

매미 종마다 노래하는 위치가 다르다

참매미가 우리와 친숙한 이유는 가장 흔하기 때문이다. 우리나라에서는 남쪽 지역을 제외하면 참매미가 우점종優占種이다. 매미들 중 개체 수가 제일 많고 분포 지역도 넓다는 뜻이다. 한여름에 아침마다 방충망에 달라붙어 노래하며 온 집안 식구를 깨우는 게 바로 이 녀석들이다.

참매미가 우리에게, 특히 어린이들에게 친숙한 또 하나의 이유가 있다. 매미 채집을 하면 으레 참매미가 제일 많이 잡힌다. 녀석들이 사람의 눈높이에서 노래하기 때문이다. 다른 매미들은 사람의 키가 닿지 않는 높은 나무 위에서 노래하는데, 유독 참매미는 지면에서 별로 떨어지지 않은 낮은 위치에서 노래를 한다.

참매미는 한 장소에서 지긋이 노래하지 않는다. "맴~ 맴~ 맴 매애애애~~앰" 하고는 휙 날아가 버린다. 특히 낮에는 한두 소절만 부르고 즉시 다른 나무로 이동한다. 이에 비해 말매미는 한 나무에서 상대적으로 오랫동안 노래한다. 왜 참매미는 짧게 노래한 뒤에 이동하고 말매미는 그렇지 않을까?

낮은 곳에서 노래하다 보면 네발동물과 두발동물의 위협에 쉽게 노출된다. 참매미가 노래하는 나무 밑동은 포식자들이 접근하기가 아주 쉬운 곳이다. 게다가 나무의 밑동 근처에는 개미들이 끊임없이 오간다. 개미들이 지나가면서 매미를 건드리고 갈 때도 많다. 이런 이유들 때문에 참매미가 노래하는 장소를 자주 바꾼다고 나는 생각한다.

매미를 관찰해 보면 종에 따라 나무에서 노래하는 위치가 다르다. 참매미는 가장 낮은 위치에서 노래한다. 이에 비해 말매미는 나무의 거의 꼭대기 부분에서 노래한다. 애매미도 꼭대기 부분에서 노래하는데 위치를 자주 바꾼다. 이 나무 꼭대기에서 노래하다가 금방 저 나무로 날아간다. 참매미처럼 애매미도 노래와 이동을 반복한다. 쓰름매미와 유지매미는 나무의 중간쯤에서 노래를 한다.

노래하는 장소가 각기 다른 것은 매미 종들 사이의 경쟁의 결과일 수 있다. 가장 경쟁력이 강한 종이 가장 노래하기 좋은 장소를 차지하고, 그 다음으로 우세한 종이 두 번째로 좋은 장소를 차지할 가능성이 높다.

나무에서 노래하기 가장 좋은 위치는 분명히 매미 종마다 다를 것이다. 그러나 나보고 매미가 되어 노래하는 장소를 선택하라고 하면 나는 말매미의 위치에서 노래하겠다. 그곳은 꼭대기 쪽이어서 지면에 붙어 사는 동물들이 쉽게 접근하기 어렵다. 그러므로 어린이들이 노래하는 말매미를 채집하기는 쉽지 않다.

말매미의 위치는 음향학적으로도 탁월한 선택이다. 높은 곳에서 노래할수록 소리가 퍼져 나가는 범위를 넓힐 수 있다. 소리가 나뭇가지나 나뭇잎에 의해 흩어질 가능성도 훨씬 줄어든다. 노랫소리를 멀리 퍼뜨리기에 최적의 조건이다.

이렇게 좋은 위치를 차지하고 있는 말매미는 아마도 가장 우수한 경쟁자로 여겨진다. 녀석들은 매미들 중 가장 덩치가 크고 소리도 제일 시끄럽다. 다른 매미들로서는 말매미를 피해 다른 위치에서 노래할 수밖에 없을 것이다.

노래하는 위치는 종들 간의 경쟁에 의해 결정될 수도 있지만, 아예 처음부터 선호하는 위치가 다를 수도 있다. 중국 남부 같은 아열대 지역에서 진화했다고 추정되는 말매미는 노래할 때 높은 온도가 필요하다. 반면 우리나라보다 더 고위도 지역에서 기원했다고 추정되는 참매미는 노래할 때 낮은 온도를 선호한다. 어쩌면 그런 이유 때문에 말매미가 직사광선이 내리쬐는 나무의 윗부분에서 노래하고, 참매미는 높은 온도를 피해 그늘진 나무의 밑동 근처에서 노래하는 것일 수도 있다. 실제로 말매미가 합창할 때 선호하는 온도는 27℃ 이상이고, 참매미는 27℃ 이하이다.

참매미는 낮은 곳을 선호하지만 새벽이나 이른 아침엔 10층이 넘는

매미는 종에 따라 나무에서 노래하는 위치가 다르다. 이 그림은 한여름 대낮 온도를 기준으로 한 것이다. 참매미는 온도가 낮은 새벽엔 훨씬 높은 곳까지 올라가며, 10층이 넘는 아파트의 방충망에서 노래하여 사람들을 깨우기도 한다. ⓒ 김현태

높은 아파트에서도 노래를 한다. 한여름이라도 이 시간대에는 아직 온도가 낮아 참매미들이 노래할 수 있는 높이가 대낮보다 훨씬 확장되는 것 같다. 매미들이 정말로 온도에 따라 노래 위치를 결정하는지 궁금하다. 앞으로 이에 대한 연구가 더 필요해 보인다.

매미의 합창은 경쟁과 협력의 결과

매미가 큰 소리를 만들 수 있긴 하지만 한 마리가 아무리 떠들어도 동네가 떠나가지는 않는다. 매미 소리가 시끄러운 이유는 많은 매미들이 합창을 하기 때문이다. 노래하는 곤충이나 개구리의 노래는 '유인 노래 calling song' 또는 '광고 노래advertisement song'라고 불린다. 노래를 이용해 암컷을 유인하기 때문에 유인 노래라 하고, 광고가 그렇듯 큰 소리로 자주 반복할수록 많은 수신자의 관심을 끌기 때문에 광고 노래라고도 한다.

만약 내가 수컷 매미라면, 나의 가장 큰 경쟁 상대는 바로 옆에 있는 다른 수컷이다. 암컷이 다가올 경우 이웃하는 수컷끼리 직접적으로 경쟁을 하기 때문이다. 수컷은 최소한 바로 옆의 경쟁자만큼은 노래를 해야 짝짓기 경쟁에서 뒤지지 않을 수 있다. 이런 짝짓기 경쟁이 많은 수컷들을 동시에 노래하게 만들고, 결국 온 동네가 시끄러워진다.

매미가 합창을 하는 건 오로지 경쟁의 결과만은 아니다. 매미는 대낮에 큰 소리로 노래하기 때문에 포식자의 이목을 끌기 쉽다. 만약 나 혼자 노래하면 포식자에게 아주 손쉬운 표적이 된다. 그렇지만 여러 수컷들이 동시에 노래를 하면 설령 누군가가 포식자에게 잡아먹히더라도 내가 아닐 확률이 높아진다. 이렇듯 동시에 노래함으로써 위험을 감소시키는 것을 '희석 효과'라고 한다. 희석 효과는 매미처럼 광고 노래를 부르는 곤충이나 개구리들에게서 잘 발달되어 있다.

합창은 소리 신호를 이용하는 동물뿐 아니라 시각 신호를 이용하는 동물들에게서도 나타난다. 말레이시아 해안에 서식하는 반딧불이는 맹그로브mangrove 나무 에서 짝짓기 신호를 보내는데 한 그루에 보통 수십 마리가 몰려 있다. 같은 나무 위의 반딧불이들이 꽁무니의 빛으로 신호를 보내는 장면을 멀리서 보면 마치 꼬마전구로 장식한 크리스마스트리처럼 동시에 깜빡인다. 녀석들은 서로가 서로의 뒤에 숨어서 포식자를 피하려고 한다.

미국의 주기매미periodical cicada는 희석 효과를 가장 잘 구사하는 매미다. 주기매미는 북아메리카의 로키산맥 동쪽에만 분포하는데, 13년마다 출현하는 종과 17년마다 출현하는 종이 있다. 긴 생애에 비해 성충으로서의 삶은 매우 짧아서 겨우 3~4주에 불과하다. 아주 많은 수가 동시에 출현하여 동시에 노래하기 때문에 주기매미의 합창은 흔히 제트엔진의 소음에 비유된다. 밀도가 높은 곳에서는 녀석들의 사체를 쓰레받기에 쓸어 담을 정도다.

주기매미가 출현하는 장소는 매미 포식자들의 천국이 된다. 엄청나게 많은 매미들이 동시에 출현하면 근처에 있는 포식자들을 배불리 먹이고도 다수가 살아남을 수 있다. 많은 개체들이 포식자에게 속절없이 당하겠지만 그보다 훨씬 많은 개체들이 성공적으로 짝짓기를 하고 산란을 한다. 그래서 주기매미의 포식자 방어 전략은 '포식자 배불리 먹이기predator satiation'라고도 불린다.

※아열대나 열대의 해변이나 하구 습지에서 자라는 나무들을 통틀어 부르는 말. 조수에 따라 물속에 잠기기도 하고 드러나기도 하며 재해 방지, 생태계 정화, 생물다양성 유지에 큰 역할을 한다.

미국 주기매미의 '포식자 배불리 먹이기' 전략. 주기매미는 아주 많은 수가 동시에 출현한다(위). 그래서 포식자를 배불리 먹이고도 다수가 살아남을 수 있다. 밀도가 높은 곳에서는 매미의 사체를 쓰레받기에 쓸어 담을 정도다(아래). ⓒ 장이권

낮에는 말매미, 밤에는 참매미

노래곤충은 노래할 때 선호하는 온도 범위가 있다. 예를 들면, 매미는 한여름에 출현하고 주로 대낮에 노래를 한다. 반면 귀뚜라미는 여름부터 가을에 걸쳐 출현하고 주로 밤에 노래한다. 매미가 노래할 때의 온도는 귀뚜라미보다 훨씬 높다.

같은 매미라도 종에 따라 노래하는 온도 범위에 차이가 나는데, 가장 대조적인 예가 말매미와 참매미다. 참매미는 여름에 온도가 올라갈수록 합창할 확률이 점점 낮아진다. 반대로 말매미의 합창 확률 곡선은 온도가 올라갈수록 높아진다. 27℃ 이하에서는 거의 합창을 하지 않다가 27℃ 이상으로 올라가면 온 동네의 개체들이 일제히 합창을 시작한다. 말매미는 27~28℃ 근처에서 마치 스위치처럼 합창을 켜고 끈다.

노래할 때 선호하는 온도 범위가 다르므로, 같은 도시라도 지역에 따라 매미들의 노래활동이 사뭇 다를 수 있다. 이화여대 에코과학부 강재연 대학원생은 2012년 7월 27일부터 8월 11일까지 서울의 잠실과 이화여대 캠퍼스에서 말매미와 참매미의 합창을 연구했다. 이 시기는 여름의 절정으로서 말매미와 참매미의 합창 활동이 가장 활발한 때이다.

잠실의 경우 한여름에는 새벽부터 온도가 달아오르기 시작하고, 이른 아침의 평균 기온이 이미 27℃에 가까워진다. 그래서 오전부터 말매미들이 합창을 시작한다.

잠실의 온도는 저녁에도 좀처럼 27℃ 이하로 내려가지 않는다. 그러다 보니 말매미의 합창이 아침부터 밤늦게까지 이어진다. 반면 참매미가 합창하는 시간대는 하루 중 온도가 가장 낮은 한밤중과 새벽 나절뿐이다. 잠실 지역은 이른 아침부터 저녁 늦게까지 말매미들의 세상이고, 참매미는 아주 잠깐 동안만 활동한다.

매미들에게 이화여대 캠퍼스는 전혀 다른 세상이다. 캠퍼스 내에도

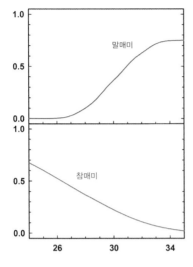

온도에 따른 참매미와 말매미의 합창 확률. 0은 합창 가능성이 전혀 없음을, 1은 합창이 확실함을 의미한다. 참매미의 합창 확률은 온도가 올라갈수록 낮아지지만 말매미는 그와 정반대다. 말매미의 합창 확률은 27℃ 이하에서는 0에 가깝지만 27℃ 이상에서는 급격히 높아진다. 이 확률 곡선은 2012년 잠실, 과천, 이화여대 및 양평에서의 24시간 녹음을 바탕으로 추정한 것이다. 참고로, 합창은 여러 마리가 같이 노래하는 행동이므로 27℃ 이하에서도 말매미 한두 마리가 단독으로 노래할 수 있다.

그림:강재연

숲이 있고, 북쪽으로는 북한산 자락인 안산이 자리 잡고 있다. 그래서 아침 시간대의 온도가 대개 27℃ 이하이다. 이 시간대에 말매미는 거의 노래할 수 없고 참매미만 합창한다. 온도가 올라가기 시작하는 11시쯤이 돼서야 말매미들이 노래를 시작한다.

오후가 되어 날이 더워지면 그때부터는 말매미들이 주로 노래를 하고 참매미들의 노래활동은 줄어든다. 그러다가 저녁이 되면 다시 말매미들이 활동할 수 있는 수준 아래로 온도가 내려간다. 한밤중에는 더 내려가서 참매미의 합창만 들리고 말매미 소리는 거의 들을 수 없다. 이화여대 캠퍼스에서는 늦은 아침부터 오후까지만 말매미 세상이고, 그 외에는 참매미의 세상이다.

같은 서울이지만 이화여대와 잠실은 매미들에겐 다른 나라나 마찬가지였다. 온도가 높은 지역에선 한밤중을 제외한 거의 대부분의 시간대를 말매미들이 장악한다. 그렇지만 근처에 숲이 있어 온도가 낮은 지역에선 늦은 아침과 오후를 제외하면 하루 종일 참매미들이 무대를 독점한다.

참매미 새벽 대합창

　한여름 한국의 소리를 가장 잘 감상하는 방법은 참매미들의 새벽 공연을 관람하는 것이다. 이 공연은 여름의 절정인 7월 말부터 몇 주간 펼쳐지는데, 동 트기 30분 전에 숲이 있는 공원으로 나가면 된다.

　매미의 노래활동은 온도와 빛의 영향을 받는다. 주행성 곤충이라 깜깜한 한밤중에는 활동이 드물고, 주위가 밝아져야만 비로소 목청을 돋우기 시작한다. 한여름의 새벽은 참매미가 노래하기에 가장 좋은 온도다. 동틀 무렵이면 온 동네의 참매미가 미리 약속이라도 한 것처럼 갑자기 합창을 시작하는데, 나는 이것을 '참매미 새벽 대합창'이라 부른다. 올여름에는 이 멋진 공연을 놓치지 말고 꼭 감상해 보기 바란다.

참매미가 노래하기 가장 좋은 시간은 새벽이다. 하루 중 온도가 가장 낮고, 해가 뜨기 때문에 충분히 환하다. 그래서 동틀 무렵 온 동네의 참매미들이 한꺼번에 대합창을 시작한다.
ⓒ 장이권

요즘 매미는
왜 시끄러울까?

　매미는 우리에게 익숙한 곤충이지만 행동생태 연구는 쉽지 않다. 알에서 부화한 매미는 어린벌레인 약충若蟲이 된다. 매미 약충은 땅속에서 생활하고 성충은 높은 나무 위에서 노래하기 때문에 일단 접근 자체가 어렵다. 녀석들을 실험실에서 사육하는 일도 만만치 않다. 그래서 늘 관심은 있었지만 선뜻 연구한다고 나서지는 못했다.

　그러던 내가 매미 연구를 시작한 계기는 철없고(?) 겁 없는 몇몇 학부생들과 고등학생들 때문이었다. 이들은 2010년 여름방학이 시작될 무렵 연구실로 찾아와서 매미 연구를 하고 싶다고 했다. 만약 대학원생이 그런 제안을 했다면 학위논문이 걸려 있어서 많이 망설였을 것이다. 하지만 학부생과 고등학생들은 그런 부담도 없고 해서, 기꺼이 매미와 함께 즐거운 여름을 보내기로 했다.

　동물의 행동 및 생태 연구를 하려면 무조건 야외로 나가야 한다. 동물들은 야생에서만 제대로 행동하고 살아가기 때문이다. 그렇지만 무턱대고 나갈 수는 없고, 적당한 연구 주제가 필요했다. 기존 문헌들을 살펴보다가 매미의 종에 따라 서식지가 다르다는 정보를 얻었다. 그런데 이 정보는 전문적 연구가 아닌 경험에서 나온 것이었다. 그래서 우리는 이 정보를 실험으로 증명하는 방법을 고민해 보았다.

매미의 서식 장소는 언뜻 간단한 주제처럼 보이지만 이것을 과학적으로 증명하는 방법은 그리 간단하지 않다. 정말 매미 종마다 살아가는 장소가 다른 것일까?

유난히 도시에 많이 출현하는 말매미

매미의 서식 장소는 집 앞에만 나가도 확인할 수 있다. 그러나 이렇게 기준과 원칙이 없는 방법으로 얻은 자료는 해당 종 전체를 대표하기 어렵다. 우리가 가는 장소는 어쩌면 우리가 선호하는 장소일 뿐 매미가 선호하는 장소는 아닐 수도 있다. 자료의 대표성을 확보하는 가장 좋은 방법은 무작위로 표본을 추출하는 것이다.

표본 추출은 생태학 연구의 핵심이다. 논문 심사를 할 때는 연구의 결과도 고려하지만 표본 추출의 정당성을 더 중요하게 따진다. 표본 추출이 정당하지 않으면 그 표본에서 나온 결과를 신뢰할 수 없기 때문이다. 가장 간단하면서도 가장 중요한 표본 추출 방법은 무작위추출법random sampling이다. 전체 인원이 30명인 초등학교 학급에서 대표 5명을 추출한다고 생각해 보자. 무작위추출은 대표에 뽑힐 확률이 30명 모두에게 똑같이 있는 경우이다.

우리는 서울과 인천을 포함한 경기도에서 매미의 서식지 조사를 하기로 했다. 일단 조사 범위 내에서 무작위로 지점을 선발하여 매미 유무를 조사해야 한다. 그런데 우리의 관심은 경기도 중에서도 수도권이고, 그 외 지역은 비교 대상이다. 면적으로 따지면 수도권이 비교 대상 지역보

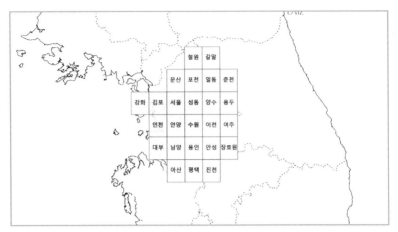

매미의 서식 장소 연구. 조사 지역인 서울시, 인천시, 경기도를 25 x 25km의 격자 25개로
나눴다. 수도권 6개 격자 중 1개와 나머지 경기도 격자들 중 1개를 매일 무작위로 추출하
여 방문 조사를 벌였다. 그 결과 말매미의 서식 장소가 수도권의 도시 지역에서 유독 높은
비율로 나타났다. 그림:홍연우

다 적으므로, 무작위추출법을 그대로 적용하면 수도권에서 매미 조사가
충분히 이뤄지지 않을 수 있다.

그래서 조사 지역인 서울시, 인천시, 경기도를 25 x 25km짜리 격자 25
개로 나눴다. 그런 다음 수도권에 해당하는 6개의 격자들 중 1개와 비교
대상인 나머지 지역의 격자들 중 1개를 매일 무작위로 추출하여 방문
조사를 벌였다.

매일 2개의 격자를 조사하기 위해 우리는 격자 1개당 조사 지점을 매
일 열댓 개씩 선발했다. 격자 안에서 무작위로 위도와 경도를 선택하면
점이 찍히는데, 이곳이 조사 지점이다. 간혹 조사 지점이 강이나 바다에
찍히는 경우도 있다. 그러면 그 지점은 버리고 새로운 지점을 선택한다.
말 그대로 무작위라서 건물 옥상에도 찍히고 도로 한가운데도 찍힌다.
그런 다음 그 지점으로 최대한 가까이 접근하여 매미의 노래활동과 주변 환경에 대한 정보를 기록한다.

처음에는 우리가 직접 운전을 해서 조사 지점을 찾아갔다. 그런데 수도권에서는 이 방법이 비효율적이었다. 지도상으로는 바로 옆인데 찻길로는 한참 돌아가야 하는 경우가 종종 있었다. 그래서 나중엔 택시 기사 한 분을 섭외했다. 매일 우리가 가고 싶은 지점의 목록을 드리면 이 분이 우리를 안전하고 신속하게 조사 지점으로 데려다 주었다.

기사 아저씨는 처음에는 우리 연구를 의아하게 생각했지만 나중에는 많은 관심을 가져 주셨다. 마지막 날엔 "혹시 내년에도 이 연구를 하면 나를 꼭 불러 달라"고 부탁하셨다. 사실 생태 및 행동 연구는 누구나 할 수 있고, 결과를 떠나서 연구 그 자체가 재미있다.

2010년도 조사 결과는 매미 종마다 서식 장소에 차이가 있음을 분명하게 보여 주었다. 참매미는 도시, 숲, 논밭에서 골고루 나타났다. 애매미, 쓰름매미, 유지매미는 숲에서 높은 비율로 출현했다. 그런데 말매미의 서식 장소는 도시 지역이 유독 높은 비율로 나타났다. 다른 매미 종의 분포는 우리의 예상을 크게 벗어나지 않았지만 말매미의 분포는 많은 궁금증을 불러일으켰다.

도시가 확대되고 급격히 발달한 건 최근 몇십 년 사이의 일이다. 그렇다면 과거의 매미 분포는 어땠을까? 서울이 지금처럼 팽창하기 전에도 말매미가 서울에 많이 있었을까?

서울에 오래 거주하셨던 분들에게 과거에 말매미 노래를 들어 봤는지 물었다. 그러나 그분들 중 말매미의 노래를 기억하는 분은 없었다. 심지어 90년대 초까지도 말매미의 노래를 듣지 못했다는 증언이 대부분이었다. 이분들의 증언대로라면 20~30년 전만 해도 서울에 말매미가 흔치 않았다는 얘기가 된다.

혹시 예전에는 수도권에 말매미가 서식하지 않다가 최근에 외부에서 유입되었을까? 이화여대 자연사박물관의 표본을 확인해 보니 1950~60년대에도 서울에 말매미가 있었다. 추측건대 과거에도 말매미가 수도권에 존재하긴 했지만 밀도는 높지 않았고, 최근에 와서야 폭발적으로 증가한 것으로 보인다.

말매미가 최근에 급증했다는 가설을 어떻게 증명할 수 있을까? 만약 폭발적 증가가 사실이라면, 어떤 요인 때문에 도시 지역에 말매미들이 그토록 늘어났을까?

수도권 매미 소음의 주범은?

매미 서식 장소 연구 결과는 말매미가 도시 지역에 주로 살고 있다는 정보는 제공했지만 말매미 소음의 근본적인 원인을 알려 주지는 않는다. 그리고 정말로 말매미가 도시에 많은지도 아직은 불확실하다.

농촌 지역엔 높은 건물이 별로 없고 나무가 많아서 소리가 쉽게 흩어진다. 이에 비해 도시는 높은 건물과 유리, 금속, 아스팔트 같은 건축 재질 때문에 소리가 잘 반사된다. 이런 공간 구조의 차이 때문에 매미의 수가 비슷하더라도 매미 소음이 농촌보다 수도권에서 더 시끄럽게 들릴 수 있다.

매미 소음의 근본 원인을 규명하려면 한 지역에 서식하는 매미의 개체 수를 파악해야 한다. 그러나 사람들의 인구조사도 어려운데 날아다니는 매미의 수를 일일이 세는 건 불가능하다. 그래서 우리는 매미의 탈피각에 주목했다. 매미는 땅속에서 오랜 기간을 약충으로 지낸다. 마지막 약충은 땅 위로 나와 근처의 나무로 올라간 다음 날개를 펴서 말리고 성충이 된다. 이 과정을 우화羽化라 하고, 이때 벗어 놓은 허물을 탈피각이라 한다.

나뭇잎에 붙어 있는 매미의 탈피각(왼쪽). 탈피각은 매미의 마지막 약충이 우화하여 성충이 될 때 벗어 놓은 허물이며 종마다 생김새가 다르다(오른쪽). 왼쪽부터 말매미, 참매미, 유지매미, 애매미의 탈피각. ⓒ 장이권

이론적으로 탈피각의 개수는 활동하는 성충의 수와 같다. 우리는 서울의 강남 지역, 과천 및 경기도 소도시에서 탈피각을 이용한 매미의 밀도 조사를 실시하기로 했다.

2010~2011년에 걸쳐 수행된 이 조사는 능력 있고 열정적인 학부생들에 의해 주도적으로 이뤄졌다. 이화여대 김태은, 이형윤 학생과 서울대의 오승윤 학생이 그 주인공이다. 이형윤, 오승윤 학생은 매미 탈피각을 분류하는 방법을 개발해 냈다. 마지막 탈피를 하려고 땅에서 나무로 올라오는 매미를 잡아서 사육통에 넣은 다음 녀석이 탈피하기를 기다린다. 탈피를 마치고 우화하면 그 매미의 종을 알 수 있고, 따라서 탈피각도 분류할 수 있다. 우리는 이 방법을 이용하여 매미의 밀도를 효과적으로 측정할 수 있었다.

매미 밀도 연구의 신빙성을 높이려면 되도록 많은 조사 지역을 선정해야 하고, 한 지역마다 최대한 넓은 면적에서 탈피각을 수거해야 한다. 예를 들면 수도권에서 아파트 단지 하나를 통째로 조사해야 한다. 이 작업은 김태은, 오승윤 학생이 담당했는데, 매미의 활동 시기가 한여름이기 때문에 하루 종일 뙤약볕에서 돌아다녀야 했다. 높은 나무 위에 있는 탈

탈피각을 이용한 매미의 밀도 연구. 수도권 지역과 경기도 소도시들을 포함한 25개 조사 지역에서 2년에 걸쳐 탈피각을 수거했다. 조사 지역은 모두 근린공원이나 아파트 단지 내에 위치한다. ⓒ 장이권

피각을 긴 막대로 일일이 수거해야 했고, 나무 위로 직접 올라가야 하는 경우도 종종 있었다.

이런 힘든 연구를 훌륭히 수행하고 연구 결과를 학술논문으로 발표한 이 세 학생들이 나는 너무나 자랑스럽다.

탈피각을 이용한 연구 결과는 매미의 소음이 왜 특정 지역에서 심각한가를 잘 보여 준다. 조사 지역인 서울 강남과 경기도 과천의 매미 밀도는 비교 지역인 경기도 소도시들보다 모든 종을 통틀어 2.3~13.3배 높았다. 모든 지역에서 공통적으로 참매미의 밀도가 가장 높았고, 말매미의 밀도는 수도권이 경기도 소도시들보다 무려 10~16.5배나 높았다.

참매미와 말매미의 비중은 평균 75.2% 정도였지만 서울 강남에서는 무려 97%가 넘었다. 즉, 수도권 주민들이 매미 소음에 시달리는 이유는 참매미와 말매미의 밀도가 높기 때문이다. 그중에서도 주범은 단연 말매미다.

수치로만 따지면 참매미의 밀도가 더 높긴 하다. 그러나 소음의 크기로 비교하면 말매미가 참매미보다 몇 체급 더 위다. 경기도 소도시들만 해도 말매미의 밀도는 별로 높지 않아서 녀석들의 노랫소리가 그리 큰 소음으로 여겨지지 않는다.

그렇다면 수도권에서 말매미의 밀도가 높은 이유는 무엇일까?

산란하는 말매미 암컷. 수도권에서 매미 소음에 시달리는 이유는 말매미의 밀도가 아주 높기 때문이다. 수도권의 말매미 밀도는 경기도 소도시들보다 10~16.5배 높다. 매미의 밀도는 우리나라 도시생태학에서 핵심적으로 다뤄져야 할 질문이다. ⓒ 장이권

수도권에서 말매미가 늘어나는 이유

우리는 경기도 소도시들보다 수도권에서 말매미의 밀도가 높은 이유를 세 갈래로 분석하고 있다. 첫 번째 가설은 수도권의 온도, 습도, 빛과 같은 비생물요인들이 말매미가 살기에 적합하다는 것이다. 두 번째 가설은 수도권에서 매미 포식자의 감소, 세 번째 가설은 매미가 선호하는 나무의 증가다. 최근 도시 지역에 인공적으로 나무를 많이 심었는데, 이 나무들이 매미에게 서식지를 제공했을 가능성이 있다는 것이다.

수도권에서 말매미 밀도의 증가와 우호적인 비생물요인 사이에 관련이 있음을 보여 주는 여러 정황들이 있다. 한 연구 결과에 따르면 일본의

곰매미Cryptotympana facialis 약충은 유지매미보다 훨씬 높은 온도에서 잘 성장했다. 곰매미와 말매미Cryptotympana atrata는 같은 남방 계통의 매미로서 일본, 타이완, 중국 남부에 주로 분포한다. 말매미 약충에 대한 사육 실험 연구는 아직 없지만, 둘 다 남방 계통이기 때문에 말매미도 성장할 때 높은 온도가 필요할 수 있다.

도시의 중심부는 인구밀도가 높고 고층건물들이 밀집되어 있어서 변두리 지역보다 온도가 높다. 이것을 '열섬 효과heat island effect'라 한다. 대도시의 냉난방시설과 자동차 엔진은 열을 발생시키고, 아스팔트와 시멘트는 열을 집적시키며, 고층건물은 대기의 흐름을 정체시켜 열섬 효과를 가속시킨다. 수도권에서 말매미의 밀도가 높은 지역은 대부분 열섬 효과가 심한 지역이다. 수도권의 도심 온도는 경기도의 소도시들보다 몇 도가 높다.

경기도의 추운 겨울은 말매미 약충에게 치명적이어서 말매미의 밀도를 낮게 유지시켜 준다. 하지만 열섬 효과로 인해 이런 제약이 풀릴 경우, 말매미의 밀도는 폭발적으로 증가할 수 있다.

수도권에서 포식자의 감소가 매미의 폭발적인 증가와 관련이 있을 수도 있다. 매미의 주 포식자는 새나 말벌이다. 그런데 포식자의 감소가 매미의 밀도를 증가시킬 수도 있지만, 거꾸로 매미 밀도의 증가가 포식자의 밀도 증가로 이어진다는 연구 결과도 있다. 미국의 주기매미는 13년 또는 17년 주기로 엄청나게 많은 수가 동시에 출현하는데, 녀석들을 잡아먹는 새들 역시 이때에 맞춰 동시에 증가한다는 것이다.

비슷한 일이 우리나라에서도 벌어지고 있는 것 같다. 여름에 119 소방대원들이 긴급 출동하는 가장 큰 이유들 중 하나는 말벌집 퇴치다. 말벌은 매미를 사냥하면 가슴 부위의 근육만 남기고 나머지는 제거한다. 그런 다음에 그걸 말벌집으로 가지고 가서 유충에게 먹이로 준다. 최근 도시에서 말벌집이 급증하는 건 어쩌면 매미의 밀도 증가와 관련이 있을 수도 있다.

수도권에서 매미가 선호하는 나무의 증가도 말매미의 밀도 증가에 중요한 영향을 미칠 수 있다. 매미는 약충 기간 동안 땅속에서 수액을 빨아먹고 자라기 때문에 나무에 절대적으로 의존한다. 수도권에는 말매미가 좋아하는 플라타너스, 벚나무 등이 많이 식재되어 있다. 특히 70년대 이후 진행된 택지개발 지역에 나무들이 많이 우거져 있어 말매미에게 이상적인 서식지를 제공한다. 매미의 밀도 증가를 설명하려면 매미가 선호하는 나무의 증가 가설을 반드시 검증해 봐야 한다.

우호적인 비생물요인 가설과 매미가 선호하는 나무의 증가 가설은 서로 보완적일 수 있다. 즉, 말매미가 폭발적으로 증가하려면 숙주가 되는 나무도 많아져야 하고 비생물요인도 적절히 갖춰져야 한다.

밀도가 높은 지역일수록 빨리 출현한다

밀도 연구와는 독립적으로 우리는 매미의 출현을 전국적인 범위에서 연구했다. 매미가 나타나는 시기와 장소를 입체적으로 이해하기 위해서다. 대규모 시공간에서 펼쳐지는 매미의 활동을 연구하기 위해 우리는 '시민참여과학 매미탐사대'의 힘을 빌렸다. 2012년에 진행된 이 연구는 매미의 출현에 대해 몇 가지 놀라운 정보를 제공했다.

곤충의 출현은 식물의 개화 시기와 마찬가지로 일조량의 영향을 받는다. 식물은 일조량이 많은 남쪽 지역에서 먼저 개화하고 점차적으로 북상한다. 그래서 처음엔 매미도 남쪽에서 먼저 출현하여 차츰 북상하리라고 예상했다. 그러나 말매미의 출현이 가장 빨랐던 지역은 서울의 잠실 지역으로 2012년 6월 15일 경이였으며, 곧 수도권 전역으로 확산되었다. 뒤이어 안동과 전주 등에서도 말매미가 나타났고, 제주도나 남쪽 지

시민참여과학 매미탐사대 로고.
필자는 2012년부터 매미탐사대를 조직하여
일반인들과 함께 매미를 연구하고 있다.

방에 출현한 건 잠실보다 몇 주나 늦은 시점이었다.

참매미 역시 말매미와 비슷했다. 먼저 수도권에 출현한 다음 몇 주 지난 후에야 남쪽 지방에서 모습을 드러냈다. 수도권 중에서도 잠실, 목동, 여의도처럼 매미의 밀도가 높은 지역에서 매미의 출현도 가장 빨랐다.

매미탐사대에서 얻은 결과들은 아직 자료가 충분치 않으므로 결론으로 단정 짓기는 이르다. 그러나 서울 도심에서 말매미와 참매미의 출현이 다른 어느 지역들보다도 빠른 것은 분명해 보인다. 그리고 수도권에서 말매미의 출현이 빠른 곳은 매미의 밀도가 높은 지역들이다.

이 연관 관계는 그저 우연의 일치로 보기에는 너무나 놀랍다. 어쩌면 말매미의 밀도 및 출현 시기는 도심의 높은 온도와 직접적인 연관이 있지 않을까?

매미는 한여름의 상징이지만 언젠가부터 여름철 소음의 주범으로 낙인 찍혀 있다. 밤낮없이 노래하는 매미 때문에 한여름 밤에 창문을 열지 못하는 경우도 흔하다. 2010년 남아공월드컵 때 경기장에 등장했던 부부젤라 소음에 빗대서 '매미젤라'라는 말까지 나왔다. 매미들에게 '소음진동관리법'을 적용하면 과태료를 물릴 수준이라고도 한다. 많은 분들이 내게 묻는다. "요즘 매미는 왜 이렇게 시끄러워요?"

매미 탐사 현장(왼쪽). 매미 탐사는 아무 데서나 가능하다. 심지어 매미가 노래하지 않아도 탐사할 수 있다. 우화하는 매미를 발견하고 관찰하는 모습(오른쪽). 매미가 우화하는 동안 1시간이 넘게 많은 분들이 지켜보았다. ⓒ 어린이과학동아, 장이권

　현재까지 우리 실험실의 연구 결과에 의하면 수도권에서 매미의 소음은 말매미와 참매미의 높은 밀도와 관련이 있다. 특히 말매미는 최근 폭발적으로 밀도가 증가한 것으로 보인다. 그리고 말매미의 밀도와 출현 시기는 도시의 높은 온도와 관련이 있는 것 같다.

　하지만 매미의 밀도와 도시의 온도를 직접적으로 연관 짓는 연구가 아직 부족하고, 매미의 밀도에 대한 다른 가설들도 검증해야 한다. 만약 말매미의 밀도와 열섬 효과가 정말로 관련이 있다면, 아무리 시끄럽더라도 매미를 탓할 일은 아니다. 그 모든 게 결국은 우리 인간들 때문이니까 말이다.

| 제4장 |

가을의
생명들

© 윤석준

쌍잠자리의
비행에 깃든 사연

    늦여름에 길을 가다가 주차장을 지날 때, 주차되어 있는 차량 위로 맴도는 잠자리들을 볼 때가 있다. 주위에서 흔히 볼 수 있는 광경이지만 나는 그런 모습을 볼 때마다 가슴이 몹시 아프다.

    잠자리는 공중에서 맴돌다가 배 끝으로 자동차 표면을 살짝 건드리고 다시 날아오른다. 그러기를 몇 번씩이나 반복한다. 놀이나 비행 연습처럼 보일 수도 있지만 그렇지 않다. 사실은 암컷 잠자리가 자동차 표면에 알을 낳고 있는 중이다.

    한여름 햇볕에 오랫동안 노출된 자동차 표면은 엄청 뜨겁다. 거기에 알을 낳으면 달궈진 프라이팬 위에 놓인 것처럼 금방 익어 버릴 것이다. 대체 왜 이런 일이 벌어질까?

    물의 표면에 빛이 반사되면 편광이 된다. 맑은 날 연못을 바라보면 가끔 수면에서 섬광처럼 빛이 번쩍일 때가 있는데, 바로 그게 물에 반사되어 편광이 된 빛이다. 잠자리 같은 곤충은 이런 편광에 민감하게 반응한다. 자동차 표면에서 반사된 빛이 편광이 되면 잠자리는 그것을 물의 표면에서 반사된 빛으로 여길 수 있다. 그래서 자동차 표면을 물로 착각하고 그 위에 알을 낳는 것이다.

그런 장면을 보면서 한층 더 가슴이 아픈 이유는, 잠자리가 짝짓기해서 알을 낳기까지 얼마나 험난한 과정을 거치는지 잘 알기 때문이다. 동물들의 짝짓기엔 암수의 협력이 필수적이지만 때로는 서로의 이해가 충돌하기도 한다(제1장 '너무나 다른 우리, 남과 여' 참조). 암컷과 수컷은 각자의 이익을 위해 상대를 이용하는 행동도 서슴지 않는다. 번식 과정에서 이해의 충돌이 그 어느 종보다 많이 드러나는 곤충이 바로 잠자리이다.

수컷 잠자리는 햇볕을 쬐며 쉬고 있는 암컷을 낚아채 짝짓기를 시도한다. 심지어 이제 막 물에서 우화하여 짝짓기할 준비가 전혀 되어 있지 않은 암컷을 채 갈 때도 있다. 어떤 수컷은 짝짓기 중인 잠자리들에게 날아가 부딪치고 물어뜯으며 훼방을 놓는다. 또 어떤 수컷은 물 위에 산란 중인 암컷을 낚아채려 하다가 그만 익사시키기도 한다.

암컷 역시 매정하고 살벌하기는 마찬가지다. 암컷 잠자리는 여러 마리의 수컷과 짝짓기를 할 수 있다. 금방 짝짓기한 수컷이 마음에 들지 않으면 곧바로 다른 수컷을 찾아 나선다. 암컷이 새로운 수컷과 교미하면 기존 수컷의 정자는 사라지게 된다. 수컷이 방해할 경우 암컷은 맹렬히 저항하고, 그 과정에서 수컷을 죽일 수도 있다.

잠자리들의 짝짓기 과정에서는 이렇듯 다양한 충돌이 발생한다. 그게 가장 잘 드러나는 행동이 바로 수컷 잠자리의 '짝 지키기'다.

연못 위는 잠자리 수컷들의 전쟁터

곤충의 성충은 잘 발달된 날개와 다리를 갖고 있어서 기동성이 좋다. 뛰어난 기동성은 오늘날 지구를 '곤충의 행성'으로 만드는 데 결정적으로

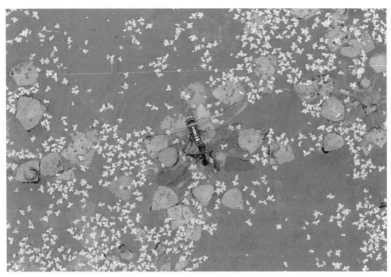

암컷 잠자리는 물에 알을 낳는다. 물이 있는 습지는 암컷의 산란 장소이고, 잠자리 약충이
성충이 되기 전까지 생활하는 서식처이다. ⓒ 장이권

기어했다.

　그렇지만 곤충의 새끼인 약충이나 유충은 날개와 다리가 발달되지 않아서 행동반경이 제한되어 있고 이동이 거의 없다. 암컷이 알을 낳은 장소가 곧 부화 장소이고, 새끼들이 성장하는 장소이고, 성충으로 우화하는 장소다. 만약 산란 장소가 알의 부화 및 성장에 적합하지 않으면 번식에 성공할 가능성이 희박해진다. 그러므로 암컷은 아주 신중하게 산란 장소를 선택한다.

　잠자리는 약충 기간을 물속에서 보낸다. 만약 성장 도중에 습지가 말라 버리면 성충이 될 수 없다. 물고기 같은 포식자에게 노출되면 약충은 곧바로 물고기 밥이 되어 버린다. 약충이 좋아하는 작은 물고기나 올챙이나 수서곤충이 없으면 굶어 죽을 수도 있다. 그래서 암컷은 산란 장소를 선택할 때 이 모든 것들을 고려한다.

수초가 있는 습지는 잠자리 약충이 성장할 수 있는 이상적인 조건을 제공해 준다. 수초가 있는 곳은 포식자를 피해 숨기도 좋고, 먹이가 모여드는 장소이기도 하다. 잠자리 종에 따라 선호하는 산란 장소가 조금씩 다르긴 하지만, 많은 경우 잠자리 암컷은 수초가 있는 습지를 선호한다.

수컷 잠자리는 이런 사실을 잘 알고 있다. 암컷이 선호하는 산란 장소를 지키고 있으면 거기로 오는 모든 암컷들과 짝짓기를 할 수 있는 기회가 생긴다. 수초나 습지 근처의 식물 또는 물 위로 솟아 있는 물체에 가만히 앉아 있는 잠자리는 예외 없이 수컷이다. 녀석들은 그렇게 높은 횃대 위에 앉아서 자신의 영역을 설정하고 다른 수컷들을 방어한다.

횃대를 고르는 기준은 주위를 잘 감시할 수 있고 날아오는 암컷을 관찰하기 좋은 곳이다. 그래서 종종 여러 개의 횃대 후보지를 놓고 비교해 가면서 고른다. 어떤 종의 수컷은 영역 순찰을 돌면서 경쟁자를 감시하기도 한다.

횃대에 가만히 앉아 있거나 정찰비행을 할 때는 평화로워 보이지만 다른 수컷이 영역에 날아오면 곧바로 다툼이 일어난다. 물 위는 영역을 지키려는 수컷과 그 자리를 뺏고 싶어 하는 침입자들의 치열한 전쟁터가 된다. 침입자가 나타나면 수컷은 즉시 접근해 정지비행을 하며 상대방을 감시한다. 만약 침입자가 물러서지 않으면 서로 쫓고 쫓기며 치열한 공중전을 벌인다. 서로 빙글빙글 돌며 재주도 부리고, 영역 한쪽 끝에서 다른 쪽 끝까지 빠르게 날기도 한다.

재미있는 건, 서로 몸을 부딪치며 직접적으로 싸우지는 않는다는 점이다. 그렇더라도 몇 분 동안 격렬하게 비행하다 보면 체력 소모가 엄청나다. 공중전에서 승리하는 수컷은 그걸 감당할 수 있을 만큼 몸집이 큰 녀석들이다(Bradbury and Vehrencamp. 2011. Principles of animal communication. P430). 공중전의 승자는 영역에 남아 있을 수 있고, 암컷

횃대에서 영역을 지키고 있는 실잠자리. 습지는 암컷 잠자리의 산란 장소이므로 수컷들은 이곳을 확보하려고 서로 경쟁한다. 제 영역을 다른 수컷의 도전으로부터 방어해야만 이곳에 오는 암컷과 짝짓기를 할 수 있다. ⓒ 장이권

과 짝짓기할 가능성이 그만큼 커지게 된다.

잠자리 암컷은 수컷과 교미한 뒤에 곧바로 상대의 정자를 이용해서 알을 수정시키지 않는다. 많은 곤충들이 그렇듯 정자를 일단 '저정낭貯精囊'이라는 곳에 집어넣어 알을 낳기 전까지 보관한다. 저정낭은 암컷 생식기의 일부로서, 수컷의 정자를 보관하고 있다가 필요할 때 방출시켜 알을 수정시킨다. 이미 저정낭에 정자가 있는 상태에서도 잠자리 암컷은 다른 수컷과 교미를 할 수 있다.

암컷이 알을 낳으려고 연못에 도착할 때쯤엔 이미 어느 수컷과 짝짓기를 마치고 저정낭에 정자를 보관하고 있을 확률이 높다. 그렇지만 그 정자를 사용하여 알을 수정시킬 수 있는지 여부는 연못 위에서 최종적으로 결정된다.

잠자리의 짝짓기. 앞에 있는 수컷 잠자리가 배 끝부분으로 암컷의 목 부분을 잡고, 뒤에 있는 암컷이 배를 앞으로 구부려 고리 모양을 만든다. © 장이권

정자 경쟁과 짝 지키기

연못 위에서 영역을 지키고 있던 수컷은 다가오는 암컷이 있으면 바로 낚아챈다. 잠자리 수컷의 생식기 끝부분은 호미처럼 구부러져 있다. 수컷은 그걸로 암컷의 저정낭에 들어 있는 다른 수컷의 정자를 긁어내 제거한다. 그런 다음 자신의 정자를 다시 저정낭에 집어넣는다. 암컷이 알을 낳을 때는 맨 나중에 교미한 수컷의 정자를 사용하게 되므로 이것을 '마지막 수컷 우선 효과'라 한다.

이렇듯 잠자리 수컷들의 경쟁은 연못 위에서만 벌어지는 것이 아니라 암컷의 몸 안에서도 벌어진다. 이른바 '정자 경쟁sperm competition'이다.

잠자리의 짝 지키기. 앞에 있는 수컷 잠자리가 뒤쪽 암컷의 목을 붙잡고 있다. 잠자리의 짝 지키기는 '마지막 수컷 우선 효과' 때문에 일어난다. 마지막에 교미한 수컷의 정자만이 알을 수정시킬 수 있다. ⓒ 위키피디아

    다른 수컷과의 경쟁에서 이겨 암컷과 짝짓기하는 행운을 누렸지만 수컷의 고민은 끝나지 않는다. 만약 교미 후에 다른 암컷을 찾아 나서면 수컷은 또 한 번의 번식을 기대할 수 있다. 그러나 방금 짝짓기한 암컷이 다른 수컷과 짝짓기를 하면 자기의 노력은 허사가 된다. 그러므로 수컷은 둘 중 하나를 선택해야 한다. 현재의 암컷을 지키거나, 아니면 새로운 암컷을 찾아 나서거나. 만약 현재의 암컷을 지키기로 했다면, 다른 수컷이 접근하지 못하게 필사적으로 막아야 한다.

'짝 지키기mate guarding'는 경쟁자의 접근을 차단함으로써 제 짝이 새로운 짝짓기를 하지 못하도록 하는 교미 후 행동이다. 잠자리 수컷은 암컷과 일렬로 비행하면서 짝 지키기를 한다. 앞에 있는 수컷이 배 끝부분을 이용하여 암컷의 머리 뒷부분을 꽉 잡고 같이 날아다닌다. 이 모습을 흔히 '쌍잠자리'라 부르는데, 로맨틱한 분위기와는 달리 이 잠자리들은 데이트를 하고 있는 게 아니다. 수컷이 눈에 불을 켜고 짝 지키기를 하는 중이다.

수컷은 짝 지키기 기간을 스스로 결정할 수 있다. 마음이 바뀌면 언제든 암컷을 놓아주고 떠나면 된다. 그렇지만 자신의 후손을 확실하게 퍼뜨리려면 암컷이 산란할 때까지 계속 짝 지키기를 해야 한다.

다양한 짝 지키기 전략

짝 지키기는 경쟁자가 짝에게 접근하는 것을 막고 짝이 배반하는 것을 막는다. 짝 지키기에 실패하면 현재의 짝과 번식할 기회를 한시적으로, 또는 영원히 잃게 된다. 짝짓기 후 양육행동이 발달한 종일 경우엔 자칫 남의 자손을 돌보게 될 수도 있다. 그래서 이를 방지하려는 짝 지키기 행동이 많은 동물들에게서 나타난다.

동물들의 짝 지키기엔 크게 두 가지 방법이 있다. 하나는 짝을 경쟁자에게 노출시키지 않는 '짝 숨기기 전략'이고, 다른 하나는 경쟁자가 짝에게 접근하지 못하도록 하는 '신체적 예방 전략'이다.

밀웜yellow worm 암컷은 성페로몬sex pheromone이라는 화합물질을 바람에 날려서 수컷을 유인한다. 페로몬은 한 개체에게서 방출되어 같은 종에 속하는 다른 개체의 특정 행동이나 생리작용을 유도하는 화합물질이다. 그중 짝짓기를 목적으로 방출하는 페로몬을 성페로몬이라 부른다. 수컷 밑윔은 성페로몬을 추적하여 암컷을 찾아낸 다음 짝짓기를 한다. 짝짓기 후 암컷은 다시 성페로몬을 발산하여 새로운 수컷을 유인할 수 있다. 그걸 막기 위해 수컷 또한 짝짓기 이후에 페로몬을 방출한다.

수컷의 페로몬은 암컷의 성페로몬과 섞여서 다른 수컷 경쟁자가 그 암컷을 찾아내지 못하게 하거나 암컷이 이미 짝짓기를 했다는 것을 알린다. 수컷이 짝 숨기기 전략을 구사함으로써 짝 지키기를 하는 것이다. 잠자리 수컷은 교미 후 암컷과 같이 비행하면서 다른 수컷이 접근하는 것을 막는다. 이것은 신체적 예방 전략이다.

짝 지키기는 인간 사회에서도 잘 발달되어 있다. 사람의 짝 지키기 행동은 남성과 여성 모두에게서 나타나고, 짝 숨기기 전략과 신체적 예방 전략을 두루 구사한다. 짝 지키기의 수위 또한 단순한 경계에서부터 심각한 폭력에 이르기까지 다양하게 나타난다. 예를 들면 자신의 짝이나 잠재적인 짝을 경쟁자가 있는 모임에 데리고 가지 않을 수 있다. 경쟁자의 눈에 띄지 않게 함으로써 짝을 지키는 짝 숨기기 전략이다.

신체적 예방을 통한 짝 지키기 방식은 다양하다. 갑자기 전화를 걸어 누구와 같이 있는지 묻는다거나, 짝의 휴대전화를 감시한다거나, 갑자기 방문해서 짝이 뭘 하고 있는지 확인한다거나, 짝에게 집적거리는 경쟁자에게 주먹을 날린다거나……. 이 모든 행동들이 다 신체적 예방 짝 지키기 전략이다.

원앙의 짝 지키기

우리나라 전통 혼례에는 신랑 신부와 같이 등장하는 새 한 쌍이 있다. 대개 나무로 조각한 원앙이나 기러기 한 쌍을 신랑 들러리가 들고 입장한다. 또 친정어머니가 시집가는 딸에게 원앙을 수놓은 이불과 베개

동양 문화에서 원앙은 사이좋은 짝을 의미하며 결혼의 상징이기도 하다. 하지만 원앙 암수가 같이 노니는 건 다정해서가 아니다. 암컷의 짝외교미를 막기 위한 수컷의 짝 지키기 행동이다. 왼쪽 화려한 깃털이 수컷. © 위키피디아

를 장만해 주는데, 이를 '원앙금침'이라 한다.

번식기 때 원앙 암컷과 수컷은 물 위에서 꼭 붙어 다니며 다정하게 노닌다. 연꽃 아래 노니는 한 쌍의 원앙을 뜻하는 '하화원앙荷花鴛鴦'은 사랑하는 연인이나 금슬 좋은 부부를 의미한다. 이제 막 부부의 연을 맺은 신랑 신부가 원앙처럼 금슬 좋게 살라고 기원하는 마음에서, 원앙이 결혼식의 상징이 되었을 것이다.

지구상엔 9천7백여 종의 새들이 있다. 그중 약 90%가 번식기 때 하나의 짝을 고수하는 일부일처제이고, 몇몇 종들은 평생 동안 일부일처제를 유지하기도 한다. 흥미로운 건, 자기 짝이 엄연히 있는데도 다른 개체와 짝짓기를 하는 경우가 많다는 점이다. 일부일처제를 유지하는 새들

중에서 짝외교미가 일어나는 종의 비율은 무려 90%에 이른다. 한 쌍의 암수가 혼인하여 번식을 했는데 암컷이 짝외교미를 했을 경우, 둥지의 새끼들은 수컷의 자손이 아닐 수 있다. 이럴 경우 수컷은 번식성공도에 치명적인 타격을 입게 된다.

원앙이나 청둥오리 같은 물새류에서도 짝외교미는 흔하게 일어난다. 그래서 수컷들은 짝짓기 때가 되면 암컷과 한시도 떨어지지 않고 항상 붙어 다니면서 짝 지키기를 한다. 만약 경쟁자가 나타나면 수컷은 싸움도 마다하지 않고 맹렬하게 덤빌 것이다.

원앙 수컷이 밀착하여 짝 지키기를 하는 모습이 옛사람들의 눈엔 더없이 다정하게 비쳐졌던 것 같다. 하지만 원앙 암수가 같이 노니는 건 다정함보다는 경계 및 감시라고 보는 게 더 적절하다. '하화원앙'과 '원앙금침'으로 상징되는 동양의 전통문화에 찬물을 끼얹는 게 송구스럽긴 하지만, 아무튼 이게 진실이다.

수컷 원앙이 암컷과 같이 있는 기간은 암컷의 산란과 동시에 끝난다. 산란 이후 알을 품고 새끼를 양육하는 일은 오로지 암컷의 몫이다. 산란이 끝나면 수컷은 현재의 짝을 버리고 다른 암컷을 찾아서 떠나 버린다. 이와 같은 원앙의 번식행동을 제대로 이해했다면, 옛사람들은 원앙을 절대 결혼의 상징으로 여기지 않았을 것이다. 하지만 이제 와서 굳이 그걸 바로잡을 필요는 없을 것 같다. 세상엔 아름다운 오해도 종종 있는 법이니까.

왜 수컷만 노래할까?
: 짝짓기의 경제학

나는 석박사과정 때 벌집에 서식하는 애벌집나방*Achroia grisella*의 의사소통과 성선택을 연구했다. 나방의 짝짓기는 대개 암컷이 페로몬을 방출하고 수컷이 그 냄새를 추적하여 암컷을 찾아냄으로써 이루어진다. 그러나 애벌집나방은 특이하게도 화학통신 대신 소리를 이용한 의사소통을 통해 짝짓기를 한다. 수컷이 초음파를 만들어 내보내면 암컷이 그 소리를 듣고 수컷을 찾는다.

애벌집나방의 수컷이 생성하는 소리 주파수는 동물 중에서 가장 높다. 사람의 가청주파수(20~2만Hz)보다 훨씬 높은 10만Hz대의 초음파를 이용하기 때문에 나는 녀석들의 소리를 전혀 들을 수 없었고, 석박사 기간 내내 그 점이 몹시 아쉬웠다.

박사 학위 연구 주제는 이 나방의 성선택이었다. 애벌집나방 암컷의 짝짓기 선호도를 이해하기 위해 오랫동안 실험실에서 스피커를 이용한 재생 실험을 했다. 소리로 의사소통하는 여느 동물들처럼 애벌집나방도 밤에 주로 활동한다. 덕분에 나 역시 암실처럼 빛이 없고 소리가 흡수되는 재질로 둘러싸인 음향실에서 많은 시간을 보내야 했다.

음향실 안에는 애벌집나방의 행동을 관찰하기 위해 빨간 조명을 켜 두었다. 그러면 녀석들은 그 빛을 볼 수 없지만 우리는 녀석들을 관찰할 수 있다. 정육점처럼 빨간 조명이 켜진 음향실에 갇혀 몇 시간을 보내고 집에 돌아오면 몸과 마음이 극도로 지쳐서 그저 쉬고 싶은 생각뿐이었다.

이런 생활을 몇 년간 하고 박사 학위를 받을 즈음, 내게는 한 가지 소원이 생겼다. 앞으로는 소리를 직접 들을 수 있고 실내 실험실보다는 야외에서 연구할 수 있는 종을 연구하고 싶다! 소원은 곧 결심으로 바뀌었다.

내 결심에 부합하는 연구 대상을 찾는 데엔 그리 오랜 시간이 걸리지 않았다. 아름다운 노래로 우리 귀를 즐겁게 하고 야외에서나 실험실 환경에서나 자연스럽게 행동하는 동물! 그건 다름 아닌 귀뚜라미였다. 운 좋게 인디애나대학교 동물행동통합연구센터Center for Integrative Study of Animal Behavior에서 장학금을 받아 박사후연구원이 될 수 있었고, 그 이후로 줄곧 미국 동부에 서식하는 들귀뚜라미Genus *Gryllus*를 연구하였다.

동물의 노래는 위험한 행동이다

귀뚜라미가 소리를 만드는 방법은 바이올린 같은 현악기 연주와 비슷하다. 바이올린의 현에 활을 비비면 현이 진동하고, 이 진동은 텅 빈 본체에 전달된다. 바이올린 본체는 울림통이 되어 그 안의 공기를 진동시킴으로써 소리를 크게 만든다.

귀뚜라미에게도 활, 현, 울림통 역할을 하는 기관이 있다. 귀뚜라미 수컷의 앞날개 윗부분에는 가로로 난 줄이 있는데, 이 줄 위에 줄자의 눈금처럼 촘촘한 마디들이 있어서 바이올린의 현 역할을 한다. 그리고 날

귀뚜라미 수컷은 앞날개를 들어 올리고 서로 비벼서 소리를 생성한다. 이 노래는 암컷 유인을 목적으로 하는 '유인 노래'다. 불특정 수신자에게 자신의 가치를 큰 소리로 반복해서 알리기 때문에 '광고 노래'라고도 한다. 위 사진은 귀뚜라밋과에 속하는 방울벌레. ⓒ 장이권

개 끝부분에 있는 딱딱한 '긁개'는 활 역할을 한다. 귀뚜라미가 양쪽 앞날개를 비비면 마치 바이올린을 켜듯 한쪽 날개의 긁개(활)가 다른 쪽 날개의 가로줄(현)을 켜게 된다.

그럼 울림통은 어디에 있을까? 귀뚜라미는 노래를 할 때 즉석에서 울림통을 만든다. 귀뚜라미 수컷은 노래할 때 앞날개를 위로 들어 올린다. 그러면 들어 올려진 날개와 등으로 둘러싸인 빈 공간이 생기는데, 바로 이게 소리를 크게 증폭시키는 울림통이 되는 것이다.

귀뚜라미의 노래는 암컷 유인을 목적으로 하는 '유인 노래'다. 수컷 귀뚜라미는 소리 신호를 생성하는 '신호자'이고, 암컷은 이 신호를 받는 '수신자'이다.

유인 노래는 광고처럼 불특정 수신자에게 신호자의 위치와 가치를 알

제자리에서 계속 박수를 쳐 주면 까막잡기 놀이의 술래는 친구들을 금방 잡을 수 있다. 귀뚜라미 역시 수컷이 한 장소에서 계속 노래하면 암컷이 그 수컷을 쉽게 찾을 수 있다. ⓒ 장이권

린다. 광고는 크고 반복적이고 화려할수록 수신자의 관심을 많이 끌 수 있다. 수컷의 유인 노래 역시 크고 반복적이고 화려할수록 수신자(암컷)가 찾아오기 쉽다. 유인 노래의 음향 특징은 상대가 같은 종이라는 종 인식 기능(유사품에 주의!)을 하는 동시에, 수컷의 매력도(제품의 가치)를 판단할 수 있는 정보를 암컷에게 제공한다. 그래서 소리로 의사소통하는 동물 수컷의 노래를 흔히 '광고 노래'라고도 한다. 귀뚜라미의 노래는 유인 노래인 동시에 광고 노래이다.

수컷이 노래를 부르고 암컷이 그 노래의 주인공을 찾아가는 과정은 눈을 가리고 다른 사람을 잡는 '까막잡기' 놀이와 비슷하다. 여러분이 술래가 되어 눈을 가렸다고 생각해 보자. 박수를 한 번만 치는 친구는 좀처럼 잡기가 어렵다. 하지만 한곳에서 반복적으로 크게 박수를 쳐 주는 친구는 찾기가 훨씬 쉽다. 귀뚜라미 역시 수컷이 크게 반복적으로 노래를 해야만 암컷이 찾아오기가 더 쉬워진다.

암컷을 유인하기 위해 부르는 노래는 수컷을 노리는 다른 수신자들의 귀에도 들어간다. 포식자와 기생자가 바로 그들이다. 암컷이 그렇듯 이 불청객들도 크게 반복적으로 노래하는 수컷을 쉽게 찾을 수 있다.

예를 들면 귀뚜라미의 노래는 기생파리를 유인한다. 기생파리는 노래를 듣고 날아와서 귀뚜라미 근처에 알을 낳는다. 그러면 알에서 깨어난

수컷의 노래는 암컷뿐 아니라 포식자나 기생자도 유인한다. 중남미의 퉁가라개구리 암컷은 노래할 때 '책' 소리를 내는 수컷을 선호하는데, 포식자인 개구리잡이박쥐 역시 그 소리를 듣고 수컷에게 접근한다. 그래서 이 박쥐가 활동하는 지역에서는 수컷들이 '책' 부분을 빼고 노래한다. ⓒ 이현지

구더기가 귀뚜라미 몸속으로 파고 들어가 신체 내부를 뜯어먹으며 성장한다. 약 일주일 후에 훨씬 더 큰 구더기가 되어 몸 밖으로 나오면 귀뚜라미는 다시는 노래를 할 수 없게 된다. 노래를 부르는 것은 이렇듯 자기를 죽음으로 내몰 수 있는 위험한 행동이다.

이런 예는 많다. 중남미 열대에 서식하는 퉁가라개구리는 노래할 때 '와아인' 하는 소리를 내는데, 그 소리 끝에 '책' 소리를 덧붙이는 경우도 있다. 암컷은 '와아인' 노래만 부르는 수컷보다 '와아인+책' 노래를 부르는 수컷을 더 선호한다. 그런데 퉁가라개구리를 잡아먹는 개구리잡이박쥐Trachops cirrhosus는 바로 그 '책' 신호를 듣고 접근해서 수컷을 낚아챈다. 그래서 이 박쥐가 활동하는 지역에서는 수컷들이 '책' 부분을 빼고 노래한다. 심지어 이 박쥐는 개구리에게 독이 있는지 없는지, 먹기에 너

무 크지는 않은지 여부도 노래를 듣고 알 수 있다고 한다.

이렇듯 유인 노래는 암컷에게 신호자의 위치를 알려 주지만 동시에 포식자나 기생자에게도 수컷의 위치와 정보를 제공한다. 그렇다고 노래를 하지 않으면 '존재의 이유'와도 같은 번식을 포기해야 하니, 수컷들로서는 위험을 무릅쓰고 계속 노래를 할 수밖에 없다. 그게 녀석들의 숙명이다.

벙어리가 된 하와이의 귀뚜라미

기생파리는 귀뚜라미를 벙어리로 만들어 버리기도 한다. 우리나라의 왕귀뚜라미와 비슷한 오세아니아 들귀뚜라미*Teleogryllus oceanicus*는 태평양의 많은 섬들과 호주에 분포하는데, 지질학적으로 최근에 형성된 하와이에도 이 들귀뚜라미가 침입했다. 캘리포니아 리버사이드 대학의 말린 저크Marlene Zuk 교수는 1991년부터 하와이 섬들 중 하나인 카우아이 Kauai에서 이 들귀뚜라미를 조사한 바 있다.

저크 교수는 이곳 수컷들이 기생파리에 감염되어 암컷을 유인하기 어려워진 탓에 귀뚜라미의 개체 수가 매년 감소하고 있음을 밝혀냈다. 어떤 개체군은 노래하는 수컷의 30% 정도가 기생파리에 감염되기도 했다. 2001년에는 노래하는 수컷 귀뚜라미가 단 한 마리뿐이어서 섬 전체가 조용해졌다. 2003년에 저크 교수 팀이 다시 카우아이로 갔을 때에도 녀석들의 노래는 전혀 들을 수 없었다.

그러다가 어느 순간부터 들귀뚜라미가 다시 이 섬에 들끓기 시작했는데, 놀랍게도 수컷들이 모두 벙어리였다. 그들의 앞날개엔 가로줄이 거의 없어서 노래 생성이 불가능했다. 기생파리의 위협이 1990년대 초부터 2003년까지 불과 20세대 정도의 기간 동안 들귀뚜라미 수컷들을 가수에서 벙어리로 바꾸는 '빠른 진화rapid evolution'를 진행시킨 것이다.

| 암컷 앞날개 | 일반적인
수컷의 앞날개 | 카우아이 섬
수컷의 앞날개 | 오아후 섬
수컷의 앞날개 |

하와이 카우아이 섬과 오아후 섬에서는 기생파리의 위협에 대응하여 들귀뚜라미 수컷의 발성기관이 사라지고 암컷의 노래 선호도가 줄어드는 진화가 동시에 일어났다. 그곳 수컷의 앞날개는 발성기관이 없는 암컷의 앞날개와 비슷했다. ⓒ 위키피디아

귀뚜라미의 짝짓기는 수컷이 노래를 부르고 암컷이 마음에 드는 수컷을 선택하는 방식으로 이루어진다. 수컷이 노래를 부르지 않으면 암컷이 다가가지 않고, 당연히 짝짓기도 일어나지 않는다. 그렇다면 카우아이 섬의 오세아니아 들귀뚜라미는 어떻게 짝짓기가 가능할까? 수컷들이 모두 벙어리가 되었는데도 여전히 암컷과 짝짓기를 할 수 있을까?

재생 실험을 통해 조사한 결과 카우아이 섬의 암컷 귀뚜라미들은 수컷을 선택하는 기준이 까다롭지 않았다. 귀뚜라미 암컷은 수컷이 유인 노래를 부를 때나 그 이후의 짝짓기 과정에서 얼마든지 상대를 외면할 수 있고 선택을 취소할 수도 있다. 그런데 카우아이 섬의 암컷 귀뚜라미들은 노래를 부르지 않는 수컷이라도 쉽게 짝짓기 상대로 받아들였다.

흔히 '진화'라고 하면 기나긴 세월에 걸쳐 서서히 일어나는 변화만을 떠올린다. 하지만 하와이에서는 들귀뚜라미 수컷의 발성기관이 사라지고 암컷의 노래 선호도가 줄어드는 진화가 인간의 눈앞에서 동시에 일어났다. 덕분에 오세아니아 들귀뚜라미는 기생파리가 들끓는 하와이에

서도 대를 이어 잘 살아가고 있다.

귀뚜라미 노래행동의 경제학

동물행동학에서 짝짓기는 경제학의 '수요와 공급 법칙'과 비슷하다. 사려는 사람은 많은데 상품의 양이 적으면 가격이 올라가고, 사려는 사람은 별로 없는데 상품이 남아돌면 가격이 떨어진다.

노래행동을 하는 동물들의 경우, 암컷을 찾는 수컷은 많은데 암컷의 수는 한정되어 있다. 수컷은 번식 기간 동안 여러 번 짝짓기가 가능하지만 암컷은 그렇지 않기 때문이다. 여러 수컷들이 경쟁적으로 구애를 하기 때문에 암컷의 가치는 상대적으로 높아진다. 몸값이 비싼 암컷은 위험한 행동을 할 필요가 전혀 없다.

수컷은 다르다. 생식적인 측면에서 보면 짝짓기에 실패한 수컷은 죽은 수컷과 다름이 없다. 그래서 수컷은 위험을 무릅쓰고 노래를 불러 암컷을 유인하려고 한다.

수컷 귀뚜라미의 입장에서는 위험을 감수하고 노래를 부를 만한 충분한 이유가 있다. 노래를 이용해서 많은 암컷들을 유인할 수 있기 때문이다. 야외에서 노래 잘하는 수컷 귀뚜라미를 찾은 다음 근처를 살펴보면 여러 마리의 암컷을 발견하는 경우가 종종 있다. 암컷들은 모두 이 가수의 아름다운 노래에 유인되었을 가능성이 높다.

비록 노래행동이 죽음을 부를 수도 있지만, 수컷은 노래를 통해 자손이라는 높은 이익을 기대할 수 있다. 수컷의 짝짓기는 고위험–고수익 모델을 따른다. 반면 암컷의 짝짓기는 저위험–안정수익 모델을 따른다.

모든 수컷들이 다 고위험–고수익 짝짓기 전략을 구사하는 건 아니다. 노래를 잘하는 수컷 근처에는 가끔 다른 수컷도 있다. 가수를 찾아오는 암컷 팬들을 중간에 낚아채려는 얌체들이다. 수컷 귀뚜라미가 노래를 부르려면 일단 영역을 확보해야 하는데 그 과정에서 수컷끼리 경쟁이 불가피하고, 힘으로 상대를 밀어내기도 한다. 힘이 달려서 영역을 확보하지 못하면 부득이 얌체 전략을 구사할 수밖에 없다.

얌체 수컷은 스스로 노래를 부르지 않고 가수 근처에 잠복해서 기다린다. 그러다가 암컷이 지나가면 낚아채어 짝짓기를 한다. 직접 노래하는 것에 비하면 암컷과 짝짓기할 확률이 낮지만, 포식자나 기생자에게 잡아먹힐 확률도 그만큼 낮다. 얌체 수컷의 짝짓기는 저위험–저수익 모델을 따른다.

짝짓기할 때 위험한 행동은 수컷이 한다

동물의 세계에서는 자손에게 투자를 적게 하는 쪽이 짝짓기 때 위험한 행동을 한다. 소리로 의사소통을 하는 동물은 대부분 수컷이 노래를 부르고 암컷이 수컷을 찾아간다. 양육을 암컷에게 떠맡기는 대가로 수컷들이 위험을 감수하는 것이다.

화려한 색, 뚜렷한 무늬, 커다란 체격, 정교한 춤 같은 시각 신호를 이용하여 짝짓기를 하는 동물들도 신호자가 수컷이고 수신자가 암컷이다. 시각 신호 역시 노래처럼 포식자의 관심을 쉽게 끌 수 있기 때문에 위험하다. 이 경우에도 투자를 적게 하는 성이 위험한 행동을 한다는 원리가 들어맞는다.

화학신호를 이용하여 짝짓기를 하는 경우에는 신호자가 암컷이고 수신자가 수컷이다. 나방의 짝짓기에서는 암컷이 페로몬을 방출하고 수컷이 그 냄새로 암컷을 찾는다. 이때 암컷은 아주 은밀하게 신호를 보낸다. 즉, 페로몬을 아주 소량만 방출한다. 그 냄새를 맡으려면 수컷들은 소량

산누에나방 수컷은 더듬이에 깃털이 발달되어 있어서 암컷이 내뿜는 미세한 성페로몬 냄새도 맡을 수 있다. 밤하늘을 비행하는 나방 수컷들은 박쥐의 포식 위험에 시달리지만 암컷은 상대적으로 안전하다. 나방처럼 암컷이 신호자이고 수컷이 수신자인 경우에도 양육에 적게 투자하는 성이 위험 행동을 한다는 원리는 변하지 않는다. ⓒ장이권

의 페로몬에도 반응하는 예민한 후각을 지니고 있어야 한다. 대부분의 포식자들은 이런 특화된 후각기관을 갖추고 있지 않으므로, 신호자인 암컷은 상대적으로 안전하다. 이와 달리 페로몬을 추적하여 암컷을 찾아 나서는 수컷은 포식자의 위험에 늘 노출되어 있다.

밤하늘을 비행하는 수컷 나방은 초음파를 이용한 박쥐에게 무수히 희생당한다. 페로몬을 방출하는 암컷보다 페로몬 냄새로 암컷을 찾는 수컷이 훨씬 위험하다는 뜻이다. 비록 신호자와 수신자의 성은 바뀌었지만, 화학 통신으로 짝짓기를 하는 동물들 역시 투자를 적게 하는 쪽이 위험한 행동을 한다는 원리는 충실히 따르고 있다.

한편, 수컷이 암컷보다 자손에 대한 투자를 많이 하는 경우에는 성선택의 역할이 바뀐다. 이 경우 암컷은 서로 경쟁을 하고 수컷은 암컷을

선택한다.

자카나jacana는 전 세계 열대지역의 습지에 서식하는 조류다. 이 새는 아주 긴 발가락을 가지고 있어서 수초 위를 쉽게 걸어 다닌다. 심지어 둥지도 잎이 넓은 수초 위에 짓는다. 자카나는 일처다부제를 따르는 대표적인 동물이다. 중남미 대륙에 살고 있는 윗가지자카나wattled jacana의 수컷은 알을 혼자 부화시키고 양육의 대부분을 담당한다. 이에 비해 암컷은 알을 낳는 일 외에는 거의 양육을 하지 않는다. 그 대신 영역을 지키기 위해 다른 암컷들과 경쟁한다.

암컷의 영역 안에는 여러 수컷들의 영역이 있고, 암컷은 그들과 짝짓기를 하여 여러 개의 둥지를 튼다. 여러 남편들을 거느리는 윗가지자카나 암컷은 수컷보다 1.5배나 몸집이 크다. 몸 크기는 싸움 능력을 알려주는 중요한 시각 신호다. 암컷이 신호자 역할을 하고 수컷은 수신자가 된다는 뜻이다.

자카나의 일종으로 인도, 인도네시아, 동남아시아에 살고 있는 물꿩 pheasant-tailed jacana도 일처다부제를 유지한다. 이 새들 역시 암컷이 수컷보다 더 화려한 몸 색깔을 자랑한다. 즉, 위험을 무릅쓴 시각 신호를 수컷들에게 보낸다. 이처럼 성선택의 역할이 바뀐 경우에도 투자를 적게 하는 성이 위험한 행동을 한다는 사실만은 변함이 없다.

우리가 편애하는
귀뚜라미의 노래

귀뚜라미 소리는 다른 어떤 동물의 노래보다 우리 문화에 깊이 배어 있다. 제목에 귀뚜라미가 들어간 대중가요를 검색해 봤더니 안치환의 〈귀뚜라미〉, 크라잉넛의 〈귀뚜라미 별곡〉, 성수진·오병길의 〈귀뚜라미〉, 김치경의 〈귀뚜라미 우는 밤〉, 전용수·이가람의 〈귀뚜라미〉 등이 주르르 뜬다. 제목에는 포함되지 않았지만 귀뚜라미 소리가 효과음으로 들어간 대중가요도 많다. 가장 대표적인 건 여행스케치의 〈별이 진다네〉이다. 청개구리와 다양한 귀뚜라미 소리가 노래 전체에 깔린 이 곡은 우리나라 농촌의 전형적인 소리풍경을 담고 있다.

대중가요뿐 아니라 시에서도 귀뚜라미를 쉽게 찾을 수 있다. 김소월, 방정환, 구상, 황동규, 나희덕, 도종환, 홍해리, 최승호, 정일남, 이효녕 등 수많은 시인들이 귀뚜라미의 노래를 시에 담아냈다.

현대의 시인가객들만 그런 게 아니다. 옛사람들 또한 시조나 가사에서 귀뚜라미 소리를 통해 외로움이나 그리움 같은 가을밤의 서정을 표현했다. 〈농가월령가〉에서는 귀뚜라미 노래를 이용하여 백곡이 열매 맺는 것을 백성들에게 알려 주기도 했다.

귀뚜라미 소리는 왜 오랫동안 사람들의 심금을 울려 왔을까? 우리는 왜 많은 노래곤충들 중 유독 귀뚜라미 노래를 편애하는 것일까?

귀뚜라미 소리에서 연상되는 것들

우리는 자연현상을 통해 다양한 정보를 얻는다. 흔들리는 나뭇가지를 보면 바람이 분다는 걸 알 수 있고, 그림자의 길이를 보면 시간을 가늠할 수 있다. 동물의 행동이나 식물의 변화를 통해 계절을 읽기도 한다. 경칩개구리의 노래가 들리면 봄이 왔음을 깨닫고, 제비가 낮게 나는 것을 보면 비가 올 거라고 예측한다. 나뭇잎이 물들거나 떨어지는 것을 보며 가을을 실감하기도 한다. 이렇게 계절 변화에 따라 일어나는 동식물의 생활사 사건을 연구하는 학문을 '생물계절학'이라 한다.

식물의 경우엔 개화·개엽·단풍·낙엽이, 동물의 경우엔 이주·산란 등이 대표적인 생활사 사건이다. 동식물의 생활사 사건은 기후 조건에 아주 민감하기 때문에, 최근에는 생물계절을 이용한 기후변화 연구가 활발히 진행되고 있다.

지구의 밤에 귀뚜라미 소리가 울려 퍼지기 시작한 건 지금으로부터 약 1억5천만 년 전으로 추정된다. 원시인류와 침팬지가 공통 조상으로부터 분리된 시기가 대략 6백만 년 전이고 현생인류가 대지에 첫발을 디딘 시기는 약 20만 년 전이니, 인간은 처음부터 귀뚜라미의 노래와 더불어 살아온 셈이다.

귀뚜라미가 선호하는 서식지는 나무들이 곳곳에 있고 풀이 우거진 들판이다. 인류가 처음 기원했던 사바나savanna 역시 풀이 무성하고 나무

인간과 서식지를 공유하는 귀뚜라미는 그 어떤 곤충보다도 우리의 문화에 깊은 영향을 끼쳐 왔다. 귀뚜라미 소리는 우리에게 '풀밭이 있는 야외의 밤'을 연상시킨다.
ⓒ 장이권

가 드문드문한 들판이다. 근처에 숲과 물이 있어서 필요한 생활물품을 조달할 수 있으면 더 바랄 나위가 없다.

오랜 기간 귀뚜라미와 함께 생활해 왔기 때문에 우리는 그들의 노래에서 많은 정보를 얻을 수 있다. 한반도처럼 사계절이 뚜렷한 중위도 지역에서 귀뚜라미 소리는 '풀밭이 있는 야외의 밤'을 연상시킨다. 실제로 TV 드라마에서 밤에 야외라는 느낌을 주고자 할 때는 귀뚜라미 노래를 종종 효과음으로 사용한다.

풀밭이 있는 야외는 인류가 선호해 온 서식지이므로, 그것을 연상시키는 귀뚜라미 소리는 우리 정서에 쉽게 파고들 수 있다. 녀석들의 노래에 대한 우리의 편애는 어쩌면 비슷한 서식지 선호도에서 비롯된 것인지도 모른다.

청아한 노랫소리의 비결

서식지가 겹친다고 해서 그 곤충의 노래를 반드시 좋아하라는 법은 없다. 인간 주변에서 살아가는 노래곤충은 귀뚜라미 말고도 많기 때문이다. 남다른 편애를 받으려면 뭔가 더 특별한 조건이 필요하다.

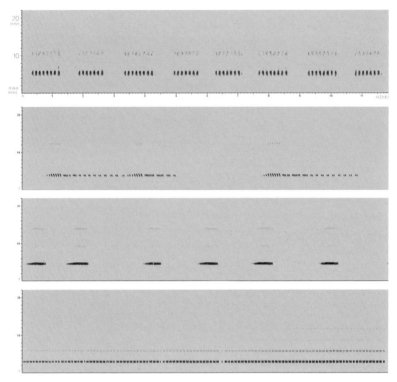

3천~6천Hz인 귀뚜라미의 노래는 우리가 잘 들을 수 있는 2천~5천Hz의 주파수 영역에 포함되며 주파수의 폭이 좁아서 순음에 가깝다. 위로부터 알락귀뚜라미, 왕귀뚜라미, 방울벌레, 긴꼬리. 그림:장이권

귀뚜라미는 여치, 메뚜기와 같이 메뚜기목에 속하는 곤충이다. 그중 여치와 귀뚜라미는 가까운 친척이고, 메뚜기는 따로 분류된다. 그래서 여치와 귀뚜라미는 형태와 행동 면에서 비슷한 점들이 많다. 소리를 생성할 때 메뚜기는 주로 날개와 뒷다리를 비비지만 여치와 귀뚜라미는 양쪽 앞날개를 비빈다. 메뚜기의 고막은 복부의 첫 번째 마디에 있지만 여치와 귀뚜라미의 고막은 앞다리 종아리마디에 있다.

여치도 귀뚜라미 못지않은 가수다. 이솝 우화에 보면 개미와 베짱이

이야기가 나온다. 여치의 일종인 베짱이는 여름 내내 노래만 하다가 춥고 배고픈 겨울을 보내게 된다. 하지만 이건 말 그대로 우화fable일 뿐이다. 즉, 인간의 관점에서 만들어 낸 교훈이다. 개미와 달리 베짱이는 대부분 겨울이 되기 전에 알을 낳고 생을 마감한다. 게다가 개미처럼 자손을 양육하지 않기 때문에 굳이 식량을 저장해 둘 필요가 없다.

여치는 귀뚜라미와 더불어 대표적인 노래곤충이며 서식지도 비슷하다. 귀뚜라미가 있는 곳에는 여치가 있을 확률이 대단히 높다. 하지만 우리 문화에서 차지하는 비중은 귀뚜라미에 훨씬 못 미치는 것 같다. 제목에 여치나 베짱이가 들어가는 대중가요를 찾아봤더니 버스커버스커의 〈베짱이〉, 써니힐의 〈베짱이 찬가〉, 크라잉넛의 〈베짱이〉, 딱 세 곡뿐이었다.

왜 이런 차이가 날까? 귀뚜라미와 여치의 노래를 비교하면 그 이유를 쉽게 이해할 수 있다. 전 세계적으로 약 9백여 종 이상의 귀뚜라미가 있는데 이들의 유인 노래 주파수는 예외 없이 3천~6천Hz다. 여치의 노래는 주파수가 훨씬 높아 6천~2만Hz에 달한다. 사람의 가청주파수는 20~2만Hz이지만 실제로 잘 들을 수 있는 주파수 범위는 2천~5천Hz다. 귀뚜라미가 사용하는 주파수 대부분이 이 범위에 포함되지만 여치의 주파수는 포함되지 않는다. 그래서 애석하게도 우리는 명가수 여치의 노래를 잘 듣지 못한다.

귀뚜라미 노래의 주파수는 사람이 잘 들을 수 있는 범위에 있을 뿐만 아니라 그 폭이 상당히 좁은 편이다. 음향학 용어로 표현하면 귀뚜라미 노래는 단일 주파수를 갖는 '순음pure tone'에 가깝다. 소리를 생성하기 위해 날개를 비빌 때, 일정한 간격으로 마디가 있는 가로줄을 일정한 속도로 긁기 때문이다. 순음은 우리 귀에 맑고 청아하게 들린다. 쉽게 말해 귀뚜라미의 발성기관은 조율이 아주 잘된 악기이다. 귀뚜라미 노래를 잘 들어 보면 '귀뚤 귀뚤~' 하며 또렷하고 매듭이 있는 소리를 낸다. 이와 달리 여치는 '스르르르르~륵' 또는 '지이이이이~익' 하며 마치 날카로

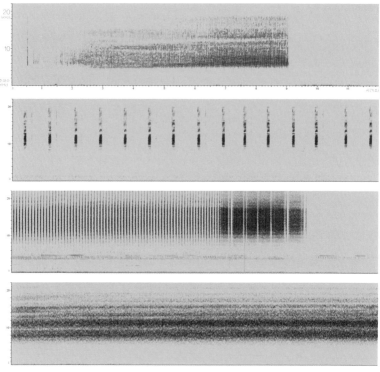

여치의 노래는 귀뚜라미에 비해 주파수의 영역이 높고 넓어서(6천~2만Hz) 사람이 잘 듣지 못한다. 여치도 귀뚜라미 못지않은 가수지만, 아쉽게도 우리의 청각은 여치의 노래를 즐기기에 적합하지 않다. 위로부터 여치, 배짱이, 줄베짱이, 매부리. 그림:장이권

운 칼로 풀을 베는 듯한 소리를 낸다.

여치도 귀뚜라미처럼 앞날개를 비벼서 소리를 만드는데 왜 그렇게 다르게 들릴까? 귀뚜라미처럼 작은 곤충이 우리에게 익숙한 주파수 영역에서 순음에 가까운 소리를 내는 건 과연 자연스러운 일일까? 혹시 여치가 정상이고 귀뚜라미가 비정상인 건 아닐까?

몸 크기에 맞지 않는 귀뚜라미의 주파수

소리를 이용한 의사소통에서 가장 중요한 법칙은 몸 크기와 주파수 사이의 관계다. 큰 동물일수록 주파수가 낮은 소리를 사용하고, 작은 동물은 주파수가 높은 소리를 사용한다. 남자의 목소리가 여자에 비해 저음인 건 남자가 여자보다 평균적으로 더 크기 때문이다. 어린아이의 목소리가 어른보다 훨씬 고음인 것도 같은 이유에서다.

물론 작은 동물이 낮은 주파수의 소리를 생성할 수도 있지만 상당히 비효율적이다. 어린아이가 어른 흉내를 내면서 낮은 목소리를 내면 얼마 지나지 않아서 목이 아파 온다. 일반적으로, 파장의 길이가 몸 크기의 두 배가 넘는 소리는 생성하기가 굉장히 힘들다.

주파수(Hz)	파장(m)	파장(cm)
1	344	34400.00
10	34.4	3440.00
100	3.44	34.400
1,000	0.3440	34.40
3,000	0.1147	11.47
6,000	0.0573	5.73
10,000	0.0344	3.44
20,000	0.0172	1.72

공기 중에서 소리의 주파수에 따른 파장의 길이.

소리의 주파수는 1초 동안 발생하는 진동의 횟수다. 단위시간당 진동 횟수가 많을수록, 즉 주파수가 높을수록 파장의 길이는 짧아진다. 기온이 20℃일 때 공기 중에서 소리는 1초에 344미터 이동한다. 1Hz는 초당 1회 진동하는 소리이므로 파장이 344미터이고, 10Hz는 초당 10회 진동하는 소리이므로 파장은 34.4미터이다. 초당 1천 번 진동하는 1천Hz의 파장은 0.34미터가 된다.

앞서 말했듯 파장 길이가 몸 크기의 두 배가 넘는 소리는 생성해 내기가 쉽지 않다. 사람의 키를 1.7미터라고 하면, 우리가 파장 34미터인 10Hz의 소리를 만드는 것은 불가능하다. 그러나 파장 0.34미터인 1천Hz의 소리는 쉽게 낼 수 있다.

귀뚜라미 노래의 주파수 범위인 3천~6천Hz를 파장으로 환산하면 5.7~11.5cm가 된다. 여치 노래의 주파수 범위인 6천~2만Hz의 파장은 1.7~5.7cm이다. 귀뚜라미와 여치의 크기는 종마다 다르긴 하지만 대략 2~3cm 정도이고, 5cm면 상당히 큰 편에 속한다. 그러므로 여치가 사용하는 짧은 파장(높은 주파수)의 소리는 자기의 몸 크기와 잘 어울린다. 하지만 귀뚜라미가 사용하는 긴 파장(낮은 주파수)의 소리는 제 몸과는 전혀 어울리지 않는 비정상적인 소리다.

여치가 몸에 맞는 정상적인 주파수를 사용하여 노래하는 반면, 귀뚜라미는 몸에 맞지 않게 무리해서 노래를 하는 셈이다.

순음에 최적화된 귀뚜라미의 고막

몸 크기와 주파수의 관계는 수신자에게도 중요하다. 소리를 이용하여 의사소통하는 동물은 대부분 두 개의 귀를 갖고 있는데, 그 이유는 소리의 방향을 파악하기 위해서다. 왼쪽에서 다가오는 소리는 왼쪽 귀에 먼저 도달하고 오른쪽 귀에는 약간 늦게 도달한다. 또 왼쪽 귀가 음원에 더 가깝기 때문에 왼쪽 귀에 느껴지는 소리의 세기가 오른쪽보다 크다. 그러므로 양쪽 귀에 닿는 시간차와 세기의 차이를 통해 소리의 방향을 알 수 있다.

이때 중요한 것이 수신자의 몸 크기와 소리의 주파수이다. 어떤 동물이 소리를 듣고 방향을 알 수 있으려면 소리의 파장이 양쪽 귀 사이의 거리와 비슷하거나 작아야 한다. 그래서 우리는 파장이 34.4미터인 10Hz의 소리는 잘 들을 수 없지만, 파장이 0.34미터인 1천Hz의 소리는 잘 들을 수 있고 방향도 알 수 있다. 작은 동물들은 양쪽 귀 사이의 거리가 짧기 때문에 소리의 시간차나 세기의 차이가 거의 없어서 소리의 방향을 인지하기 어렵다.

귀뚜라미나 여치는 귀 사이의 거리가 겨우 1cm 정도이고, 이 거리를 시간으로 환산하면 33μs(1μs = 1백만분의 1초)가 된다. 그렇게 가까이 있는 귀로 소리의 방향을 인지하려면 주파수가 3만4천4백Hz 정도는 되어야 한다. 하지만 귀뚜라미나 여치는 그보다 낮은 주파수로 노래한다. 그러므로 암컷이 수컷의 노래를 듣더라도 어느 쪽에서 나는 소리인지 파악하기 어렵다. 특히 귀뚜라미는 몸에 비해 매우 긴 파장(낮은 주파수)의 소리 신호를 사용하기 때문에 더더욱 소리의 방향을 분간하기 어렵다. 귀뚜라미와 여치 암컷은 어떻게 양쪽 귀 사이의 거리보다 훨씬 긴 파장의 노래를 듣고 수컷을 찾아갈까?

우리는 귀에 있는 고막을 이용하여 소리를 듣는다. 고막은 두께가 0.1mm 정도인 얇고 투명한 막으로서 소리에 의해 진동한다. 이 진동은 말단신경계에 전달되고, 다시 중추신경계에 전달되어 최종적으로 뇌에서 소리를 느끼게 된다.

소리의 본질은 파장에 의한 공기압력의 변화이다. 고막 내부에는 밀폐된 빈 공간이 있는데, 소리가 없는 상태에서는 이곳의 공기압력이 외부

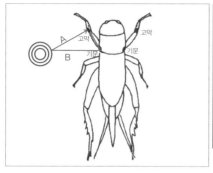

귀뚜라미의 앞다리 종아리마디에 있는 고막(오른쪽). 귀뚜라미는 외부에서 고막 앞부분으로 직접 전달되는 소리(A)와 숨관을 통해 고막 뒷부분으로 전달되는 소리(B)의 압력 차이에 의해 소리를 감지한다(왼쪽).

의 공기압력과 똑같기 때문에 고막이 진동하지 않는다. 이럴 때 우리는 고요함을 느낀다.

소리가 다가오면 귀 바깥 공기의 압력이 빠르게 변화하고, 이로 인해 안팎의 공기압력이 달라지면서 고막이 진동한다. 그리고 이 진동을 청신경으로 감지할 수 있다. 우리의 귀는 이렇듯 귀 내부와 외부의 공기압력을 비교하여 소리를 감지하기 때문에 '압력 귀pressure detector ears'라고 부른다.

귀뚜라미와 여치도 앞다리 종아리마디에 있는 고막을 이용하여 소리를 탐지한다. 그런데 고막 내부의 공간이 밀폐되어 있지 않고 숨관을 통해 배의 첫 번째 마디까지 연결되어 있다. 그래서 그 마디에 있는 기문(공기 구멍)으로 소리가 들어올 수 있고, 이 소리가 숨관을 통해 고막 뒷부분으로 전달된다. 즉, 같은 소리가 외부에서 직접 고막으로 전달되기도 하고, 숨관을 통해 전달되기도 한다.

기문으로 들어와 숨관을 거쳐 고막으로 전달되는 소리는 먼 길을 돌아왔으므로 소리의 세기가 원래보다 훨씬 약하다. 귀뚜라미와 여치의 고막은 이렇듯 서로 다른 경로로 전달되는 두 소리의 압력 차이에 반응한다. 이런 방식으로 소리를 감지하는 귀를 '압력차 귀pressure differential ears'라 하며, 작은 동물들에게서 주로 발견된다.

압력차 귀는 소리의 주파수에 민감하게 반응한다. 이 동물들이 들을 수 있는 주파수 범위는 기관에서부터 고막까지의 거리에 의해 결정된다. 귀뚜라미의 귀는 3천~6천Hz의 낮은 주파수를 가진 소리의 방향을 잘 인지할 수 있다. 반면 여치의 귀는 그보다 높은 주파수를 가진 소리 신호에 적합하도록 설계되어 있다.

낮은 서식지, 낮은 주파수

귀뚜라미와 여치는 가까운 친척이고 형태, 행동 및 서식지가 비슷하지만 한 가지 큰 차이점이 있다. 귀뚜라미가 주로 땅바닥에 붙어서 살아가는 것과 달리 여치는 풀 위나 관목에서 살아간다. 짝짓기를 할 때도 귀뚜라미는 지면에서 노래하지만 여치는 지면에서 떨어져 있는 식물의 줄기나 잎에서 노래한다.

같은 식물에서 살더라도 잎과 지면은 커다란 차이다. 그 차이를 가장 뚜렷하게 보여 주는 것이 바로 몸의 색깔이다. 지면에서 살아가는 귀뚜라미는 흙과 비슷한 검정색이나 어두운 색을 띠고, 풀 위에서 살아가는 여치는 녹색이나 갈색을 띤다. 둘 다 포식자의 눈을 피하기 위한 은폐색이다. 살아가는 장소가 다른 만큼 은폐색도 확연한 차이를 보이고 있다.

이런 차이는 노랫소리에도 결정적인 영향을 미친다. 소리로 의사소통할 때 신호자의 위치가 공중과 지면이라면 이건 말 그대로 하늘과 땅 차이다. 만약 나에게 노래하는 장소를 선택하라고 하면 두말없이 여치의 위치에서 노래하겠다. 여치의 노래는 공중에서 생성되기 때문에 별다른

귀뚜라미는 주로 지면에 붙어서 생활하고(위) 여치는 풀이나 나무에 올라가서 생활한다(아래). 이런 차이는 귀뚜라미 소리와 여치 소리의 주파수 차이를 낳았다. © 장이권

방해물 없이 넓게 퍼져 나갈 수 있다. 그러나 지면에 있는 귀뚜라미의 노래는 전달되는 범위가 한정되어 있다.

소리가 지면 근처에서 전달되면 세기가 급속하게 감쇄된다. 귀뚜라미 수컷(신호자)이 지면에서 노래하면 소리가 반원 모양을 그리며 퍼져 나가는데, 일부는 암컷(수신자)에게 직접 전달되지만 일부는 지면에 부딪쳐 반사된다. 그러면 신호자로부터 수신자에게 직접 전달되는 소리와 지면에서 반사된 소리 사이에 간섭이 일어난다. 이런 현상을 경계 효과 boundary effect라 한다.

잔잔한 연못에 돌멩이 두 개를 던지면 동심원의 파동이 생긴다. 두 개의 파동이 서로 만나면 합쳐지면서 더 큰 파동이 되기도 하고 상쇄되어 없어지기도 하는데, 소리의 간섭도 이와 동일하다. 즉, 두 개의 소리 사이에 간섭이 일어나면 좋을 수도 있고 나쁠 수도 있다. 좋은 경우는 수신자에게 직접 전달되는 소리와 지면에서 반사된 소리가 같은 방향으로 간섭하여 더 큰 소리가 되는 경우다(보강 간섭). 나쁜 경우는 두 소리가 다른 방향으로 간섭하여 서로 상쇄되는 경우다(상쇄 간섭). 그러면 소리가 거의 들리지 않거나 아주 약하게 된다. 간섭의 방향과 강도는 주파수에 의해 결정된다.

그런데 귀뚜라미 노래는 소리가 상쇄되는 일 없이 잘 전달된다. 그게 가능한 이유는 귀뚜라미 노래가 순음이고 주파수가 낮기 때문이다. 만약 귀뚜라미 소리가 지금의 주파수 대역(3천~6천Hz)보다 높아지면 소리가 서로 상쇄되어 수신자가 잘 들을 수 없다. 그러므로 귀뚜라미는 절대로 여치와 같은 높은 주파수 대역을 사용할 수 없다

소리로 의사소통하는 대부분의 동물들이 그렇듯 귀뚜라미도 밤에 노래를 부른다. 녀석들이 본격적으로 출현하는 시기는 온도가 떨어지기 시작하는 늦여름부터 가을 사이다. 가을밤 청아하게 울려 퍼지는 귀뚜

라미 소리를 듣고 있노라면 왜 그토록 많은 예술가들이 저 소리에 마음을 빼앗겼는지를 충분히 이해할 수 있다.

지면에 붙어서 의사소통해야 하는 어려움을 귀뚜라미는 순음을 이용한 낮은 주파수의 노래로 훌륭하게 해결했다. 게다가 녀석들의 노래는 사람이 듣기에도 아주 좋은 소리여서 우리의 사랑을 듬뿍 받고 있다.

제왕나비의 놀라운 여행

2014년 9월부터 나는 미국 캘리포니아에 있는 UCLA에서 연구년을 보내는 행운을 얻었다. 여기 있는 동안 전부터 보고 싶었던 동물들을 맘껏 관찰할 수 있었다. 무려 3톤이나 나가는 코끼리바다물범 수컷들의 싸움, 알래스카에서 멕시코의 바하캘리포니아Baja California까지 이주하는 귀신고래, 정지비행과 수평비행을 하는 벌새, 그리고 월동하는 제왕나비……. 그중 제왕나비는 예전에도 많이 보았고 내 수업 시간에도 단골로 등장하는 녀석이다.

나는 대학원 및 박사후과정을 미국 중서부 지역에서 했는데, 그곳엔 여름만 되면 어디서 날아오는지 갑자기 제왕나비 떼가 무리를 지어 나타났다 사라지곤 했다. 제왕나비는 세계에서 가장 유명한 나비 중 하나로, 오렌지색과 검은색 무늬가 뚜렷하게 대조를 이뤄 한번 보면 누구도 잊을 수 없다.

제왕나비의 가장 인상적인 특징은 장거리 이주다. 해마다 무려 5천km가 넘는 거리를 날아서 이주한다. 장거리 이주를 하는 동물은 체력, 항

꽃꿀을 섭취하는 제왕나비. 곤충 중에서 가장 멀리 이주하는 제왕나비는 가을이 오면 수천km를 날아서 멕시코의 고산지대로 이주해 월동한다. © 장이권

해술, 인지능력을 두루 갖추고 있어야 하기 때문에 대부분 어류, 조류, 포유류에서 나타난다. 이렇게 먼 거리를 이주하는 곤충은 지구상에서 오직 제왕나비 뿐이다.

딸내미가 겨울방학을 하자마자 곧바로 LA를 떠나 샌디에이고로 갔다. 도착 즉시 제왕나비가 월동한다고 알려진 UCSD(University of California San Diego) 캠퍼스를 뒤지기 시작했다. 하지만 제왕나비를 찾는 일은 좀처럼 쉽지 않았다.

멕시코에서 월동하는 제왕나비는 한곳에 보통 수천만 마리 이상이 모여 있다. 그래서 월동 지역만 알면 그곳에서 겨울을 나는 제왕나비를 찾는 일은 그리 어렵지 않다. 그러나 캘리포니아에서 월동하는 제왕나비는 그 수가 많지 않다. 게다가 유칼립투스 나무의 윗부분에서 주로 월동하기 때문에 더더욱 발견하기가 어렵다. 구글 검색 결과에도 샌디에이고에서 월동하는 제왕나비에 대한 최신 자료는 보이지 않았다. 혹시 녀석들을 못 만나는 게 아닌지 불안한 마음이 들기 시작했다.

여기저기 헤매다가 마지막으로 해안에서 가까운 조그만 공원에 들렀다. 저만치 숲 안에서 어떤 사람이 어깨에 사진기를 메고 무엇인가를 조심스레 다루고 있었다. 제왕나비 월동 장소를 물어보러 다가갔는데 이게 웬일! 그분은 제왕나비를 잡아 날개에 표식tag을 달고 무게를 재고 있었다. 너무나도 반가워 우리도 제왕나비를 찾아 여기까지 왔다고 밝히자 흠칫 놀라는 눈치였다. 마치 자기만의 비밀 장소를 들킨 것처럼.

그분은 비영리 시민단체에 소속된 자원봉사자였다. 조금 전에 채집했다는 제왕나비를 보여 주면서, 최근 기후변화의 영향으로 샌디에이고에서 월동하는 제왕나비 수가 급격하게 줄었다고 우리에게 알려 줬다. 어쩌면 이 공원이 샌디에이고에서 제왕나비가 월동하는 마지막 장소인지도 모른다고 했다.

그는 포획한 제왕나비의 무게를 재고, 질병 검사를 위해 스카치테이프를 배 부분에 갖다 댔다가 떼고, 날개에 표식을 부착했다. 자원봉사자라고 하지만 아마추어로는 보이지 않았고, 오랜 기간 제왕나비를 연구해 온 노련함이 엿보였다.

재미있고 인상적인 장면도 하나 보여 주었다. 표식 부착 후에 풀려난 제왕나비는 다시 나무 위로 올라가 월동을 해야 한다. 주변의 온도가 낮고, 게다가 늦은 오후여서 온도가 점점 더 떨어지고 있었다. 이런 상황에서 그냥 풀어 주면 낮은 온도 때문에 비행근육을 움직이지 못하고 그냥 땅에 떨어지고 만다. 그러면 밤에 고양이 같은 포식자에게 당할 수 있다. 그분은 제왕나비를 입가로 가져와서 따뜻한 입김으로 녀석의 몸을 덥혀 주었다. 그런 다음에 풀어 주니 아주 가뿐하게 너울너울 날아 올라갔다. 내년 봄에 다시 이주할 때까지 잘 버티라고 마음속으로 응원해 주었다.

UCSD 캠퍼스 근처에서 비영리 시민단체 소속 자원봉사자가 유칼립투스 나무에서 월동 중인 제왕나비를 긴 포충망으로 잡으려 하고 있다(왼쪽). 오른쪽은 그가 포획한 제왕나비.
© 장이권

제왕나비의 월동 장소는 자연의 냉장고

날씨가 차가워지는 가을이 되면 미국 대부분의 지역과 캐나다 남쪽 지역에서 떼 지어 날아다니는 제왕나비를 쉽게 볼 수 있다. 로키산맥을 기준으로 동쪽에 있는 제왕나비는 멕시코에서 월동하고, 서쪽에 있는 제왕나비는 캘리포니아나 바하캘리포니아에서 월동한다. 캘리포니아로 이주하는 제왕나비는 극히 일부에 불과하고, 거의 대부분은 남남서 방향으로 비행하여 멕시코로 향한다. 그러나 몇십 년 전까지만 해도 제왕나비가 멕시코 어느 지역으로 이주하는지 아무도 몰랐다.

제왕나비의 월동 지역은 1975년에 몇몇 과학자들에 의해 발견되었는데, 이들의 월동 범위는 지도상으로 아주 작은 점에 불과한 반경 몇km

이내였다. 북미에 서식하는 수백만, 수천만 마리의 제왕나비가 멕시코의 아주 조그만 지역에 모여 겨울을 난다. 작은 곤충에 불과한 제왕나비가 이렇게 먼 거리를 이동하여 정확하게 한 지점으로 모여드는 현상은 과학계의 가장 큰 미스터리 중 하나다.

멕시코에서의 월동은 좋은 선택이다. 실제로 많은 동물들이 멕시코에서 겨울을 난다. 귀신고래는 여름에 베링해에서 먹이활동을 하고 겨울에는 바하캘리포니아로 내려간다. 여기서 겨울을 나고 새끼도 낳는다. 벌새도 멕시코로 가서 월동한다. 사람들 중에도 겨울에 휴가를 보내거나 아예 겨울을 나기 위해 멕시코로 가는 경우가 많다. 그래서 처음에는 제왕나비도 다른 동물들처럼 날씨가 온화한 지역에서 월동한다고 여겨졌다.

그러나 제왕나비의 월동 지역은 전혀 뜻밖의 장소에서 발견되었다. 녀석들이 선택한 월동 장소는 전나무의 일종인 오야멜나무가 있는 해발 3천 미터의 화산 지대였던 것이다. 이 지역은 겨울이면 눈으로 뒤덮여 세상이 온통 하얀색으로 바뀐다. 우리가 상상했던 따뜻하고 초목이 푸릇푸릇한 월동 장소와는 거리가 한참 멀었다. 제왕나비는 도대체 무슨 생각으로 이런 냉장고 같은 지역을 월동 장소로 선택했을까?

나비는 주변 온도가 곧 체온이 되는 외온동물이다. 생명체 체내의 모든 대사활동의 속도는 체온에 의해 결정된다. 주변의 온도가 높으면 대사활동이 빠르게 일어나고, 온도가 낮으면 대사활동도 느리게 일어난다.

만약 제왕나비가 멕시코의 따뜻한 해안가에서 월동한다고 가정해 보자. 따뜻한 날씨로 인해 제왕나비의 몸속에서는 대사활동이 빠르게 일어나고, 그걸 유지하려면 끊임없이 먹이를 찾아야 한다. 그러나 제왕나비의 먹이식물인 밀크위드milkweed는 겨울에 멕시코에서 쉽게 찾을 수 없다. 높은 주변 온도로 인해 대사활동을 억제하지 못하는 제왕나비는 결국 굶어 죽게 된다. 제왕나비에게 필요한 것은 따뜻한 해안가가 아니라 대사활동을 억제할 수 있는 곳, 냉장고처럼 온도가 낮은 곳이다.

제왕나비의 월동 장소는 키 큰 오야멜나무가 빽빽이 들어찬 곳이어서 겨울에 차가운 바람이나 우박이 크게 영향을 미치지 않는다. 겨울에 눈이 많이 오면 오야멜 숲의 우듬지(꼭대기 부분)는 눈으로 뒤덮인다. 그래서 숲 전체가 눈으로 된 담요를 덮고 있는 것과 같은 상태가 되고, 제왕나비가 월동하는 높이에서는 온도가 4℃로 일정하게 유지된다. 춥긴 하지만 얼어 죽지는 않는 온도이다. 겨울 내내 영하로 내려가거나 급격하게 올라가지 않고 냉장고처럼 일정한 온도가 유지되기 때문에, 제왕나비는 대사활동을 최소화시킬 수 있다. 몸에 축적해 둔 지방으로 긴 겨울을 보내고, 이듬해 봄이 찾아오면 다시 북쪽으로 이주할 수 있는 것이다.

미국 캘리포니아에 있는 제왕나비의 월동 장소도 멕시코의 월동 장소와 비슷한 기후를 가지고 있다. 캘리포니아의 월동 장소는 해안 가까이 분포한다. 제왕나비는 몬테레이 만灣이나 피어폰트 만처럼 바다가 내륙 안쪽으로 쑥 들어온 곳을 선호하는데, 이런 지역은 바람이나 폭풍우가 드문 곳이다. 그리고 캘리포니아의 월동 장소는 겨울에 눈은 거의 오지 않지만 아주 서늘하다. 그래서 제왕나비가 대사활동을 최소화할 수 있다.

제왕나비는 월동하는 동안 수분을 섭취해야 한다. 멕시코의 월동 장소는 고산지대이기 때문에 구름 속에 있는 수분을 흡수할 수 있다. 캘리포니아의 월동 장소에서는 겨우내 자욱한 안개에서 수분을 흡수한다.

제왕나비가 월동할 때 기후가 얼마나 중요한지 보여 주는 사건이 최근에 있었다. 요사이 멕시코의 월동 지역은 벌목으로 신음하고 있다. 벌목이 집중적으로 일어나는 지역은 제왕나비 서식지와는 조금 떨어진 곳이다. 그러나 벌목으로 인해 제왕나비가 월동하는 장소에 예전보다 훨씬 많은 공기가 유입되었다. 냉장고의 문이 약간 열린 셈이다. 그 여파로 인해 제왕나비 월동지의 온도가 급상승하거나 급하락하였고, 결국 제왕나비가 떼죽음을 당하고 말았다. 생태계의 미세한 변화가 그 안에 서식하고 있는 동식물들에게 치명적인 결과를 가져올 수 있음을 생생하게 보여준 가슴 아픈 사례다.

시민과학의 힘으로 이주 경로를 밝혀내다

작은 곤충에 불과한 제왕나비가 어떻게 수천km를 이주할 수 있을까?

새들의 이주 경로를 연구할 때는 주로 목이나 다리에 번호가 적힌 가락지를 끼우거나, 날개에 번호표를 달거나, 무선 추적기를 부착한다. 그러나 제왕나비의 몸무게는 겨우 0.5그램에 불과하기 때문에 무게가 많이 나가는 추적 방법을 사용할 수 없다. 또 제왕나비는 미국 전역과 캐나다 남쪽에 서식하기 때문에 몇 개의 연구팀이 추적하기엔 너무 벅차다. 녀석들의 이주 경로는, 과학자들의 노고도 물론 있었지만, 대부분 일반 시민들의 노력과 협조에 의해 밝혀졌다.

시민과학을 활용하여 제왕나비의 이주 경로를 밝히는 일은 거대한 퍼즐을 맞추는 것과 비슷하다. 조각 하나하나만 봐서는 그 의미를 잘 모르지만 많은 조각들이 자리를 잡고 나면 전체적인 윤곽을 읽을 수 있다. 현재 제왕나비의 이주 경로와 관련하여 여러 개의 시민과학 프로젝트들이 운영되고 있는 중이다.

시민과학자들은 우선 포충망을 이용하여 제왕나비를 잡는다. 그런 다음 고유 번호와 연구자 연락처가 적혀 있는 작은 표식을 날개에 붙이고 나비를 풀어 준다. 운이 좋으면 이 제왕나비는 다른 지역에 있는 시민이나 멕시코에 있는 연구자들에게 다시 발견된다. 그러면 표식을 붙인 장소와 발견한 장소를 통해 이주 경로에 대한 정보를 얻을 수 있다.

이런 방식의 연구에는 오랜 기간에 걸친 많은 시민들의 노력이 필요하다. 제왕나비의 이주가 워낙 대규모 시공간에서 벌어지기 때문이기도 하고, 표식의 회수율이 겨우 1퍼센트 정도에 그치기 때문이기도 하다. 이와 같은 포획-재포획 방법 외에, 제왕나비가 이주할 때 밤을 지새우는 장소를 이용하여 이주 경로를 연구하기도 한다.

시민들의 노력 덕분에 그동안 제왕나비의 이주 경로에 대해 많은 지식이 쌓였다. 제왕나비는 보통 1년에 4~5세대가 출현한다. 이주를 하는 세대는 그중 마지막 세대다. 낮이 짧아지고 온도가 내려가기 시작하면 제왕나비는 생식휴면에 들어간다. 즉, 이주를 준비하는 제왕나비는 생식 기관을 발달시키지 않는다. 제왕나비 성충의 수명은 보통 2~6주 정도다. 그러나 이주를 하는 세대는 8, 9월에 출현하여 이듬해 4월까지 7~8개월을 산다.

생활사 이론의 가장 중요한 개념은 생식과 다른 생활사 형질간의 절충이다. 생명체가 특정한 환경조건에서 갖고 있는 자원은 한정되어 있다. 만약 하나의 형질에 많은 자원을 투자하면 다른 곳으로 돌릴 자원은 그만큼 적어진다. 생식은 아주 많은 자원을 필요로 한다. 그러므로 생식에 소요되는 자원을 줄이면 수명 같은 다른 형질에 더 많은 자원을 쏟아부을 수 있다. 생식휴면 상태에서 이주하는 제왕나비의 긴 수명은 생식과 수명 간의 절충을 보여 주는 좋은 예다.

제왕나비의 비행은 매우 효율적이다. 이주하는 새들과 마찬가지로 제왕나비도 공중으로 높이 솟아올라 기류를 타고 비행한다. 만약 기류의 방향이 이주 방향과 다르면 비행을 멈추고 잠시 쉬어 간다. 기류를 이용하면 날개 힘만으로 날아가는 것보다 힘을 적게 들이면서도 훨씬 긴 비행이 가능하다. 실제로 표식이 부착된 제왕나비 한 마리가 하루에 무려 426km를 비행한 기록이 있다.

제왕나비는 이주를 위해서 배에 지방을 많이 축적한다. 이주 중에도 종종 꽃꿀을 섭취하여 에너지를 얻는다. 또 제왕나비는 이주할 때 무리

제왕나비의 이주 경로는 시민과학에 의해 규명되었다. 시민과학자들은 제왕나비를 포획한 다음 개체 식별용 표식을 날개에 부착한다. 이 제왕나비를 재포획하면 녀석이 이주한 경로와 시간을 알 수 있다. ⓒ 장이권

를 지어 비행한다. 새들처럼 편대비행을 하지는 않지만 적게는 몇 마리에서 많게는 수백 마리가 함께 날아가기도 한다. 그러나 제왕나비가 의도적으로 무리를 지어서 비행하는지, 아니면 우연히 마주쳐서 같이 비행하는지는 아직 잘 모른다.

동물들이 장거리 이주를 할 때는 방향과 거리 정보가 있어야 한다. 제왕나비는 어떻게 방향 정보를 얻을까? 방향 정보를 얻으려면 나침반이 필요하다. 북극성은 항상 북쪽 방향을 알려 주기 때문에 자연에서 가장 좋은 나침반이다. 그러나 제왕나비는 낮에만 비행하기 때문에 북극성을 이용할 수 없다. 많은 이주 동물들과 마찬가지로 녀석들도 태양을 이용하여 방향을 파악한다.

태양을 나침반으로 삼게 되면 한 가지 문제가 발생한다. 북극성과 달리 태양은 시간의 흐름에 따라 위치가 바뀐다. 그러므로 현재의 시각을 알아야만 태양을 나침반으로 이용할 수 있다. 제왕나비는 안테나(더듬이)에 체내 시계를 가지고 있어서, 태양의 위치가 바뀌어도 시간을 가늠하여 정확하게 방향을 잡아낸다.

신기한 건, 태양이 없는 흐린 날에도 녀석들이 방향을 잃지 않는다는 점이다. 이런 능력은 최근에야 알려졌는데, 안테나에 있는 자석 센서를 이용하여 지구의 자장을 감지하는 것으로 추측된다. 그래서 맑거나 흐리거나 관계없이 멕시코를 향해 이주할 수 있다. 그러나 제왕나비가 멕시코의 특정 지점으로 정확히 찾아가는 방법은 아직 그 누구도 이해하지 못하고 있다.

여러 세대에 걸쳐 이주를 완성하는 제왕나비

제왕나비의 이주와 조류 및 포유류의 이주에는 한 가지 커다란 차이점이 있다. 조류나 포유류의 경우엔 가을에 월동지로 이주한 개체가 봄에 다시 번식지로 돌아온다. 하지만 제왕나비는 그렇지 않다.

가을에 남쪽으로 이주한 제왕나비는 멕시코에서 월동을 한다. 월동지에서 보내는 몇 달 동안 이들은 가끔씩 몰아닥치는 폭풍우나 거센 바람을 견뎌야 한다. 살아남은 제왕나비는 이듬해 봄에 다시 북쪽으로 이주한다. 그런데 이들은 지난 가을에 출발했던 지역까지 가지 못하고 텍사스나 오클라호마에서 멈춘다. 여기서 제왕나비는 짝짓기를 하고, 알을 낳고, 생을 마감한다.

이들의 후손인 그다음 세대는 북상하여 미국의 중서부 지역으로 흩어진다. 이 과정에서 번식을 통해 개체군이 급격하게 증가한다. 그리고 이 세대는 다시 번식을 통해 미국 북부와 동부, 캐나다 남부로 분산한다. 그러니까, 가을에 캐나다에서 멕시코로 이주했던 제왕나비는 여름에 캐나다에 도착한 제왕나비의 증조부모이다.

이렇게 제왕나비의 이주는 여러 세대에 걸쳐 일어나기 때문에 몇 가지 흥미로운 질문을 던지지 않을 수 없다. 도대체 제왕나비는 이주 경로를 어떻게 알까? 조류나 포유류는 대부분 부모가 새끼들과 같이 이주하면서 정확한 이주 경로를 가르쳐 준다. 그러나 제왕나비의 경우엔 학습에 의한 이주 경로 습득이 불가능하다. 결국 이주에 관한 대부분의 정보가 유전적으로 결정된다고밖에 설명할 수 없다.

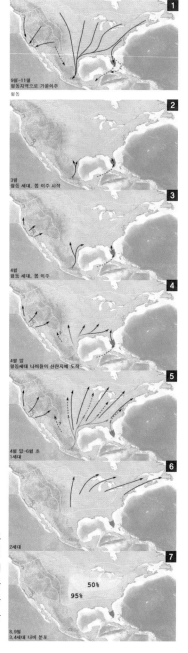

가을이 오면 미국과 캐나다의 제왕나비는 멕시코로 장거리 이주를 시작한다(①). 멕시코 고산지대에서 월동한 제왕나비는 봄에 북으로 이동하여 텍사스나 오클라호마에 다다른다(②~④). 이들은 여기서 짝짓기 하고, 알을 낳고, 죽는다. 이들의 자손은 다시 분산하여 북쪽 지역으로 올라간다(⑤~⑥). ⓒ 위키피디아

제왕나비의 장거리 이주는 가장 놀랍고 신비한 동물의 행동이다. 녀석들의 이주 방법이나 생활사 진화 등은 아직 밝혀지지 않은 의문으로 우리에게 남아 있다. 이런 의문을 해결하는 데 일반인들이 큰 기여를 하고 있다. © 장이권

온대지역에 사는 대부분의 곤충은 휴면 상태로 겨울을 난다. 그런데 제왕나비는 휴면하지 않고 이주를 하여 추위를 피한다. 왜 제왕나비는 휴면을 하지 않고 이주를 할까? 너무 재미있는 질문이다. 이 질문에 대답하려면 제왕나비의 진화를 제대로 이해해야 한다. 아쉽게도 우리는 아직 그 단계에 이르지 못했지만, 몇 가지 힌트는 있다.

제왕나비의 선조는 열대에 살았고 추운 겨울을 견딜 수 없었다. 그런데 그들은 무슨 이유에선지 계속 북쪽으로 이동하기 시작했다. 아마도 먹이식물인 밀크위드가 온대지역에 많이 번창해서, 그것을 따라 북상한 것으로 추측된다. 그러나 제왕나비는 휴면을 이용하여 겨울을 나는 방법을 진화시키지 못했다. 그래서 날씨가 차가워지면 생존을 위해 다시 열대지역으로 이주를 한 게 아닐까 싶다. 물론 이건 아직까지는 하나의 가설일 뿐이고, 진실 여부는 누구도 알 수 없다.

세상에는 아직도 우리가 모르는 것들이 너무나 많다.

동물들은
싸움을 싫어한다

맹꽁이는 이름부터 시작해서 여러모로 재미있는 동물이다. 녀석들의 행동을 보면 사막에서 번식하는 개구리가 연상된다. 사막에는 습지가 드물고 비가 오는 기간도 아주 짧다. 그곳 개구리들은 건조함과 무더위를 피해 평소에는 땅속에서 지낸다. 그러다가 비가 오면 재빨리 땅속에서 나와 일시적으로 생겨나는 웅덩이에 알을 낳는다. 알은 아주 빨리 부화하고, 올챙이들도 물이 마르기 전에 빠르게 성장한다.

맹꽁이는 주로 장마철에 맞춰 나타나서 번식을 한다. 사막의 개구리처럼 맹꽁이의 알도 아주 빠르게 부화하여 올챙이가 된다. 그리고 평소에는 땅속에 숨어 있는 것을 좋아한다. 녀석들은 장마철 이전에도 번식이 가능한 습지가 많다는 사실을 모르고, 마치 우리나라가 사막인 줄 착각하고 번식행동을 하는 것 같다.

번식행동도 재미있지만 무엇보다도 녀석들의 이름이 우리를 미소 짓게 한다. 잘 알다시피 맹꽁이는 "맹꽁, 맹꽁" 노래하기 때문에 붙은 이름이다. 그런데 맹꽁이 노랫소리를 잘 들어 보면 절대 "맹꽁"하고 노래하지

맹꽁이는 노래로 암컷을 유인하는 동시에 근처에 있는 수컷에게 경고를 보낸다. 한 놈이 '맹' 하면 다른 놈이 '꽁' 하고 받아친다. 이런 맹꽁이의 자리 경쟁이 직접적인 싸움으로 이어지는 경우는 드물다. ⓒ 김현태

않는다. "맹" 아니면 "꽁". 한 번에 반드시 한 음절의 소리만 발성한다.

맹꽁이는 노래로 암컷을 유인하면서 동시에 근처의 수컷과 영역 경쟁을 벌인다. 쉽게 말해서, 말로 싸운다. 수컷 한 놈이 "맹" 하고 소리치며 영역을 주장하면 옆에 있는 다른 수컷이 "꽁" 하고 맞받아친다. 두 수컷이 서로 자기 영역을 주장하면서 상대방이 너무 가까이 있다고 경고하는 것이다.

둘 사이의 영역 다툼은 한동안 지속된다. 이걸 멀리서 들으면 "맹꽁", "맹꽁"으로 들린다. 이 다툼은 대개 한 놈이 그 자리를 포기하고 물러남으로써 해결된다. 그러니까 '맹꽁이'는 단순히 노랫소리를 표현하는 게 아니고, 이들의 영역 다툼 행동을 묘사하는 이름이다.

분쟁을 해결하는 '의례화 싸움'

맹꽁이의 영역 다툼이 실제 싸움으로 이어지는 경우는 드물다. 싸움은 승패를 즉시 결정지어 분쟁에 종지부를 찍을 수 있지만 위험 또한 크다. 패자는 자원을 얻지 못하고, 심지어 다치거나 죽을 수도 있다. 승자는 자원을 얻을 수 있지만 싸우는 과정에서 부상을 당할 수 있다. 야생에서 상처는 곧 죽음을 의미하고, 상처 입은 승리는 오래가지 못한다. 그러므로 강자에게도 약자에게도 싸움은 가급적 피하는 것이 상책이다.

경쟁자들이 격렬한 싸움을 하지 않고 분쟁을 해결할 수 있으면 결과적으로 모두에게 이익이 된다. 한마디로, 동물들은 싸움을 싫어한다!

동물들은 다툼이 생기면 치명적인 싸움 대신 신호를 이용한 평화적인 방법으로 문제를 해결하려 한다. 노래 같은 음성 신호, 화려한 색이나 행동 같은 시각 신호, 냄새를 이용한 화학 신호가 주로 사용된다. 동물들은 이런 신호를 통해 경쟁자에게 우월함을 과시하는데, 이때 사용하는 신호는 뚜렷하고 반복적이어서 종종 그 종을 대표하기도 한다. 동물들이 직접적인 싸움 대신 신호를 과시하여 분쟁을 해결하는 행동을 '의례화 싸움'이라 부른다.

의례화 싸움은 쉽게 볼 수 있다. 공원에 개를 데리고 산책을 나갔다가 다른 개와 마주치면 서로 으르렁거리며 송곳니를 드러낸다. 금방 물어뜯을 듯 상대를 위협하기도 한다. 하지만 얼마 지나지 않아 한 놈이 꼬리를 내린 채 움직임을 멈추고, 다른 놈은 계속 으르렁거리며 냄새를 맡고 돌아다닌다. 잠깐 동안의 의례화 싸움을 거쳐서 이내 승부가 결정되고 서열이 확립된 것이다.

의례화 싸움으로 분쟁이 해결되지 않으면 직접적인 싸움으로 이어지기도 한다. 서로의 힘이 비슷하거나 다툼의 대상인 자원이 아주 중요할 때 주로 일어나는 현상이다.

개들끼리 만나면 으르렁거리며 송곳니를 드러내고 상대방을 위협할 때가 있다. 그러나 실제 싸움으로 이어지는 경우는 드물고, 대개 한 놈이 꼬리를 내려 분쟁을 피한다. 동물들은 이런 의례화 싸움을 통해서 직접적인 싸움 없이 분쟁을 해결한다.
ⓒ 위키피디아

신호를 이용하여 다툼을 해결할 때 가장 중요한 점은 신호가 정직해야 한다는 점이다. 만약 아무나 흉내 낼 수 있는 신호라면 상대가 그 신호를 신뢰할 수 없다. 그렇게 되면 신호를 이용한 분쟁 해결 방식도 무너진다. 실제로 동물들이 다툴 때 사용하는 신호는 대부분 정직하다고 알려져 있다.

가장 대표적인 예는 개구리 노래의 주주파수dominant frequency이다. 주주파수는 개구리 노래에서 가장 에너지가 많은 주파수를 뜻하며, 개구리의 몸 크기에 반비례한다. 몸집이 크면 낮은 주주파수의 노래를 만들고 몸집이 작으면 주주파수가 높아진다. 그래서 개구리 수컷끼리 노래로 경쟁하면 낮은 주주파수를 가진 수컷이 이긴다.

동물들의 다양한 경쟁 방법

동물들은 영역, 먹이, 짝, 쉼터 같은 자원을 공유하기 어려울 때 경쟁을 한다. 경쟁은 강도가 낮은 과시에서부터 강도가 높은 신체적 싸움까지 일련의 과정을 포함한다. 경쟁하기 전에는 경쟁자에 대한 아무런 정보가 없다. 그러나 경쟁을 진행하면서 점점 상대방의 싸움 능력이나 의지를 알게 되고, 자신의 능력과 비교하여 승패를 결정지을 수 있다.

동물들의 경쟁 전략은 상대방에 대한 정보를 얻는 방법과 승패에 대한 결정을 내리는 방법에 따라 크게 순차평가sequential assessment, 소모전war of attrition, 누적평가 cumulative assessment 모델로 구분된다. 순차평가는 포커 게임과 비슷한데, 매 단계마다 판돈이 올라간다. 두 경쟁자가 각자 가지고 있는 패를 상대방에게 보여 주고 그것을 서로 평가하여 승패를 결정한다. 승부가 나지 않으면 판돈을 올린 다음 다시 게임을 한다.

순차평가의 대표적인 예는 유럽에 서식하는 붉은사슴의 경쟁이다. 녀석들은 먼저 강도가 약한 소리로 시작한다. 서로 멀리 떨어진 상태에서 목을 공중으로 치켜들고 으르렁거리며 소리를 지른다. 으르렁 소리의 주파수가 높으면 젊고 작은 개체이고, 주파수가 낮으면 나이가 있고 큰 개체이다. 만약 이 단계에서 주파수 차이가 많이 나면 작은 개체가 싸움을 포기하고 물러난다. 그러나 서로의 나이와 체격이 비슷하면 그다음 단계로 넘어가게 된다.

다음 단계에서는 으르렁 소리를 크게 반복해서 발성하는데, 빠르게 반복할수록 유리하다. 발성에 사용하는 가슴근육은 싸움할 때도 사용하기 때문에, 으르렁 소리만으로도 경쟁자의 상태를 알 수 있다. 만약 여기서도 우열을 가리기 어려우면 서로 접근하여 나란히 걷는다. 둘이 평행하게 걸으면서 상대방의 크기나 능력을 파악하는 것이다.

마지막 단계는 뿔을 서로 맞댄 채 밀고 당기는 본격적인 힘겨루기다. 이 단계에서도 뿔로 상대방을 찌르려는 것보다는 상대방의 힘을 측정하는 데 목적이 있다. 힘겨루기 도중 뿔이 부러지는 경우도 더러 있지만, 대개는 우열이 드러나면 부상 없이 승패가 결정된다.

이렇듯 붉은사슴의 싸움에서는 단계가 올라갈 때마다 충돌의 강도도 올라간다. 이를 통해 상대방의 싸움 능력을 비교적 정확하게 판별할 수

붉은사슴은 한 단계에서 승부가 결정되지 않으면 다음 단계로 넘어가는 순차평가 방식으로 경쟁한다. 순차평가는 나와 상대방의 현재 상태에 대한 정보를 정확하게 알 수 있을 때 가능하다. © 위키피디아

있다.

순차평가 모델은 경쟁 과정에서 자기와 상대방에 대한 정보를 정확하게 알 수 있을 때 가능하다. 그런데 신체적 충돌이 없는 상태에서는 상대의 능력을 파악하기 어려운 경우가 많다. 그럴 때는 자신에 대한 정보만으로 경쟁을 해야 하는데, 소모전과 누적평가가 여기에 해당된다.

잠자리 수컷들이 연못 위에서 벌이는 영역 다툼은 일종의 소모전이다. 침입자가 주인의 영역으로 들어오면 둘은 서로 쫓고 쫓기며 공중전을 벌인다. 직접 몸으로 부딪치진 않지만 상당한 체력이 소모된다. 둘이 빠르게 비행하다가 급회전을 하고, 꼬리를 물듯이 추격전을 벌이기도 한다. 이 대결에서는 체격이 좋은 녀석이 이기게 되어 있다. 곤충들은 활동

잠자리 수컷들(왼쪽)의 경쟁은 소모전으로, 어느 한쪽이 지쳐서 물러나면 승부가 결정된다. 귀뚜라미(오른쪽)는 공격행동의 강도가 점점 높아지는 누적평가 방식으로 경쟁하며, 누적된 상처나 스트레스를 바탕으로 경쟁에서 버틸 것인가 물러설 것인가를 결정한다.
ⓒ 장이권

에 필요한 에너지를 체내 지방조직에서 충당한다. 체격이 클수록 지방조직이 풍부하기 때문에 오랜 시간 동안 소모전을 벌일 수 있다.

누적평가도 순차평가와 비슷하게 처음에는 무해한 과시로 시작해서 점점 힘겨루기로 상승한다. 그러나 순차평가와 달리 각 단계에서 경쟁자의 패를 정확하게 알지 못한다. 확실한 정보는 오직 내가 들고 있는 패와 매 판마다 내가 소모한 비용뿐이다. 경쟁이 진행되는 동안 경쟁자들은 스트레스나 상처가 누적되기 시작하고, 더 이상 견딜 수 없는 경쟁자가 포기하면 비로소 승패가 결정된다.

누적평가로 경쟁하는 대표적인 동물은 귀뚜라미다. 귀뚜라미는 야행성이기 때문에 경쟁할 때 주로 청각이나 촉각을 이용하여 신호를 한다. 그러므로 상대방의 체격, 스태미나, 상처 같은 정보를 경쟁 중에 쉽게 얻기 어렵다.

귀뚜라미의 공격행동은 더듬이 마주치기로 시작한다. 곤충은 더듬이로 냄새를 맡는다. 귀뚜라미는 첫 단계에서 더듬이에 있는 화학물질을 이용하여 경쟁자의 종과 성을 구별한다. 만약 수컷과 암컷이 더듬이를 마주칠 경우엔 교미로 이어질 수 있다. 그러나 수컷과 수컷 또는 암컷과 암컷이 마주칠 경우에는 공격행동이 뒤따르게 된다.

더듬이 마주치기로 경쟁자를 인식하면 그다음 단계는 더듬이 펜싱이다. 서로 마주 서서 마치 펜싱을 하듯 더듬이를 빠르게 휘둘러 부딪친다. 이것만으로 상대방의 싸움 능력을 정확히 알기는 어렵지만 의지는 확인할 수 있다. 또 경쟁자들은 공격 노래를 부르기도 하는데, 상대적으로 우월한 놈이 먼저 부르는 경우가 많다. 큰턱을 벌려 상대방을 위협하는 행동도 종종 한다. 이 행동은 분명히 위협적이지만 시각이 제한되어 있기 때문에 효과를 확인하기는 쉽지 않다.

더듬이 펜싱, 공격 노래 또는 큰턱 벌리기로 경쟁이 해결되지 않으면 조금 더 심각한 신체 접촉 단계에 돌입한다. 발차기나 찌르기 등이 여기에 해당한다. 이 행동들은 상대방에게 타격을 줄 수 있지만 상대가 입은 피해를 정확히 평가하기는 어렵다.

만약 이 단계에서도 경쟁이 해결되지 않으면 레슬링 단계로 들어간다. 두 마리가 큰턱을 서로 맞물린 다음 밀고 당기면서 본격적인 힘겨루기를 한다. 레슬링은 귀뚜라미의 공격행동 중 가장 강도가 높으며 반드시 승패로 이어진다. 가끔은 서로 과격해져서 패자를 물어 던지기도 하고, 한쪽이 심각한 상처를 입기도 한다.

승패가 결정되면 패자는 뒤로 돌아서서 도망간다. 그리고 나중에 다시 승자와 마주치더라도 절대 맞서지 않는다. 승자는 노래를 부르고 온몸을 앞뒤로 흔들면서 승리의 신호를 보낸다. 일종의 승리 세리머니 ceremony이다.

승자-패자 효과와 직선적 우열 순위

경쟁에서 한 번 승자가 되면 다음 경쟁에서도 승리할 확률이 높다. 경쟁에서 패배하면 다음 경쟁에서도 패배하는 경우가 많다. 이것을 '승자-패자 효과'라 하며 귀뚜라미를 포함한 많은 종에서 보고되었다. 승자는 경쟁 후에 더욱 호전적이어서 다른 경쟁자와 마주치면 공격행동으로 치달을 확률이 훨씬 높아진다. 반대로 패자는 의기소침해져서 경쟁을 피하고 쉽게 물러난다.

경쟁에서 밀린 귀뚜라미는 패배 이후 하루 동안 경쟁을 피한다. 심지어 자기보다 체격이 열등한 개체를 마주쳐도 공격행동을 하지 않고 피하기만 한다. 승자 효과보다는 패자 효과가 훨씬 강력하다. 경쟁에서 패배하면 피해가 몹시 크기 때문에, 패자는 다음 경쟁에 대해 그만큼 조심스러워진다.

승자-패자 효과는 학습에 의해 나타날 수도 있지만, 그보다는 호르몬 분비 같은 생리적 변화 때문에 생겨난다. 이런 생리적인 변화는 공격행동을 한동안 억제하기 때문에 패자의 경거망동을 막을 수 있다.

한 우리 내에 여러 마리의 닭을 넣어 두면 처음에는 서로 과시하고 다툰다. 그러나 무리 내에 직선적인 우열 순위가 생기고 나면 더 이상의 경쟁은 사라진다. 경쟁 후에 자신의 경쟁자와 승패를 기억하고 있으면 같은 상대와 반복적인 경쟁을 피할 수 있다. 그러므로 직선적 우열 순위의 필수 조건은 기억력이다. 기억력의 한계 때문에 큰 무리에서는 직선적 우열 순위가 나타나기 어렵다.

직선적 우열 순위는 복잡한 인지 체계와 판단 능력을 필요로 하지 않는다. 간단한 몇 가지 행동 규칙만으로도 형성이 가능하고, 소규모의 동물 무리에서 쉽게 발견된다.

한 우리 내에 여러 마리의 닭을 넣어 두면 처음에는 서로 경쟁하지만 곧 직선적인 우열 순위가 생긴다. 경쟁자에 대한 기억이 가능한 소규모 무리에서는 직선적 우열 순위가 흔하게 나타난다. © 위키피디아

야생에서 치명적인 싸움은 매우 드물다

동물들의 싸움은 극적인 구경거리다. 동물에 관한 다큐멘터리를 보면 가끔 거구의 맹수들이 목숨을 걸고 싸운다. 승자는 모든 것을 갖지만 패자는 상처를 입고 도망가야 한다. 그런 장면이 지나가고 나면 PD가 촬영 과정의 무용담을 시청자들에게 들려준다. 그 한 장면을 찍기 위해 야생에서 몇 주 동안 밤을 새워 가며 고생했다는 식의 얘기들이다. 야생에서 동물들의 싸움을 관찰하는 것이 왜 그토록 어려울까?

동물들은 생존과 번식을 위해 치열하게 경쟁한다. 그러나 그 경쟁이 생각처럼 무모하지는 않다. 비록 경쟁의 결과로 다치거나 죽는 경우도 있지만, 동물의 경쟁은 우리의 스포츠 게임처럼 정해진 규칙과 순서가 있다. 경쟁자들은 경기 규칙에 따라 경쟁하고, 경기의 순서에 따라 길고 짧은 것을 대 본다.

동물들은 피를 흘리며 싸우는 과격한 경쟁을 가급적 피하려 한다. 그래서 대부분의 경쟁은 과시나 의례화 싸움의 단계에서 끝난다. 패자는 결과에 깨끗이 승복해 물러나고, 승자 또한 패자에게 불필요한 과격 행위를 절대 하지 않는다. 다큐 화면에서 보이는 피비린내 나는 전투는 양

경쟁자가 우열을 가리기 어려울 때 벌어지는 최후의 수단일 뿐이다. 야생에서 동물들의 격렬한 전투를 촬영하는 일은 결코 쉽지 않다.

귀여움은 아기의
최고 생존전략

얼마 전까지만 해도 이화여대 캠퍼스 곳곳에 고양이들이 살고 있었다. 내가 근무하는 종합과학관 앞의 종과고양이, 포스코관 앞의 포관고양이, 공대 앞 공대고양이……

캠퍼스 고양이들은 학생들의 무한한 사랑을 받았다. 녀석들 앞에는 늘 우유, 사료, 비스킷, 김밥 등이 놓여 있었다. 학생들이 골판지로 집을 지어 주기도 하고, 동물병원에 데려가서 예방접종을 시키기도 했다. 학생들의 지극한 정성 덕분이었는지 종과고양이는 한 해에 두 번이나 새끼를 낳은 적도 있다. 녀석은 터줏대감처럼 늘 종합과학관 앞에서 자리를 지키고 있었다.

새 건물이 들어서면서 지금은 어디론가 사라져 버렸지만, 종과고양이를 생각하면 늘 이런 질문이 떠오르곤 한다. 왜 학생들은 고양이를 보면 귀엽다고 탄성을 지르면서 스마트폰을 들이댈까? 왜 한두 명도 아니고 많은 학생들이 고양이들을 돌볼까? 마치 엄마가 자식을 돌보는 것처럼.

애완동물에 대한 우리의 반응은 아기를 대할 때와 비슷하다. 아기를

이화여대 종합과학관 앞에 살던 종과 고양이는 학생들의 지극한 정성 덕분인지 어떤 해엔 두 번이나 새끼를 낳았다. 자식도 아닌데, 심지어 같은 종도 아닌데, 왜 우리는 고양이를 그렇게 사랑하고 돌봐 줄까? ⓒ 장이권

보면 모든 경계심이 무너지고, 입가에 미소를 지으며, 아기의 관심을 끌어 보려고 애쓴다. 방긋방긋 웃는 아기의 얼굴을 보면 아무리 무뚝뚝한 사람이라도 그대로 녹아 버린다. 행여 울기라도 하면 모든 일을 멈추고 아기가 뭘 원하는지 살펴본다. 이유는 간단하다. 귀엽기 때문이다.

우리는 왜 아기가 귀엽다고 느낄까? 너무 당연하고 하나마나한 질문 같다. 그런데 우리는 인간이 아닌 동물의 새끼를 봐도 귀엽다고 느낀다. 심지어 살아 있지도 않은 인형이나 캐릭터를 보고도 귀엽다고 느낀다. 왜 그럴까?

직립보행과 각진 대퇴부

'귀여움'의 정체를 이해하려면 인류의 진화 과정을 거슬러 올라가야 한다. 지금으로부터 약 6~7백만 년 전에 인류와 침팬지가 공통 조상으로부터 갈라진 이후, 인류에게는 아주 중요한 두 가지 사건이 일어났다. 하나는 직립보행이고 또 하나는 대뇌화大腦化이다.

인류의 직립보행은 공통 조상으로부터 갈라진 직후에 시작되었다. 두

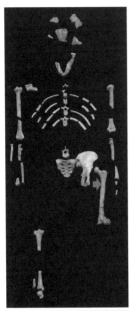

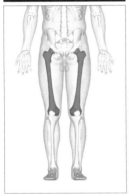

원시인류인 루시의 유골(위)
과 사람의 대퇴부(아래). 루시
의 대퇴부(빨간 화살표)는 아
래 그림과 마찬가지로 몸의
중심 방향으로 각이 져 있다.
직립보행을 했다는 증거다.
ⓒ 위키피디아

발동물과 네발동물의 걷는 방법은 아주 다
르다. 사람은 걷거나 뛸 때 양쪽 다리를 서
로 붙인다. 이와 달리 네발동물은 양다리가
서로 떨어져 있다.

양다리를 붙여야 하는 이유는 개처럼 다
리를 벌리고 걸어 보면 금방 알 수 있다. 사
람이 다리를 벌리고 걸으면 한 걸음 내디딜
때마다 몸의 무게중심이 왼쪽과 오른쪽으로
왔다 갔다 한다. 몸이 좌우로 흔들려 우스
꽝스럽고, 빨리 달릴 수가 없다. 사람처럼 직
립하여 두발보행을 하려면 반드시 양다리가
붙어야 한다.

직립보행은 척추와 다리의 구조를 많이
바꿔 놓았다. 골반에서부터 무릎까지 연결
된 뼈를 대퇴부라고 한다. 골반의 좌우 양쪽
에서 대퇴부가 시작되는데, 이 부분은 우리
몸에서 좌우 폭이 가장 넓다. 그런데 양 무
릎은 서 있으면 자연스럽게 서로 모인다. 그
래서 대퇴부가 골반에서 무릎으로 내려오면
서 안쪽으로 약간 각이 져 있다. 몸 가운데
를 향해 각진 대퇴부는 직립보행을 하는 인
간의 가장 특징적인 뼈 구조이다.

1974년 에티오피아에서 발견된 '최초의 인
간 루시Lucy'를 보면 두발보행을 했다는 것
을 한눈에 알 수 있다. 루시는 약 320만 년
전에 살았던 원시인류로서 오스트랄로피테

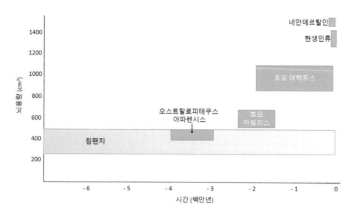

루시 같은 오스트랄로피테쿠스 아파렌시스의 뇌 용량은 침팬지와 큰 차이가 없었다. 원시 인류가 호모속으로 진화하면서 뇌 용량이 점점 커졌다. 그림:장이권

쿠스 아파렌시스에 속한다. 유골이 거의 완벽하게 남아 있어서 인류 진화 이해에 획기적인 단서를 제공했다. 20세 안팎의 여성으로 추정되는 루시의 키는 1미터 정도이며, 생김새가 침팬지와 큰 차이가 없어 보인다. 그러나 대퇴부는 골반에서 무릎으로 내려오면서 안쪽으로 각이 져 있다. 생김새는 우리와 많이 달랐지만, 루시는 분명히 인간처럼 걸었다.

대뇌화는 두뇌가 점점 커지는 현상이다. 인류의 직립보행은 침팬지와 갈라진 이후 곧바로 시작되었지만 대뇌화는 훨씬 천천히 진행되었다. 루시 같은 오스트랄로피테쿠스속屬의 원시인류는 뇌 용량이 침팬지와 차이가 없었다. 그러나 원시인류가 호모속으로 진화하면서 뇌가 점점 커지기 시작했다. 현생인류의 뇌 용량은 약 1400cm³다. 재미있게도 네안데르탈인의 뇌 용량은 1600cm³ 정도로, 현생인류보다 훨씬 컸다.

직립보행과 대뇌화는 서로 독립적인 사건처럼 보이지만 두 사건이 서로 충돌한다는 것을 보여 주는 순간이 있다. 그건 바로 아기가 태어날 때이다.

인간의 아기가 미숙아로 태어나는 이유

진화 과정에서 인류의 뇌 용량이 커지면서 태아의 두뇌도 점점 커졌다. 그런데 태아는 태어날 때 골반 가운데 있는 구멍을 통과해야 하므로 두뇌가 무한정 커질 수 없다. 침팬지는 암컷 골반의 구멍이 태아의 머리 크기에 비해 훨씬 크므로 출산 과정이 어렵지 않다. 그러나 사람의 출산 과정은 복잡하고 고통스럽다. 태아의 머리 크기에 비해 산모의 골반이 너무 작기 때문이다.

사람의 골반은 진화 과정 동안 서로 다른 방향의 두 가지 힘에 의해 형성되었다. 첫 번째 힘은 출산을 위해 골반을 키웠다. 두뇌가 점점 커지는 태아를 낳으려면 골반의 구멍도 그만큼 커져야 하기 때문이다. 그러나 골반이 계속 커지면 제대로 걷는 데 문제가 생긴다. 직립보행을 하려면 양다리가 모아져야 하므로 골반이 양옆으로 무한정 늘어날 수가 없다. 그래서 두 번째 힘은 직립보행을 위해 골반의 크기를 제한했다. 현생 인류의 여성 골반은 이와 같은 두 가지 힘 사이의 적당한 타협점인 셈이다.

골반 크기의 타협점은 태아에겐 좋은 소식이 아니다. 딱 자궁 밖으로 나올 만큼만 성장한 태아의 두뇌는 크기가 작고 충분히 발달되지도 않은 상태다. 갓 태어난 신생아의 두뇌는 약 25% 정도만 발달되어 있다. 심각한 미숙아인 셈이다.

대부분의 포유류는 태어나는 즉시 움직일 수 있고 먹이를 찾을 수 있다. 출생 시점에 이미 두뇌가 충분히 발달하여 인지능력이 있고, 근육과 자세를 조절할 수도 있기 때문이다. 침팬지 태아만 해도 태어날 때쯤엔 두뇌가 거의 다 발달되어 있다. 그러나 인간 태아는 몸을 가누기는커녕 엄마의 젖도 스스로 찾지 못한다.

아기는 생후 4~5개월이 지나야 스스로 움직일 수 있고, 1년 정도는

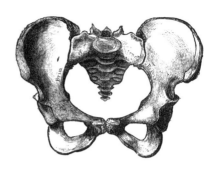

사람 여자의 골반. 직립보행과 대뇌화라는 인류 진화의 두 사건은 아기가 태어날 때 서로 충돌한다. 골반의 크기는 대뇌화와 직립보행의 적당한 타협점이다. 이 타협은 인간 태아를 미숙아로 태어나게 만들었다. ⓒ 위키피디아

되어야 걸음마를 뗄 수 있다. 스스로 움직이고 음식을 먹으려면 발달된 두뇌와 인지능력이 필요하다. 태어난 뒤의 몇 해, 특히 첫해는 두뇌가 빠르게 성장하는 시기다. 그래서 인간의 아기는 이마가 유난히 넓다. 두뇌가 엄청나게 발달하는 시기이다 보니 다른 어떤 신체 부위보다도 이마가 차지하는 비율이 상대적으로 높다.

두뇌의 크기는 대략 5살이 지나면 성인과 비슷해진다. 그 이후에는 신체가 빠르게 성장하면서 몸이나 팔다리의 비율이 높아진다. 아기 때는 머리가 상대적으로 크다가, 성장해 갈수록 다른 부위의 비율이 높아지는 것이다.

귀여움은 아기의 특징

우리가 귀엽다고 느끼는 특징은 모두 아기의 모습과 관련이 있다. 첫째, 신체에서 머리가 차지하는 비율이 높아야 한다. 늘씬한 몸매를 지닌 사람을 흔히 '팔등신'이라 하는데, 키에서 머리가 차지하는 비율이 1/8이라는 뜻이다. 이런 비율을 갖고 있는 사람은 성인이다. 만약 이 비율이

1/3 또는 1/4이면, 즉 아기처럼 머리의 비율이 크면 우리는 귀엽다고 느낀다. 이 특징은 귀여움을 유발하는 가장 강력한 큐이기도 하다.

둘째, 이마가 짱구처럼 튀어나오고 얼굴 전체에서 차지하는 비율이 높으면 귀여워 보인다. 이 또한 아기의 특징인데, 유아 때 두뇌의 발달이 가장 먼저 진행되기 때문이다. 셋째, 눈이 얼굴 중간보다 아랫부분에 위치할 때이다. 이것 역시 넓은 이마를 가진 유아에게서 나타나는 특징이다. 넷째, 팔다리가 짧다.

그 밖에도 전반적으로 둥근 모양새, 부드럽고 탄력 있는 피부, 토실토실한 볼, 서투른 몸동작 등을 볼 때 우리는 그 모습이 귀엽다고 느낀다.

디즈니 만화영화에서 가장 유명한 주인공은 미키마우스다. 그런데 미키마우스가 처음부터 지금의 모습이었던 건 아니다. 1928년에 태어난 미키마우스는 뾰족한 주둥이, 작은 귀, 긴 팔다리를 가지고 있어서 진짜 생쥐와 비슷했다. 오늘날처럼 큰 인기를 누리지도 못했다.

디즈니 작가들은 미키마우스의 외모를 바꾸기 시작했다. 뾰족한 주둥이는 둥글게, 머리는 몸에 비해 크게, 팔다리는 짧게 만들었다. 새로운 모습의 미키마우스는 차츰 인기를 끌기 시작했다. 처음부터 지금 같은 생김새였던 게 아니라, 사람들의 관심과 인기가 이끄는 방향으로 가다 보니 오늘날의 모습이 되었던 것이다. 귀여워진 미키마우스에게는 이내 엄청난 상업적 성공이 뒤따르게 되었다.

미키마우스 외에도 유명한 만화영화 주인공들은 하나같이 아기의 특징들을 갖고 있다. 스누피, 헬로키티, 올라프, 뽀로로……. 귀여운 만화영화 주인공이 반드시 인기를 끄는 건 아니지만, 상업적으로 성공한 만화영화 주인공들은 대부분 귀엽다.

최근 어린아이들이 출연하는 육아 프로그램들이 큰 인기를 끌고 있는데, 아이들이 배우처럼 연기를 잘해서 그런 게 아니다. 아이들의 귀여운 모습, 서툰 말투, 꼬물꼬물 어설픈 행동에 시청자들이 열광하는 것이다.

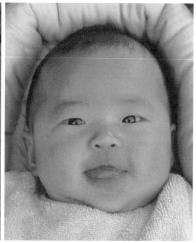

귀여움은 아기의 특징이다. 아기처럼 신체에서 머리가 차지하는 비율이 높고 이마가 튀어나
오면 우리는 귀엽다고 느낀다. 우리가 좋아하는 대부분의 만화영화 캐릭터는 아기의 모습
을 충실히 담고 있다. © 장이권

아기의 모습과 행동에는 우리의 관심을 집중시키는 특별한 매력이 있다.

아기의 귀여움은 어른의 뇌를 자극한다

귀여움은 아기가 어른에게 보내는 강력한 신호다. 그 증거는 귀여운
모습이 우리 뇌에 가하는 자극에서 찾을 수 있다.

우리 두뇌에는 쾌락중추pleasure center가 있다. 맛있는 음식을 먹거
나 섹스를 하면 이 쾌락중추가 자극을 받는다. 그러면 우리는 즐거움을
느끼고, 그 일을 계속하려고 한다. 쥐에게 스스로 쾌락중추를 자극할 수
있도록 해 주면, 쥐는 아무것도 먹지 않고 지쳐 쓰러질 때까지 자극을
계속 가한다. 마약도 쾌락중추에 직접 작용한다. 마약에 중독되면 오직

그 느낌에만 탐닉하느라 다른 활동을 거의 못하게 된다.

쾌락중추는 종의 생존과 깊은 관련이 있다. 우리가 생존에 꼭 필요한 행동을 할 때, 두뇌는 쾌락중추를 활성화하여 우리에게 기쁨을 선사한다. 이를 통해 그 생물종의 지속적인 생존 노력을 유도하는 게 쾌락중추의 중요한 기능이다.

아기의 귀여운 모습 또한 쾌락중추를 자극한다. 그 자극의 세기는 맛있는 음식이나 섹스에 비해 전혀 뒤지지 않는다. 왜 아기의 귀여움이 쾌락중추를 활성화시킬까? 달리 말하면, 아기의 귀여움과 인류의 생존 사이엔 어떤 관련이 있는 것일까?

미숙한 상태로 태어난 인간의 아기는 끊임없는 양육행동을 필요로 한다. 어른의 도움 없이는 긴 유아기를 무사히 통과할 수 없다. 인간 아기의 가장 중요한 생존전략은 자기를 향한 어른들의 관심과 보살핌을 지속적으로 이끌어 내는 일이다. 이때 가장 효과적인 수단이 되는 게 바로 귀여움이다.

아기가 눈앞에 있으면 우리의 관심은 온통 아기에게 집중된다. 추스르고 어르고 "까꿍" 하면서 어떻게든 웃게 해 보려고 애쓴다. 아기가 울면 달래기 위해 젖을 물리거나 기저귀를 들춰 본다. 제 자식이 아닌 남의 아이여도 대부분 그렇게 한다.

아기의 귀여운 모습은 이렇듯 어른들의 이목을 끌고 적절한 양육행동을 유도한다. 아기는 스스로의 생존을 위해 귀여움을 신호로 활용하고, 어른들은 아기를 제대로 키워 내야만 인류의 생존이 가능하기 때문에 그 신호에 즉각적으로 반응하는 것이다. 생존에 필수불가결한 행동을 할 때는 그 대가로 즐거움이 주어진다. 바로 이게 귀여운 아기 앞에서 우리의 쾌락중추가 활성화되는 이유다.

귀여운 동물이나 인형을 향한 인간의 양육행동

알에서 깨어난 조류의 새끼는 대부분 미숙하다. 잘 움직이지 못하고 심지어 눈을 뜨지 못하는 경우도 있는데 이것을 '만숙성'이라 한다. 이에 비해 닭이나 오리의 새끼는 태어나면 바로 걸을 수 있는데, 이것을 '조숙성'이라 한다.

흔히 '뱁새'로 불리는 붉은머리오목눈이의 새끼는 만숙성이다. 녀석들은 둥지에서 오랫동안 부모가 물어다 주는 먹이를 먹는다. 그런데 부모가 먹이를 아무 새끼한테나 주는 건 아니다. 어미가 다가오면 새끼들은 입을 크게 벌리고 소리를 질러 구걸행동을 해야 한다. 그러면 어미가 새끼 입속의 노란 색깔을 보고 양육행동을 한다. 새끼의 구걸행동과 어미의 양육행동은 본능으로 강하게 묶여 있기 때문에 학습이 필요 없다.

그런데 학습 없이 수행되는 이 본능적 행동을 악용하는 녀석이 있다. 뻐꾸기는 남의 둥지에 알을 낳는 '탁란'으로 유명한데, 대표적인 희생자가 바로 붉은머리오목눈이다. 남의 둥지에 낳은 뻐꾸기의 알은 그곳의 주인이 낳은 알보다 일찍 부화한다. 앞질러 태어난 뻐꾸기 새끼는 붉은머리오목눈이의 알을 등으로 밀어서 둥지 밖으로 떨어뜨린다.

혼자 남은 뻐꾸기 새끼는 붉은머리오목눈이 어미의 양육행동을 독차지한다. 아무것도 모르는 어미는 제 자식을 죽인 뻐꾸기 새끼를 지극정성으로 보살핀다. 얼마 지나지 않아 뻐꾸기 새끼는 덩치가 어미보다 훨씬 커진다. 어떻게 이런 어처구니없는 일이 벌어질까? 기가 막힐 노릇이다.

탁란이 일어나면 붉은머리오목눈이는 새끼를 잃을 뿐만 아니라, 번식기 동안 양육행동을 도둑맞게 된다. 이런 일이 가능한 건 뻐꾸기 새끼가 붉은머리오목눈이 새끼의 구걸행동을 흉내 낼 수 있고, 붉은머리오목눈이 어미는 본능에 따라 양육행동을 하기 때문이다.

우리 인간은 붉은머리오목눈이 어미보다 나을까? 아기의 귀여운 모습

뻐꾸기는 붉은머리오목눈이 둥지에 알을 낳는다. 그러면 붉은머리오목눈이 어미는 뻐꾸기 새끼를 마치 자기 새끼처럼 양육한다. 학습 없이 본능적으로 실행되는 붉은머리오목눈이 새끼의 구걸행동과 어미의 양육행동을 뻐꾸기가 악용하는 것이다. ⓒ 니고데(nygode.tistory.com)

이나 행동은 붉은머리오목눈이 새끼의 입속 색깔과 같은 일종의 구걸행위다. 그 모습을 보면 우리는 곧바로 양육행동을 한다. 먹이고 어르고 달래는 건 물론이고 심지어 똥오줌을 치우는 일도 마다하지 않는다. 아기의 귀여운 모습과 어른의 양육행동은 붉은머리오목눈이 모자처럼 본능으로 강하게 묶여 있다. 학습 없이 본능에 의해 수행되는 까닭에, 인간의 양육행동은 처음 의도한 바와 다르게 사용될 수 있다.

예를 들면, 우리는 귀여운 동물을 보면 눈을 떼지 못하고 어떻게든 돌봐 주려고 한다. 반려동물이나 애완동물에게도 아기에게 하는 것과 같은 양육행동을 하는 것이다. 동물들 입장에서는 인간에게 귀엽게 보이기만 하면 별다른 노력 없이 손쉽게 먹이를 얻을 수 있다. 그래서 개와 같은 반려동물은 가축이 된 후에 인간의 아기를 닮는 방향으로 진화했다.

개들은 야생 늑대에 비해 넓은 이마와 큰 눈을 가지고 있어서 훨씬 귀엽게 느껴진다.

귀여움에 대한 양육행동은 살아 있는 동물에만 한정되지 않는다. 우리는 돈을 들여 인형을 사고 인형 옷과 집도 장만해 준다. 심지어 인형이 심심하지 않게 많은 시간을 들여 인형과 놀아 주기도 한다. 이런 비경제적 행동이 가능한 이유는 귀여운 모습과 양육행동이 강한 본능으로 연결되어 있기 때문이다.

인간의 아기는 붉은머리오목눈이 새끼처럼 만숙성이다. 아기가 너무나 미숙한 상태로 태어나기 때문에 인간 사회에서는 양육행동이 일어나는 시작점이 아주 낮게 맞춰져 있다. 귀여운 모습이 아주 조금만 있어도 곧바로 양육행동으로 이어진다는 얘기다. 그래서 인간의 아기가 아닌 동물에게도, 심지어 살아 있지 않은 인형에게도 우리의 양육행동이 미치게 되는 것이다.

그런 의미에서, 붉은머리오목눈이 어미가 뻐꾸기 새끼에게 하는 양육행동과 우리 인간이 동물이나 인형에게 하는 양육행동은 본질적으로 큰 차이가 없다.

요리하는 인류,
호모 코쿠엔스

'일찍 일어나는 새가 벌레를 잡는다'는 서양 속담이 있다. 아침에 일찍 일어나 생산적인 활동을 하는 사람이 성공할 수 있다는 뜻이다. 사람은 그렇다 치고, 자연에서 이 속담은 과연 과학적으로 옳을까? 유감스럽게도 아직 이 문제에 대한 연구는 잘 되어 있지 않다.

새벽에 야외에 나가 보면 잠자리 같은 곤충들이 풀에 앉아 있곤 한다. 몸에 이슬이 맺혀 있는 걸 보면 밤새 그 자리에 계속 있었던 것 같다. 새벽녘 잠자리들은 사람이 접근해도 잘 도망가지 않는다. 만약 내가 새라면 위 속담대로 아침에 일찍 일어나 벌레를 잡으러 돌아다니겠다. 새벽에는 곤충들이 잘 움직이지 않으므로 사진을 찍기에도, 녀석들을 사냥하기에도 최적의 시간이다.

전통적으로 조류와 포유류를 항온동물, 그 외의 동물들을 변온동물로 구분해 왔다. 사람처럼 체온을 항상 일정하게 유지하면 항온동물이라 하고, 개구리나 뱀처럼 체온이 주변 온도에 따라 바뀌면 변온동물이라 한다.

밤에 풀에서 휴식을 취하고 있는 된장잠자리. 주행성 곤충인 잠자리는 주로 낮에 활동하며, 빛의 양이 적고 온도가 낮은 밤이나 새벽에는 휴식을 취한다. ⓒ장이권

하지만 이 구분에는 문제가 있다. 조류 중에도 벌새처럼 밤과 낮의 체온이 다른 종이 존재한다. 심해에 살고 있는 어류나 동굴 속에 사는 곤충들은 1년 내내 체온의 변화가 없다. 그러므로 체온의 변화에 따른 구분(항온동물/변온동물)보다는, 체온을 얻는 방법에 따라 내온동물內溫動物과 외온동물外溫動物로 구분하는 게 훨씬 바람직하다.

외온동물은 활동에 필요한 열을 주로 외부에서 얻는다. 주변 온도가 낮을 때는 체온도 낮기 때문에 활동하기가 어렵다. 이에 비해 내온동물은 대사 과정에서 발생한 열을 이용하기 때문에 주변 온도보다 높은 체온을 유지할 수 있다. 새벽에 곤충들은 꼼짝 못하고 앉아 있는데 새들은 활발하게 활동할 수 있는 건 그런 이유에서다. 곤충은 외온동물이고 새는 내온동물이다.

경제적이지만 제한된 엔진을 장착한 외온동물

애완동물로 페릿ferret이나 햄스터 같은 작은 포유동물을 키우는 분들은 녀석들에게 매일 먹이를 준다. 반면 뱀이나 도마뱀 같은 파충류를 키우는 분들은 그렇게 자주 먹이를 주지 않아도 된다. 뱀은 심지어 한 달에 한 번만 먹이를 먹여도 충분하다.

외온동물은 대사 과정에서 발산한 열을 이용해 몸을 데우지 않으므로 적게 먹고도 살아갈 수 있다. 자동차 엔진으로 비유하면, 외온동물은 적은 연료로 긴 거리를 주행할 수 있는 효율적인 엔진을 가지고 있는 셈이다. 하지만 사용 조건이 제한되어 있어서 주변 온도가 너무 낮거나 높으면 활동할 수 없다.

체온은 대사활동의 속도와 밀접한 관련이 있다. 일반적으로 체온이 10℃ 높아지면 대사율은 2배 정도 증가한다. 따라서 외온동물은 온도에 따라 활동량이 크게 바뀐다.

대사활동의 속도와 온도의 관계는 귀뚜라미의 노래활동을 통해 쉽게 관찰할 수 있다. 외온동물인 귀뚜라미는 날개를 이용하여 노래를 생성하는데, 날개를 움직이려면 가슴에 있는 근육을 움직여야 한다. 곤충의 가슴은 이동을 담당한다. 이동기관인 다리와 날개가 가슴에 연결되어 있고, 곤충의 가슴은 이들을 움직일 수 있는 근육으로 가득 차 있다. 근육을 움직이려면 근육에서 대사활동이 일어나야 한다.

귀뚜라미의 근육 대사활동 속도는 외부 온도에 따라 달라진다. 그리고 근육 대사활동 속도에 따라 노래를 반복하는 속도가 달라진다. 즉, 귀뚜라미가 노래하는 속도는 외부 온도에 따라 결정된다. 그러므로 귀뚜라미의 노래를 들으면 외부 온도를 알 수 있다. 이것을 '돌베어의 법칙 Dolbear's Law'이라고 한다.

연료 소비가 많지만 고출력 엔진을 장착한 내온동물

내온동물은 주변 온도와 관계없이 체온을 일정하게 유지할 수 있다. 그래서 주변 온도가 급격하게 오르내릴 때에도 활발한 활동이 가능하다.

내온동물이 이렇게 높은 활동성을 보일 수 있는 이유는 세포 내에 있는 미토콘드리아 때문이다. 미토콘드리아는 당과 지방을 이용해 생명체의 에너지원인 ATP를 만든다. 그런데 당과 지방이 분해될 때는 일부만 ATP로 변환되고 나머지는 열로 방출된다. 즉, 미토콘드리아는 생명체가 활동할 수 있는 에너지원과 열을 동시에 제공한다.

내온동물의 세포에는 외온동물보다 미토콘드리아가 몇 배나 더 많다. 자동차 엔진으로 비유하면, 내온동물은 주변 온도가 바뀌어도 높은 활동성을 유지할 수 있는 전천후 고출력 엔진을 장착하고 있는 셈이다.

사람의 중심 부위 체온은 약 37℃다. 사람은 평생 동안 체온을 36.5~37.5℃ 범위 내에서 유지하며, 1~2℃만 벗어나도 즉시 병원으로 가야 한다. 지구 표면의 평균기온인 15℃에 비하면 엄청 높은 온도다. 대부분의 내온동물은 이렇게 높은 온도를 태어나서 죽을 때까지 일정하게 유지한다.

내온동물은 내부 장기에서 대사가 일어나면서 열을 발산한다. 그중에서도 간, 심장, 신장, 폐, 내장 기관과 뇌는 몸무게의 약 7.7%만 차지하지만 우리 몸에서 생산하는 열의 약 72.4%를 담당하고 있다.

내온동물은 고출력 엔진 덕분에 높은 활동성을 유지할 수 있지만 단점도 있다. 무엇보다 연료 소비가 심하다. 당과 지방을 끊임없이 제공해

※미국의 과학자 A. E. 돌베어가 밝혀낸 법칙. 그는 1897년에 '귀뚜라미 온도계'라는 제목의 논문에서 귀뚜라미 노래 속도와 기온 사이의 관계를 수학적 공식으로 정리해 냈다.

내온동물은 높은 체온을 유지하기 위해 자주 식사를 해야 하지만 외온동물은 그렇지 않다. 햄스터(왼쪽) 같은 내온동물은 매일 먹이를 줘야 한지만 뱀(오른쪽) 같은 외온동물은 일주일에 한 번, 심지어 한 달에 한 번으로도 충분하다. ⓒ 이재호, 장이권

야만 미토콘드리아가 열을 발산할 수 있으므로, 높은 체온을 유지하려면 엔진에 연료를 자주 많이 공급해야 한다. 페럿이나 햄스터가 먹이를 자주 먹어야 하는 이유는 녀석들이 내온동물이기 때문이다.

내온동물이 체온을 낮추는 이유

내온동물 중에는 동면이나 휴면을 하는 종들이 있다. 대표적인 게 곰의 겨울잠인데, 추워서 그러는 게 아니다. 녀석들은 최고급 방한복인 털과 추위로부터 내부 기관을 절연할 수 있는 두터운 지방층으로 무장하고 있다. 북극곰에게도 북극의 추위는 별로 문제가 되지 않는다. 오히려너무나 탁월한 방한복 때문에 여름에 높은 열을 몸 밖으로 내보내지 못해서 문제가 될 때가 있다.

곰이 겨울에 동면을 하는 이유는 먹이를 구하기 어렵기 때문이다. 녀석은 고출력 엔진을 장착한 내온동물인데, 겨울에는 먹이가 충분하지 않으므로 몸에 축적하고 있는 에너지(지방)가 금세 바닥나 버릴 수 있다.

곰이 겨울잠을 자는 건 추위 때문이 아니라 먹이 부족 때문이다(왼쪽). 벌새(오른쪽)는 몸 크기가 작아 많은 에너지를 몸에 저장할 수 없기 때문에 밤사이 체온을 낮추고 휴면에 들어간다. ⓒ 위키피디아

그래서 부득이 엔진을 꺼서 체온을 낮추고, 갖고 있는 지방을 최대한 절약해서 아껴 쓴다. 얼어 죽지 않고 버틸 수 있을 정도로만 대사활동을 유지한 채 겨울을 나는 것이다.

벌새의 경우, 높은 체온을 계속 유지하면 하룻밤도 견디기 힘들 수 있다. 벌새는 새 중에서 크기가 가장 작은 편에 속한다. 날갯짓 횟수는 1초에 보통 수십 번, 많을 때는 무려 2백 번이다. 날갯짓 속도가 엄청나게 빠르기 때문에 윙윙 소리가 나고, 공중에 정지할 수도 있다. 녀석은 벌처럼 꽃에서 꽃꿀을 먹이로 섭취하며 식물의 가루받이를 돕는다.

벌새는 워낙 작아서 많은 연료를 몸에 축적할 수 없지만, 대사활동이 아주 활발해 많은 연료를 소비한다. 만약 밤사이 높은 체온을 계속 유지하면 다음 날 동이 트기 전에 굶어 죽을 수도 있다. 그래서 녀석은 밤이 되면 체온을 낮추고 휴면에 들어간다. 이렇게 내온동물은 먹이가 부족할 때 체온을 낮춰서 동면이나 휴면을 한다.

점심 먹고 돌아서면 저녁 준비해야 하는 내온동물의 삶

"점심은 잘 먹었니? 오후 잘 보내."

"나는 밥 챙겨 먹는 게 가장 힘들더라."

"맞아! 점심 먹고 돌아서면 바로 저녁 준비해야 해!"

가끔 주부들이 식사 후에 하는 푸념이다. 우리는 왜 이렇게 자주 먹어야 할까? 우리는 왜 이렇게 항상 먹어야 할까? 그건 우리가 내온동물이기 때문이다.

인류는 높고 일정한 체온을 바탕으로 남극을 제외한 지구의 모든 대륙에서 살고 있다. 더운 여름에도, 추운 겨울에도, 온도가 급격하게 오르내리는 곳에서도 왕성하게 활동하며 번성해 왔다. 그렇지만 인간은 연료 소비가 가장 심한 동물이다. 삼시세끼 끊임없이 음식을 먹어야만 활동을 유지할 수 있다. 다양한 환경조건에서 높은 활동성을 유지하는 내온동물이 치러야 하는 비용이다.

일생 동안 끊임없이 먹어야 하는 내온동물은 먹이의 분포에 따라 활동 시기와 범위가 달라진다. 내온동물은 먹이의 종류에 따라 크게 초식동물과 육식동물로 나뉜다.

초식동물은 잎, 과일, 꽃꿀, 씨앗, 목재를 먹는 동물 등으로 세분할 수 있다. 그중 식물의 잎은 어디에나 있고 양도 풍부하다. 그렇지만 잎에는 초식동물이 곧바로 소화시킬 수 있는 영양물질이 많지 않고, 소화시키기 어려운 섬유질이 많다. 그래서 초식동물들은 장내미생물을 이용하여 섬유질을 소화시킨다. 장내미생물들이 섬유질을 잘 소화시키려면 먹이를 잘게 부수어야 한다. 음식을 입에 넣고 씹는 것을 '저작詛嚼'이라고 하는데, 초식동물의 저작 횟수는 하루에 무려 1만 번에 가깝다. 녀석들은 에너지 함량이 낮고 섬유질이 많은 식물성 음식을 먹고 소화시키는 데 대

식물의 잎에는 영양물질이 적고 소화시키기 어려운 섬유질이 많다. 그래서 코알라(왼쪽) 같은 초식동물은 먹고 소화시키는 데 많은 시간을 소비한다. 호랑이(오른쪽) 같은 육식동물은 소화시키기 좋고 영양물질이 풍부한 고기를 먹는다. 그러나 먹이가 드물기 때문에 육식동물도 먹이를 찾는 데 많은 시간을 소비한다. ⓒ 장이권

부분의 시간을 할애한다.

과일은 잎보다 소화하기 좋고 에너지 함량도 훨씬 높기 때문에 내온동물에게 아주 유용한 음식이다. 하지만 출현하는 시기와 양이 한정되어 있기 때문에 끊임없이 새로운 과일을 찾아다녀야 한다. 꽃꿀이나 씨앗을 먹는 초식동물들 역시 비슷한 어려움에 처해 있다.

초식동물에 비해 육식동물은 먹이를 소화시킬 때 장점이 있다. 먹이의 성분이 제 몸의 성분과 같기 때문에 소화시키기가 훨씬 쉽다. 게다가 고기는 에너지 함량도 식물에 비해 훨씬 높기 때문에, 하루에 한 번 정도의 식사면 충분하다. 그렇지만 먹잇감이 드물고 그나마 있는 먹이들도 필사적으로 포식자 방어를 하기 때문에 찾아내기가 쉽지 않다. 따라서 육식동물도 먹이를 찾는 데 생애의 많은 시간을 소비한다.

먹이의 구조와 성분이 다른 만큼 초식동물과 육식동물은 소화기관에도 큰 차이가 있다. 식물성 물질은 소화하기 어렵기 때문에 초식동물의

창자는 굉장히 길다. 반면 고기는 소화하기 쉽기 때문에 육식동물의 창자는 길이가 짧다. 많은 고기를 한꺼번에 소화시키려면 대량의 담즙을 분비해야 하므로 육식동물은 담낭(쓸개)이 필요하다. 이에 비해 초식동물은 장내미생물을 보관할 맹장이 발달되어 있다. 또 초식동물은 식물을 잘라 뜯어내고 씹는 치아 구조를 가지고 있고, 육식동물은 먹이를 포획하고 찢어서 삼키기 좋은 치아 구조를 가지고 있다.

먹이를 인지하고 획득하는 방법도 전혀 다르다. 육식동물은 먹이를 제압하고 포획하기에 편리한 신체구조를 갖고 있어야 한다. 초식동물의 경우엔 먹이식물의 종류, 구조, 서식지 등이 다양하기 때문에 특정 식물을 섭취할 수 있도록 신체구조가 적응되어 있다. 그러므로 어느 한 동물이 특정 먹이에 특화되었으면 다른 종류의 먹이를 섭취하기 어렵다.

동물들 중에는 사람처럼 동물성과 식물성 먹이를 동시에 섭취할 수 있는 잡식동물이 있다. 그러나 잡식동물이라도 주로 특정 종류의 먹이를 집중적으로 섭취하고, 가끔씩만 그 밖의 먹이를 이용할 뿐이다. 동물의 사체를 먹이로 삼는 청소동물은 동물성이나 식물성 먹이를 가리지 않고 먹는다. 그렇지만 청소동물도 먹이를 찾아 끊임없이 헤매야 한다. 이렇듯 내온동물은 메뉴에 관계없이 먹이를 찾고, 먹고, 소화시키는 데 많은 시간을 소비한다.

인간 역시 일생 동안 먹이를 찾고 섭취해야 하는 내온동물의 굴레에서 벗어날 수 없다. 인간은 다른 어떤 내온동물보다도 활동성이 높으므로 더 많은 먹이가 필요하다. 만약 충분한 먹이를 구하지 못하면 활동범위나 시간이 제한될 수밖에 없다. 이런 제약에도 불구하고 인간은 어떻게 지구의 거의 모든 지역에서 살아가며 1년 내내 높은 활동성을 유지할 수 있을까?

요리는 인간과 동물을 구분 짓는 가장 중요한 특징

인류학자들은 인류와 동물을 구분 짓는 결정적인 특징을 찾으려고 오랫동안 노력해 왔다. 가령 직립보행, 도구의 사용, 언어, 문화 같은 특징들은 오직 인간에서만 발견된다고 생각했다. 그러나 동물행동에 대한 이해의 폭이 넓어지면서, 그런 특징들이 비록 낮은 수준이긴 하지만 동물들에게서도 속속 발견되었다.

『요리 본능Catching Fire』의 저자 리처드 랭엄Richard Wranham은 현생인류와 동물을 가르는 가장 큰 차이가 불의 사용과 불을 이용한 요리라고 주장한다. 불은 분명 우리 인간만의 전유물이다. 불 덕분에 인간은 온도가 낮은 시간과 공간에서도 활동할 수 있다. 또 불을 이용하여 위협적인 동물들을 피할 수 있다. 불의 이용은 분명 인류의 생활에 큰 변화를 가져다주었다. 그러나 불을 이용한 요리가 우리에게 미친 영향은 잘 알려지지 않았다.

리처드 랭엄은 불을 이용한 요리가 인류 진화에 미친 혁신적인 영향에 대해 조목조목 설명하고 있다. 동물이 먹이를 소화시킬 때는 먼 거리를 이동하는 것만큼이나 많은 에너지가 소모된다. 요리는 음식을 우리 몸 밖에서 미리 소화시키는 과정이기 때문에 체내에서의 소화 과정이 그만큼 간단해진다. 그러므로 같은 식재료라도 날것으로 먹을 때보다 요리를 해서 먹을 때 훨씬 많은 에너지를 얻을 수 있다.

또한 불을 이용하여 요리를 하게 되면 먹을 수 있는 음식의 종류가 크게 확장된다. 열을 가하면 독소가 파괴되고 부드러워지기 때문에, 먹기 어렵거나 섭취가 불가능한 식재료를 먹을 수 있는 음식으로 바꿀 수 있다. 그중에서 가장 중요한 음식은 곡물이다.

쌀과 밀 같은 곡물은 식물의 씨앗으로서, 싹을 틔울 수 있는 좋은 환경을 만날 때까지 발아가 멈춰 있다. 오랜 시간이 지나도 좀처럼 부패하

『요리 본능』의 저자 리처드 랭엄은 우리의 소화기관이 요리한 음식을 먹기에 적합하도록
진화되었다고 주장한다. ⓒ 장이권

지도 않는다. 이렇게 장기간의 저장이 가능한 이유는 곡물에 자연적인
살충제와 방부제가 듬뿍 들어 있기 때문이다. 만약 우리가 이런 곡물을
날것으로 먹을 경우엔 독소 때문에 배탈이 나게 된다. 곡물을 제대로 익
히지 않았을 경우에도 정도의 차이는 있지만 배탈이 생길 수 있다.

그렇지만 불을 이용하여 요리하면 곡물은 아주 훌륭한 음식이 된다.
곡물 안에 들어 있는 독소는 분해되어 더 이상 우리 몸에 해를 끼치지
않고, 곡물의 주성분인 탄수화물은 높은 열량을 가진 에너지원이 된다.

불을 이용하여 곡물을 음식으로 만든 사건은 신석기시대에 일어났다.
이 기념비적인 변화를 우리는 '신석기 혁명'이라 부른다. 신석기 혁명은
이후 '농업혁명'으로 이어졌고 그로부터 현재 우리의 생활방식, 즉 정착
생활 및 곡물에 의존한 식생활이 자리 잡게 되었다.

요리에 대한 인류의 선호는 단순히 다양해진 식재료와 높은 에너지
함량 때문만은 아니다. 신석기혁명 이후 지난 수십만 년 동안 우리의 신
체구조는 요리를 한 음식에 적합하도록 진화되어 왔다.

인간은 다른 영장류에 비해 입의 크기도 작고, 턱도 약하고, 이빨도
작고, 위의 크기도 작고, 직장도 짧고, 창자도 전반적으로 작다. 처음에

는 이런 특징들이 고기를 먹기에 적당한 구조라고 여겨졌다. 그러나 작은 입, 약한 턱, 작은 이빨은 야생동물의 거친 생고기를 먹기에 적당하지 않다. 게다가 우리의 창자는 섬유질이 풍부한 식물성 음식을 제대로 소화할 수 없다.

그렇지만 우리의 작은 위는 부드럽고 에너지 함량이 높은 음식, 즉 요리된 음식을 소화하기에 적당하다. 거친 생고기나 딱딱한 식물성 음식도 요리를 해서 부드러워지고 나면 우리의 작은 입과 약한 턱으로도 충분히 씹을 수 있다. 또 우리의 짧은 직장과 작은 창자도 요리되어 잘 소화된 음식으로부터 빠르게 영양분을 흡수할 수 있다.

식사와 관련된 우리의 모든 신체적 특징은 야생의 먹이를 그대로 섭취하기에는 적합하지 않지만, 요리한 음식을 먹기에는 적당한 구조다. 요리는 우리와 동물을 구분 짓는 가장 중요한 특징이며, 동시에 현대 인류의 삶과 생활 방식을 이해하는 데 필수적인 요소이다. 우리 모두는 요리하는 인류, 호모 코쿠엔스Homo Coquens다.

식사하며 행복한 우리들

얼마 전 운전을 하면서 어떤 라디오 프로그램을 듣고 있었다. 이날의 주제는 편식이었다. 그런데 진행자들은 사연이 하나 올라올 때마다 그 음식에 대한 얘기를 줄줄이 늘어놓았다. 음식 하나하나의 요리 과정과 맛을 묘사하는데, 듣는 내내 침이 꿀꺽 넘어갔다. 주제가 편식인지 요리인지 망각한 게 분명했다.

요즘엔 TV에서도 요리 프로그램들이 대세다. 〈대장금〉이나 〈식객〉 같은 드라마와 온갖 '먹방'에 이어 최근엔 〈삼시세끼〉, 〈냉장고를 부탁해〉, 〈집밥 백선생〉 같은 '쿡방'들이 인기를 끌고 있다. 왜 우리는 요리에 관한 대화나 프로그램을 좋아할까? 우리는 왜 요리를 하고 식사를 하면 즐거울까? 나는 최근 일어나고 있는 요리에 대한 뜨거운 관심이 절대 우연이 아니라고 생각한다.

앞에서도 얘기했듯 우리 두뇌는 우리가 생존과 번식에 반드시 필요한 행동을 할 때 즐거움이란 보상을 준다. 쾌락중추는 도파민dopamine이라는 신경전달물질에 의해 활성화되는 두뇌 부위다. 쾌락중추가 자극을 받으면 우리는 즐거움을 느끼고, 그 행동을 계속하려는 강렬한 동기가 생긴다.

우리는 식사 없이 생존할 수 없다. 하루에 두세 번씩 반드시 식사를 해야 하고, 그때마다 두뇌는 우리에게 즐거움을 선사한다. 끊임없이 먹어야만 살아갈 수 있는 내온동물이어서 그렇게 진화해 온 것이지만, 그게 전부는 아니다. 인간에게 식사는 배고픔을 해결해 주는 단순한 생리적 욕구 해결 이상의 의미를 갖고 있다.

우리는 식사를 혼자 하는 것보다 여럿이 하는 것을 더 즐긴다. 즉, 식사는 인간의 사회행동이다. 식구끼리의 대면과 대화는 주로 식탁에서 이루어진다. 모임, 예식, 축제처럼 많은 사람들이 모이는 행사에서도 그 중심에는 항상 식사가 있다.

『행복의 방법The How of Happiness』의 저자이며 행복에 대한 과학적 연구를 진행하고 있는 소냐 류보미어스키Sonja Lyubomirsky에 따르면 우리는 크게 두 가지 요소가 충족될 때 행복을 느낀다. 하나는 기쁨·즐거움·만족과 같은 긍정적인 감정을 경험할 때이고, 다른 하나는 우리의 삶이 의미가 있다는 것을 느낄 때이다. 우리가 행복을 느끼는 상황은 대부분 일상에서 일어나며, 행복을 가져오는 최고의 방법은 건강한 사회관계를 이룰 때라는 게 그의 주장이다.

식사는 우리가 행복을 느끼는 데 필요한 요건들을 모두 갖추고 있다. 음식은 두뇌의 쾌락중추를 자극하여 우리에 직접적인 즐거움을 준다. 식

식사는 우리가 행복을 느끼는 데 필요한 많은 요건들을 완벽하게 갖추고 있다. 요리와 식사는 내게 가장 중요한 사람들과 가까이 지내면서 행복한 시간을 보낼 수 있는 최고의 방법이다. ⓒ 장이권

사는 매일 수행해야 하는 우리의 일상이다. 또한 식사는 작게는 가족 단위, 크게는 사회 모임 속에서 일어나므로 건강한 사회관계 형성에 유용하다. 가족, 친구, 동료 등 내게 중요한 사람들과 좀 더 가까워짐으로써 행복한 시간을 보낼 수 있는 최고의 방법은 그들과 함께하는 요리와 식사이다.

나는 작년 9월부터 1년 동안 미국 UCLA에서 연구년을 보냈다. 한국을 그리워하는 우리 딸내미에게 겨울방학 때 반가운 손님이 찾아왔다. 딸내미가 한 살 때부터 같은 아파트에 살면서 같은 어린이집, 유치원, 초등학교를 다니고 있는 친구와 그 가족들이다. 우리 가족과 딸내미 친구 가족은 5주 동안 일생일대의 멋진 여행을 했다. 주로 미국 남서부 지역을 돌면서 국립공원이나 유명한 도시들을 샅샅이 훑고 다녔다.

여행이 끝날 무렵 나는 아이들에게 이번 여행에서 뭐가 제일 재미있었는지, 어디가 제일 좋았는지 물었다. 아마도 그랜드캐니언, 샌디에이고, 유니버설 스튜디오 등일 거라고 내심 생각했다. 그런데 세 아이들이 이구동성으로 꺼낸 대답은 전혀 의외였다. 캠핑하면서 내가 해 준 바비큐로 함께 저녁을 먹었던 때가 제일 기억에 남는다는 것이다.

요즘 아이들은 가만히 놔두면 하루 종일 스마트폰이나 보고 있다. 그래서 저녁식사를 준비할 때마다 아이들한테 불을 피우라며 부채질을 시키고, 감자를 포일에 싸게 하고, 야채를 다듬게 하고, 식탁을 치우게 하고, 음식도 나르게 했다. 식사 후에는 어른들 산책할 동안 설거지와 뒷정리도 시켰다. "캠핑 오면 원래 아이들이 일을 하는 거야"라고 하면서. 뜻밖에도 아이들은 이런 시간이 가장 재미있었던 것 같다. 나의 예상은 완전히 빗나갔지만 기분은 최고로 좋았다.

누구나 마찬가지겠지만 나도 나의 삶이 재미있고 만족스럽고 행복했으면 한다. 그리고 그렇게 만들기 위해 노력한다. 그런데 그런 행복이 그리 멀리 있는 것 같진 않다.

• Aiello LC, Wheeler P. 1995. The expensive-tissue hypothesis: The brain and the digestive system in human and primate evolution. Current Anthropology. 36: 199-221. doi: 10.2307/2744104.

• Alcock J. 2005. Animal behavior. 8th ed. Sinauer. Sunderland, Massachusetts. USA.

• Avise JC. 2006. Evolutionary pathways in nature: A phylogenetic approach. Cambridge University Press. Cambridge, UK.

• Barker E, Ewins P, Miller J. 1994. Birds breeding in or beneath Osprey nests. Wilson Bulletin, 106: 743-750.

• Bekoff M. 2004. Wild justice and fair play: cooperation, forgiveness, and morality in animals. Biology and Philosophy. 19: 489-520. doi: 10.1007/sBIPH-004-0539-x.

• Bennet-Clark HC. 1998. Size and scale effects as constraints in insect sound communication. Philosophical Transactions of the Royal Society of London B Biological Sciences. 353: 407-419.

• Bennet-Clark HC, Young D. 1992. A model of the mechanism of sound production in cicadas. Journal of Experimental Biology. 173: 123-153.

• Bennet-Clark HC. 2003. Wing resonances in the Australian field cricket Teleogryllus oceanicus. Journal of Experimental Biology. 206: 1479-1496.

• Borzée A, Ahn J, Kim S, Heo K, Jang Y. 2015. Seoul, keep your paddies! Implications for the conservation of Hylid species. Animal Systematics, Evolution and Diversity. 31: 176-181.

• Borzée A, Jang Y. 2015. Description of a seminatural habitat of the endangered Suweon treefrog Hyla suweonensis. Animal Cells and Systems. 19: 216-220. doi: 10.1080/19768354.2015.1028442.

• Bradbury JW, Vehrencamp SL. 2011. Principles of animal communication. 2nd ed. Sinauer. Sunderland, Massachusetts. USA.

• Burghardt GM. 2010. The comparative reach of play and brain: Perspective, evidence, and implications. American Journal of Play. 2: 338-256.

• Chapais B. 2013. Monogamy, strongly bonded groups, and the evolution of human social structure. Evolutionary Anthropology. 22: 52-65. doi: 10.1002/evan.21345.

• Choe JC, Crespi BJ. 1997. The evolution of mating systems in insects and arachnids. Cambridge University Press. Cambridge. UK.

• Choe JC, Crespi BJ. 1997. The evolution of social behaviour in insects and arachnids. Cambridge University Press. Cambridge. UK.

• Clark, RD III, Hatfield E. 1989. Gender differences in receptivity to sexual offers. Journal of Psychology & Human Sexuality. 2: 39-53.

• Duellman WE, Trueb L. 1994. Biology of amphibians. Johns Hopkins University Press. Baltimore, Maryland. USA.

• Dugatkin LA. 2009. Principles of animal behavior. 2nd ed. W. W. Norton & Company. New York, New York. USA.

• Dunbar RIM. 1992. Neocortex size

as a constraint on group size in primates. Journal of Human Evolution. 22: 469-493. doi: http://dx.doi.org/10.1016/0047-2484(92)90081-J.

• Dunbar RIM. 2003. The social brain: Mind, language, and society in evolutionary perspective. Annual Review of Anthropology. 32: 163-181. doi:10.1146/annurev.anthro.32.061002.093158.

• Dusenbery DB. 1992. Sensory ecology. W. H. Freeman and Company. New York, New York. USA.

• Edgar B. 2014. Our secret evolutionary weapon: Monogamy. Scientific American. 311(3).

• Eggert A-K, Sakaluk SK. 1995. Female-coerced monogamy in burying beetles. Behavioral Ecology and Sociobiology 37: 147-153.

• Emlen ST, Wrege PH, Webster MS. 1988. Cuckoldry as a cost of polyandry in the sex-role-reversed wattled jacana, Jacana jacana. Proceedings of the Royal Society B: Biological Sciences. 265: 2359-2364. doi: 10.1098/rspb.1998.0584.

• Falk JH, Balling JD. 2010. Evolutionary influence on human landscape preference. Environment and Behavior. 42: 479?493.

• Foster SA, Endler JA. 1999. Geographic variation in behavior: Perspectives on evolutionary mechanisms. Oxford University Press. Oxford, UK.

• Gerhardt HC, Huber F. 2002. Acoustic communication in insects and anurans. University of Chicago Press. Chicago, Illinois. USA.

• Gould JL, Gould CG. 1997. Sexual selection: Mate choice and courtship in nature. Scientific American Library. New York, New York. USA.

• Graham KL, Burghardt GM. 2011. Current perspectives on the biological study of play: Signs of progress. Quarterly Review of Biology. 85: 393-418. doi: 10.1086/656903.

• Greenfield MD. 2002. Signalers and Receivers. Oxford University Press. New York, New York, USA.

• Han K. 2007. Responses to six major terrestrial biomes in terms of scenic beauty, preference, and restorativeness. Environment and Behavior 39: 529-556.

• Hedwig B. 2014. Insect hearing and acoustic communication. Springer. Berlin, Germany.

• Huber F, Moore TE, Loher W. 1989. Cricket Behavior and Neurobiology. Cornell University Press. Ithaca, New York. USA.

• Jefferson DM, Hobson KA, Demuth BS, Ferrari MC, Chivers DP. 2014. Frugal cannibals: how consuming conspecific tissues can provide conditional benefits to wood frog tadpoles (Lithobates sylvaticus). Naturwissenschaften. 101: 291-303. doi: 10.1007/s00114-014-1156-4.

• Joffe TH. 1997. Social pressures have selected for an extended juvenile period in primates. Journal of Human Evolution 32: 593-605. doi: http://dx.doi.org/10.1006/jhev.1997.0140.

• Kim TE, O SY, Chang E, Jang Y. 2014. Host availability hypothesis: complex interactions with abiotic factors and predators may best explain population densities of cicada species. Animal Cells and Systems 18: 143-153.

• Krebs JR, Davies NB. 1997. Behavioural ecology: An evolutionary approach. 4th ed. Blackwell. Malden, Massachusetts. USA.

• Kuramoto M. 1980. Mating calls of treefrogs (genus Hyla) in the Far East, with description of a new species from Korea. Copeia. 1980: 100-108.

● Lee HY, Oh SY, Jang Y. 2012. Morphometrics of the final instar exuviae of five cicada species occurring in urban areas of central Korea. Journal of Asia-Pacific Entomology 15: 627-630.

● Lee JY. 2005. Compromises between natural and sexual selection in the black-billed magpie Pica pica sericea nest. Master's Thesis. Seoul National University.

● Leigh SR. 2004. Brain growth, life history, and cognition in primate and human evolution. American Journal of Primatology. 62: 139-164. doi: 10.1002/ajp.20012.

● Lyubomirsky S. 2007. The how of happiness: A new approach to getting the life you want. Penguin Books. USA.

● Marlowe FW. 2005. Hunter-gatherers and human evolution. Evolutionary Anthropology. 14: 54-67.

● Maynard Smith J. 1989. Evolutionary genetics. Oxford University Press. Oxford, UK.

● Michelsen A. 1998. The tuned cricket. News in physiological sciences. 13: 32-38.

● Montgomery SH. 2014. The relationship between play, brain growth and behavioural flexibility in primates. Animal Behaviour. 90: 281-286. doi: http://dx.doi.org/10.1016/j.anbehav.2014.02.004.

● Moriyama M and Numata H. 2008. Diapause and prolonged development in the embryo and their ecological significance in two cicadas, Cryptotympana facialis and Graptopsaltria nigrofuscata. Journal of Insect Physiology 54: 1487-1494.

● Pellis SM, Pellis VC. 2009. The playful brain: Venturing to the limits of neuroscience. Oneworld Publications. Oxford, UK.

● Reichard UH, Boesch C. 2003. Monogamy: Mating strategies and partnerships in birds, humans and other mammals. Cambridge University Press. New York, New York. USA.

● Ridley M. 1996. Evolution. 2nd ed. Wiley-Blackwell. Hoboken, New Jersey. USA.

● Ridley M. 1993. The red queen: Sex and the evolution of human nature. Penguin Books. New York, New York. USA.

● Robillard A, Garant D, Bélisle M. 2013. The swallow and the sparrow: how agricultural intensification affects abundance, nest site selection and competitive interactions. Landscape Ecology. 28: 201-215. doi: 10.1007/s10980-012-9828-y.

● Roh G, Borz?e A, Jang Y. 2014. Spatiotemporal distributions and habitat characteristics of the endangered treefrog, Hyla suweonensis, in relation to sympatric H. japonica. Ecological Informatics. 24: 78-84. doi: http://dx.doi.org/10.1016/j.ecoinf.2014.07.009.

● Schmidt-Nielsen K. 1997. Animal physiology: Adaptation and environment. 5th ed. Cambridge University Press. New York, New York. USA.

● Seeley TD. 2010. Honeybee democracy. Princeton University Press. Princeton, New Jersey. USA.

● Shipman P. 2010. The animal connection and human evolution. Current Anthropology. 51: 519-538. doi: 10.1086/653816.

● Spinka M, Newberry RC, Bekoff M. 2001. Mammalian play: training for the unexpected. Quarterly Review of Biology. 76:141-168.

● Stankowich T, Caro T, Cox M. 2011. Bold coloration and the evolution of aposematism in terrestrial carnivores. Evolution. 65: 3090-9. doi: 10.1111/j.1558-5646.2011.01334.x.

● Starkhammar J, Moore PW, Talmadge L., Houser DS. 2011. Frequency-dependent variation in the two-dimensional beam pattern of an echolocating dolphin. Biology Letters. 7: 836-839. doi: 10.1098/rsbl.2011.0396.

● Tinghitella RM. 2008. Rapid evolutionary change in a sexual signal: genetic control of the mutation 'flatwing' that renders male field crickets (Teleogryllus oceanicus) mute. Heredity 100: 261-267.

● Wrangham R. 2010. Catching fire: How cooking made us human. Basic Books. New York, New York. USA.

● Yoo E, Jang Y. 2012. Abiotic effects on calling phenology of three frog species in Korea. Animal Cells and Systems. 16: 260-267. doi: 10.1080/19768354.2011.625043.

● Young D, Bennet-Clark H. 1995. The role of the tymbal in cicada sound production. Journal of Experimental Biology. 198: 1001-1020.

● Zuk M, Rotenberry JT, Tinghitella RM. 2006. Silent night: adaptive disappearance of a sexual signal in a parasitized population of field crickets. Biology Letters. 2: 521-524. doi: 10.1098/rsbl.2006.0539.

● 김진한. 1987. 도시와 농촌 지역에서의 까치의 번식생태. 석사학위논문. 경희대학교.

● 박정은. 2013. 붉은머리오목눈이의 둥지장소 선택에 영향을 미치는 요인. 석사학위논문. 경희대학교.

● 오홍식, 박행신, 김완병. 1997. 제주도에 이입된 까치 Pica pica sericea의 환경 적응에 관한 연구. 한국조류학회지. 4:17-25?

● 이영준. 2005. 우리 매미 탐구. 지오북. 서울.

● 정진원. 2009. 도자소지 실험에 의한 조립식 토벽의 건축재료적 활용에 관한 연구. 박사학위논문. 국민대학교.

● 환경부. 2012. 멸종위기 야생생물. <https://www.nibr.go.kr/species/home/species/spc03210l_endemic.jsp> Accessed 16-December-2015.